After Effects 印象
影视高级特效精解（第2版）

精鹰传媒 / 编著

人民邮电出版社
北京

图书在版编目（CIP）数据

After Effects印象影视高级特效精解 / 精鹰传媒编著. -- 2版. -- 北京：人民邮电出版社，2016.12
ISBN 978-7-115-43214-8

Ⅰ．①A… Ⅱ．①精… Ⅲ．①图象处理软件 Ⅳ．①TP391.41

中国版本图书馆CIP数据核字(2016)第268481号

内 容 提 要

本书主要通过丰富的案例全面地解析 After Effects 在影视包装后期特效方面的各种创作思路和高级技法，并对国内外优秀作品中的特效进行了对比和分析。内容包括影视后期比较流行的文字效果、三维效果、粒子特效、光效和烟火水墨特效等，以及一些新的高级特效应用。

全书共 17 章，第 1 章～第 2 章主要介绍了 After Effects 中期和后期特效有关的重要基础知识，包括对特效的概述，对国内外优秀特效案例的分析，主要是为了方便读者更轻松地学习接下来的内容。第 3 章～第 17 章主要是通过实例来解析 After Effects 特效的基础应用和进阶技法，各种特效的应用都进行了同类特效的对比解析，并分析了它们在其他优秀作品中的应用，除了让读者更熟练地掌握特效技法，更重要的是让读者更深刻地理解该特效，并能灵活应用于作品中。

本书不仅适合 After Effects 的初、中级用户学习，对于从事影视后期制作的人员也有较高的参考价值，同时也适合 CG 行业后期特效师和影视后期特效制作爱好者阅读参考。

◆ 编　著　精鹰传媒
　　责任编辑　张丹阳
　　责任印制　陈　犇

人民邮电出版社出版发行　北京市丰台区成寿寺路 11 号
邮编　100164　电子邮件　315@ptpress.com.cn
网址　http://www.ptpress.com.cn
北京鑫丰华彩印有限公司印刷

◆ 开本：787×1092　1/16
　　印张：19.25
　　字数：556 千字　　　　　　　2016 年 12 月第 2 版
　　印数：3 001－5 500 册　　　2016 年 12 月北京第 1 次印刷

定价：89.00 元

读者服务热线：(010)81055410　印装质量热线：(010)81055316
反盗版热线：(010)81055315

序

近年来,电视行业竞争激烈,网络视频如雨后春笋般纷纷涌现,微电影强势来袭,夺人眼球,多元化影视产品纷至沓来,伴随而来的是影视包装的迅速崛起。精湛的影视特效技术走下电影神坛,被广泛应用于影视包装领域,让电视、网络视频和微电影的视觉呈现更为精致多元,影视特效日益成为影视包装不可或缺的元素。丰富的观影经验让观众对视觉效果的要求越来越高,逼真的场景、震撼人心的视觉冲击、流畅的动画……人们对电视和网络视频的要求已经提升到了一个新的高度,而每一个更高层次的要求都是对影视包装从业人员的新挑战。

中国影视包装迅速发展,专业化人才需求巨大,越来越多的人加入到影视包装制作的行列。但他们在实践过程中难免会遇到一些困惑,如理论如何应用于实践,各种已经掌握的技术如何随心所欲地使用,艺术设计与软件技术怎样融会贯通,各种制作软件怎样灵活配合……鉴于此,精鹰传媒股份有限公司精心策划编写了系统的、针对性强的、亲和性好的系列图书——"精鹰课堂"和"精鹰手册"。这套教材汇聚了精鹰传媒股份有限公司多年的创作成果,可以说是精鹰传媒股份有限公司多年来的实践精华和心血所在。在精鹰传媒股份有限公司走过第一个十年之际,我们回顾过去,感慨良多。作为影视行业发展进程的参与者和见证者,我们一直希望能为中国影视包装的长足发展做点什么。因此,我们希望通过出版"精鹰课堂"和"精鹰手册"系列丛书,帮助您熟悉各类CG软件的使用,以精鹰传媒股份有限公司多年的优秀作品为案例参考,从制作技巧的探索到项目的完整流程,深入地向CG爱好者清晰呈现影视前期和后期制作的技术解析与经验分享,帮助影视制作设计者解开心中的困惑,让他们在技术钻研、技艺提升的道路上走得更坚定、更踏实。

解决人才紧缺问题,培养高技能岗位人才是影视包装行业持续发展的关键,精鹰传媒股份有限公司提供的经验分享也许微不足道,但这何尝不是一种尝试——让更多感兴趣的年轻人走近影视特效制作,为更多正遭遇技艺突破瓶颈的设计师解疑释惑,与业内同行一同探讨进步……精鹰传媒股份有限公司一直把培养影视人才视为使命,我们努力尝试,期盼中国的影视行业迎来更美好的明天。

广东精鹰传媒股份有限公司
2016年10月

前言

随着CG行业和中国影视产业的不断改革升级，影视产业的专业化已得到纵深发展。从电影特效到游戏动画，再到电视传媒，对专业化人才的需求越来越大，对CG领域的专业化人才也有了更高的要求。而现实是，很大一部分进入这个行业的设计师，因为缺乏完整而系统的学习，导致理论与实践相距甚远，各种已掌握的技术不能随心所欲地使用，或者不能很好地将艺术设计与软件技术融汇贯通，导致很多设计师的潜力得不到充分发掘。

精鹰传媒股份有限公司作为一家以影视制作为主营优势的传媒公司，曾在电视包装行业多次创造奇迹，其背后离不开各种特效技术的支撑。自2012年起，精鹰传媒股份有限公司开始筹划编写系统的、针对性强的、亲和性好的系列图书教材"精鹰课堂"，汇聚公司多年来的创作成果，以真实案例为参考，希望能为影视制作师同行们的提升技艺提供帮助。

在精鹰系列教材的编写中，我们立足于呈现完整的实战操作流程，搭建系统清晰的教学体系，包括技术的研发、理论和制作的融合、项目完整流程的介绍和创作思路的完整分析等内容。在讲解实例的过程中我们详细写出了每个效果达成的各个步骤，具体到每个参数的作用及设置，方便读者跟着步骤一步一步进行制作，力求满足After Effects任何一个阶段使用者的需求。同时，我们在这里也建议读者不必完全拘泥于教程中的每一个步骤、每一个参数，完全可以根据具体情况加入自己的想法，适当改变步骤顺序或者参数数值，从而制作出更好的视觉效果。在第二版中更新了一些新的、当下比较流行的特效案例在里面。笔者建议读者在本书的基础上多加以实践，学会举一反三，所谓实践出真知，在完成了实例的制作之后，掌握其核心知识点，融会贯通，达到将此知识点能熟练运用到其他实例的制作的程度，这样才能真正掌握After Effects的精髓。

本书得以顺利出版，得感谢精鹰传某股份有限公司的总裁阿虎对"精鹰课堂"的大力支持，还要感谢张思超、董思国、周新魁等同事和朋友，共同配合完成了本书的创作。

本书提供资源下载，可扫描"资源下载"二维码获得下载方法。书中难免会有一些纰漏不足之处，在此也恳请读者批评指正，我们一定虚心领教。同时，精鹰公司的网站（www.jychina.com）上开设了本书的图书专版，我们会对读者提出的有关阅读学习问题提供帮助与支持。

自成立以来，精鹰传媒股份有限公司的目标就是成为一家引领行业发展的传媒产业集团，我们会坚持一直为客户做"对"的事，提供"好"的服务，协助客户建立品牌永久价值，使之成为行业的佼佼者。这就是我们矢志不渝的使命。

资源下载

莫立　罗杰

2016年10月

第 3 章 文字特效应用

个性文字动画

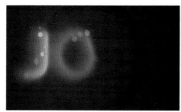  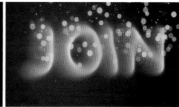

水波文字特效

第 4 章 光斑特效

怀旧风格的光斑表现

第 5 章 太空与星球的创作技法

太空的制作

案例效果欣赏

星球的制作

第 6 章　跟踪与稳定应用

稳定跟踪创作技法

运动跟踪技法

第 7 章　场景氛围光效

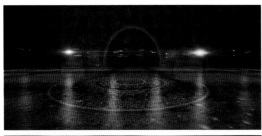

光线的汇聚和幻化表现

第8章　内置破碎特效

文字的破碎

墙壁的爆炸

第9章　高级抠像应用

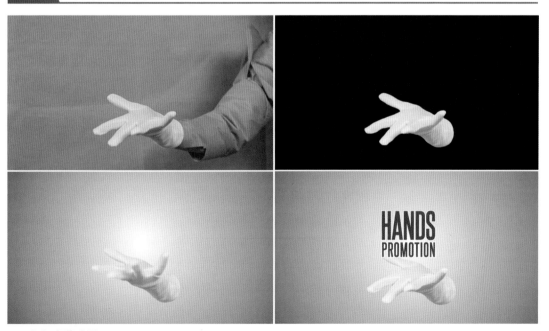

KeyLight 抠像应用

PowerMatte 高级智能抠像

案例效果欣赏

第 10 章 冲击波光

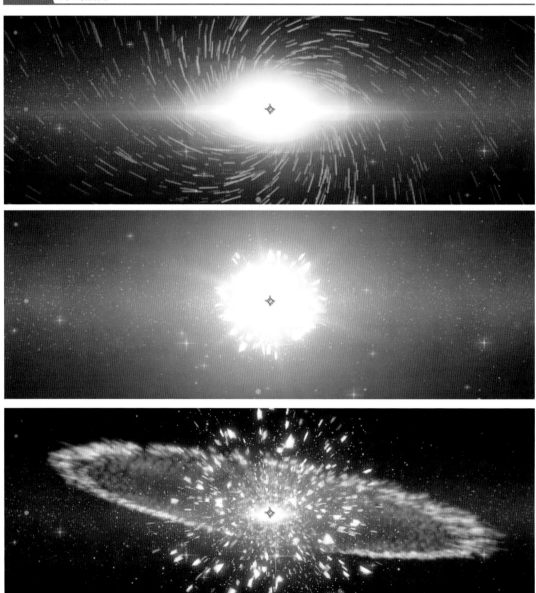

宇宙冲击波的表现

第 11 章 火焰特效应用

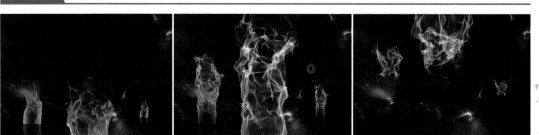

使用 Trapcode Mir 制作燃烧的火焰效果

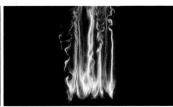

使用 Turbulence 2D 制作燃烧的 LOGO

坠落火星的制作

第 12 章　水墨特效应用

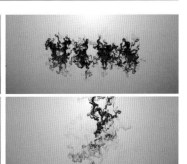

水墨文字特效制作

水墨飞舞制作技法

案例效果欣赏

第 13 章　场景元素的综合应用

流光文字电光火花的表现

第 14 章　光效创作技法

拖尾能量球制作

七彩光线的表现

第 15 章　Form 特效应用

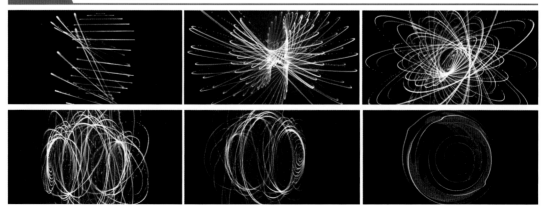

绚丽定版 LOGO 的制作

放射定版 LOGO 的制作

第 16 章　Particular 粒子特效的应用

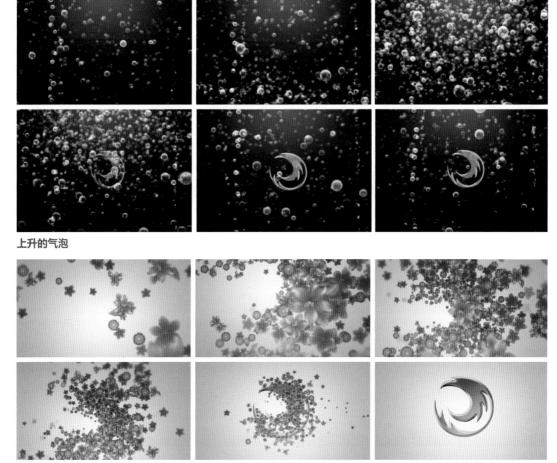

上升的气泡

花丛中的 LOGO

案例效果欣赏

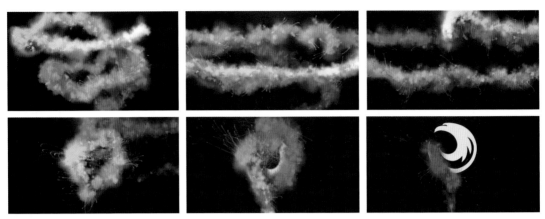

LOGO 的华丽转换

第 17 章　Element 3D 高级特效应用

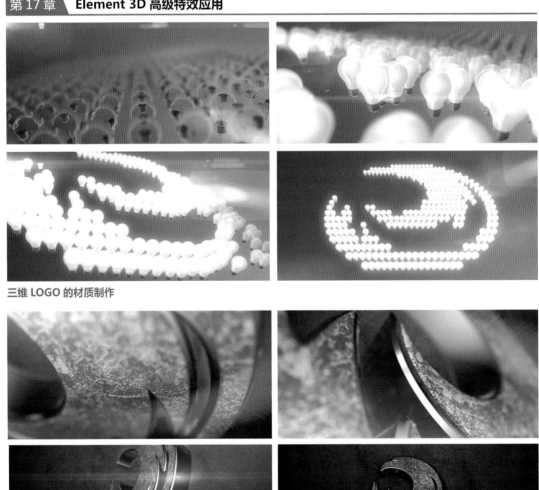

三维 LOGO 的材质制作

炫酷定版 LOGO 的制作

素材使用说明

内容结构

本书提供学习资料下载,扫描封底二维码即可获得文件下载方式。内容包括本书所有案例的工程文件和效果图文件,以及视频教学文件,读者可以一边看视频教学,一边学习书中的制作分解思路,同时还可以使用工程文件进行同步练习。

"工程文件"包括书中所有案例的过程源文件,内容结构如右图所示。

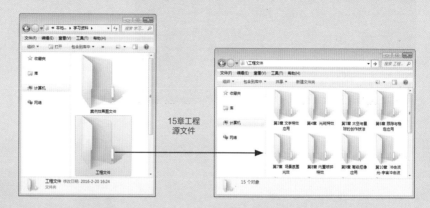

"案例效果图文件"中包括书中所有案例的最终效果图,内容结构如右图所示。

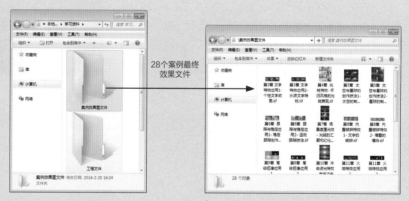

"视频教学文件"中包括书中所有对应章节中的实例的视频讲解,内容结构如右图所示。

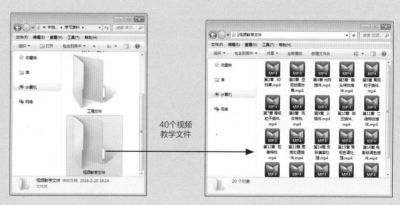

使用建议

本书所有使用的软件为After Effects,AE文件在After Effects CS6以上版本均可使用。

如果大家在阅读或使用过程中遇到任何与本书相关的技术问题或者需要什么帮助,请发邮件至szys@ptpress.com.cn,我们会尽力为大家解答。

目录

第1章 影视后期特效概述 18

1.1 影视作品的幕后功臣——影视后期特效 18
1.2 影视后期特效的成名史 18
1.3 影视后期特效的神通广大 19
  1.3.1 视觉元素的创建 19
  1.3.2 画面色调的处理 20
  1.3.3 视觉效果的创造 20
  1.3.4 镜头之间的组接 21
1.4 影视后期特效的百花齐放 21
  1.4.1 无处不在的影视后期特效 22
  1.4.2 丰富多样的影视后期特效 23
1.5 优秀特效案例分析 25
1.6 本书应用案例简介 31

第2章 影视特效的基础知识 34

2.1 After Effects软件概述 34
2.2 After Effects合成 35
2.3 After Effects图层 35
2.4 After Effects遮罩 37
2.5 After Effects关键帧 37
2.6 After Effects摄像机 37
2.7 渲染输出 38
  2.7.1 输出模块 38
  2.7.2 输出流程 39
2.8 After Effects优化设置 40
2.9 After Effects插件的安装 41

第3章 文字特效应用 43

3.1 文字特效概述 43
3.2 国内外优秀作品赏析 44
3.3 个性文字动画 46
3.4 水波文字特效 51

第4章 光斑特效 55

4.1 光斑特效的分析 55
4.2 优秀作品赏析 56

4.3 怀旧风格的光斑表现 58
　　4.3.1 设置场景的景深效果 58
　　4.3.2 制作光斑白点的漂浮闪烁动画 60
　　4.3.3 怀旧光斑的画面处理 61

第 5 章　太空与星球的创作技法 64

5.1 太空与星球效果介绍 64
5.2 国内外优秀作品赏析 65
5.3 太空的制作 68
　　5.3.1 制作主星云动画 68
　　5.3.2 制作其他附加元素 71
5.4 星球的制作 75
　　5.4.1 制作星球元素 75
　　5.4.2 合成星球太空场景 77

第 6 章　跟踪与稳定应用 81

6.1 影视运动追踪技术简介 81
6.2 国内外优秀作品赏析 82
6.3 稳定跟踪创作技法 84
6.4 运动跟踪技法 91

第 7 章　场景氛围光效 99

7.1 场景氛围光效的分析 99
7.2 国内外优秀作品赏析 100
7.3 光线的汇聚和幻化表现 102
　　7.3.1 准备场景 103
　　7.3.2 准备灯光元素 103
　　7.3.3 制作光线的汇聚和幻化效果 105
　　7.3.4 添加辉光特效 109

第 8 章　内置破碎特效 112

8.1 破碎特效介绍 112
8.2 国内外优秀作品赏析 113
8.3 Shatter破碎的介绍 116
8.4 文字的破碎 118
　　8.4.1 制作文字破碎动画 119
　　8.4.2 优化文字破碎动画的效果 122
8.5 墙壁的爆炸 126
　　8.5.1 制作墙壁破碎动画 126
　　8.5.2 创建破碎效果的其他附加元素 130

第 9 章　高级抠像应用 132

9.1 抠像技术简介 132
9.2 抠像技术的应用 132
9.3 国内外优秀作品赏析 133
9.4 KeyLight抠像应用 136
　　9.4.1 蓝绿屏抠像技法 136
　　9.4.2 综合抠像技法 139
9.5 PowerMatte高级智能抠像 144

9.5.1　PowerMatte抠像的应用 144
9.5.2　使用心得 147

第10章　冲击波光 148

10.1　冲击波光的介绍 148
10.2　国内外优秀作品赏析 149
10.3　宇宙冲击波的表现 151
　　10.3.1　制作星空背景 151
　　10.3.2　制作旋彩粒子效果 154
　　10.3.3　制作爆炸粒子 156
　　10.3.4　制作冲击波的效果 158
　　10.3.5　制作辅助冲击光效 160

第11章　火焰特效应用 162

11.1　火焰特效在影视中的应用与制作 162
11.2　国内外优秀作品赏析 163
11.3　燃烧的LOGO 164
11.4　燃烧LOGO的制作 166
　　11.4.1　使用Trapcode Mir制作燃烧的
　　　　　　火焰效果 166
　　11.4.2　使用Turbulence 2D制作
　　　　　　燃烧的LOGO 170
11.5　坠落火星的制作 175
　　11.5.1　使用Trapcode Particular制作
　　　　　　燃烧的火焰效果 175
　　11.5.2　使用Trapcode Particular制作
　　　　　　火花效果 178
　　11.5.3　优化合成效果 180

第12章　水墨特效应用 181

12.1　电影中的流体特效 181
12.2　国内外优秀作品赏析 182
12.3　Turbulence 2D流体插件介绍 184
　　12.3.1　关于流体力学 184
　　12.3.2　各项参数介绍 185
12.4　水墨文字特效制作 189
12.5　水墨飞舞制作技法 194

第13章　场景元素的综合应用 200

13.1　流光电火花特效的分析 200
13.2　国内外优秀作品赏析 200
13.3　流光文字电光火花的表现 202
　　13.3.1　制作立体的文字效果 203
　　13.3.2　制作文字的反射质感效果 205
　　13.3.3　制作文字的环境元素 207

第14章　光效创作技法 212

14.1　光线特效介绍 212
14.2　国内外优秀作品赏析 213
14.3　拖尾能量球制作 215

14.3.1 制作能量球动画 215
14.3.2 拖尾光线的制作 221
14.4 七彩光线的表现 224
14.4.1 设置光线的运动轨迹 224
14.4.2 制作蓝色光线 225
14.4.3 制作其他彩色光线 229
14.4.4 制作辅助光线的粒子元素 231

第15章 Form特效应用 233

15.1 Form插件介绍 233
15.2 Form插件案例赏析 234
15.3 Form参数介绍 236
15.4 绚丽定版LOGO的制作 242
15.4.1 制作主体线圈动画 242
15.4.2 制作多层线圈并调整动画 244
15.4.3 增强线圈光效并制作最终定版 245
15.5 放射定版LOGO的制作 247
15.5.1 制作粒子放射动画 248
15.5.2 制作英文标识变化为烟雾动画 249
15.5.3 制作发光文字定版效果 250
15.5.4 整合镜头、完成最终效果 251

第16章 Particular粒子特效的应用 ... 253

16.1 Trapcode Particular 插件简介 253
16.2 Particular插件案例赏析 253
16.3 上升的气泡 257
16.3.1 制作背景气泡动画 258
16.3.2 添加其他气泡丰富场景 262
16.3.3 制作LOGO显示动画 265

16.3.4 统一画面色调，调整细节 266
16.4 花丛中的LOGO 267
16.4.1 制作花朵形状粒子飞舞的动画 267
16.4.2 制作粒子花朵收缩淡化成 LOGO的动画 269
16.4.3 制作摄像机动画，调整整体画面 ... 271
16.5 LOGO的华丽转换 272
16.5.1 绘制粒子运动路径 273
16.5.2 制作流动的烟雾粒子 275
16.5.3 制作定版LOGO动画 280

第17章 Element 3D高级特效应用 ... 283

17.1 Element 3D优秀案例赏析 283
17.2 Element 3D插件介绍 286
17.2.1 Element 3D插件及其附属产品介绍 286
17.2.2 Element 3D插件的特性介绍 287
17.3 三维LOGO的材质制作 288
17.3.1 三维LOGO的制作 288
17.3.2 UI面板介绍 290
17.3.3 材质参数的说明 291
17.4 三维粒子特效 294
17.4.1 插件的粒子系统的应用 294
17.4.2 发射器形状的介绍 295
17.4.3 制作发光的粒子LOGO 297
17.5 炫酷定版LOGO的制作 299
17.5.1 LOGO模型的制作 299
17.5.2 LOGO高级材质的制作 300
17.5.3 LOGO动画的制作 302
17.5.4 3D文字的制作 304

第1章 影视后期特效概述

本章内容
- 抠像技术的介绍与发展
- 抠像技术的应用

1.1 影视作品的幕后功臣——影视后期特效

现在，许多影视作品的特效场景都是通过影视后期特效来实现的。那么，什么是影视后期特效呢？

影视后期特效简称影视特技，它将计算机技术和传统影视创作综合起来，人们可利用影视后期特效来创造出想象出来的各种人物形象和动画，从而轻而易举地再现早已灭绝的生物、外星人和宇宙星球等客观世界达不到的自然现象。影视后期特效制作一般分为两个部分：后期制作和特效制作。后期制作又分为线性编辑系统和非线性编辑系统两种。

1.2 影视后期特效的成名史

后期特效的发展历史时期可追溯到20世纪70年代，它和计算机图形图像技术的诞生和发展完全同步，后期特效是影视行业的一次大革命。

在国外，影视后期特效的发展可以分为初步形成时期、发展时期和繁荣时期。初步形成时期为20世纪五六十年代；发展时期从20世纪70年代中期开始，随着计算机性能的提高，负责输入和输出素材的硬件也在升级，一些图形设计软件也相继产生；繁荣时期（即20世纪80年代）是计算机图形设计进入网络的时代，大量的二维、三维软件进入实用领域，飞檐走壁、穿梭时空等特效轻而易举地便可完成，后期特效在影视创作以及数字多媒体创作中发挥了前所未有的积极作用。那个时期曾轰动一时的电影——《泰坦尼克号》，几乎一半的画面内容都是靠后期处理而成，如壮观的海景、轮船、冰山和烟云等，如图1-1所示。

图1-1

在中国，影视后期特效的发展始于20世纪80年代。在"八五"美术新潮后，中国逐步引入国外计算机制作的影视作品。到了20世纪80年代末，国内少量的影片或部分影视公司开始使用三维动画软件为影视作品加入少许的特效，随之后期特效逐步发展到广告制作领域和电视栏目包装领域中。随着改革开放政策的到来，我国的影视后期特效进入了一个快速发展的阶段。

影视后期特效对于观众有着魔术般的吸引力，尤其是在观众对视觉感官需求日益提高的今天。无论是在好莱坞电影中，还是在荧屏热播的电视剧中，后期特效的应用早已屡见不鲜了。如场景的烟火、爆炸特效，甚至实景的仿真效果，都可以轻松地实现，如图1-2所示。

图1-2

1.3 影视后期特效的神通广大

后期特效的强大功能就是可以把一切不可能的场景转化为可能，一些现实中难以实现拍摄的场景在后期特效的作用之下都可以变得驾轻就熟。后期特效主要有创立视觉元素、处理画面、创立特殊效果和连接镜头4种基本作用。

1.3.1 视觉元素的创建

在影视作品中，为了使信息传播得更为精确、画面质量更为精美，或者为了让自然界中不存在的某个物体成为推动情节发展的主题，往往需要制作非常逼真的或具有视觉冲击力的视觉元素，影视后期特效对于这类元素的创建有着不可替代的作用。如动物、人物、场景以及各种特效元素的创建等，如图1-3所示。

图1-3

1.3.2　画面色调的处理

后期特效在画面处理方面最基本和最广泛的作用就是调节色调。现在的商业影视作品通常会在后期制作时调节画面的色调，这样一方面可使不同时间、不同条件下拍摄所得的画面能够在色调上统一，另一方面又能通过对作品的整体色调进行处理表现出作品的氛围和情绪特征，或者根据单独突出或淡化的某种色调来达到强调视觉效果或表达特定情节含义的目的。各种漂亮的影视后期画面的处理效果，如图1-4所示。

图1-4

1.3.3　视觉效果的创造

随着观众对视觉效果要求的提升，自然的画面效果已经不能很好地吸引观众的注意了。特殊视觉效果在影视制作中的广泛应用，可以使画面更具有表现力和冲击力。如影视后期特效中，光效是最为常见的一种特效，只要使用得当，可以充分提升画面的视觉美感，如图1-5所示。

图1-5

1.3.4 镜头之间的组接

连接镜头不仅是指将一个个的镜头组接在一起，而是指创造组接的方法，后期特效可以使镜头与镜头之间的过渡成为新的表现元素。如这组城市画面的组接，巧妙地利用了城市的车流、灯光、霓虹灯和景深的模糊等效果来转接画面，从而使镜头直接的切换变得更加流畅自然，如图1-6所示。

图1-6

1.4 影视后期特效的百花齐放

随着社会的进步、科技的发达，电视、计算机、网络和移动手机等新媒体越来越广泛地普及到大众的生活中。有了这些新媒体作为载体，影像视频的传播变得简单快捷了，于是，影视后期特效的市场也随之发展起来。如今，无论是日常生活、工作学习还是娱乐休闲，到处都可以看到影视后期特效的踪影，如电视、计算机、手机和游戏机等，如图1-7所示。

图1-7

1.4.1 无处不在的影视后期特效

影视后期特效的强大功能使影视后期特效不断地被普及。现今社会，影视后期特效仿佛无处不在，它的应用大致分成3个领域：电视栏目包装、CG动画片的生产和广告制作。

1. 电视栏目片头、片尾以及栏目包装

随着频道专业化与个性元素的进一步加深，如今的电视节目制作基本已经告别了纯粹使用传统的方式来拍摄和剪辑，基本上是运用计算机特效来制作的，并且有非线性编辑系统取代线性编辑系统的趋势。影视特效在电视节目中的主要作用是节目的剪辑、合成、片头、字幕、宣传片和形象片的制作和播出，如图1-8所示。

图1-8

2. CG动画片、游戏业的生产

将影视后期特效应用到动画片中是动画产业的一次革命。它创造了一种全新的视觉艺术效果，与传统手绘的逐帧动画相比，计算机技术产生的效果与效率都是不可比拟的，它使动画达到了一种独特的艺术境界。此外，影视后期特效的诞生意外地产生了一个新的巨头产业——游戏。游戏中一些火焰、爆炸之类的繁杂技术均是运用粒子动画特效产生的，后期特效给这个超前的创意产业插上了高飞的翅膀，如图1-9所示。

图1-9

3. 广告制作

影视后期特效如今之所以能够在无数领域里得以广泛应用，可以说是得益于影视广告特技的大量运用。用户可以结合广告的创意充分地发挥特效软件所提供的强大功能，在特效技术的保证下，创意可以没有想象空间的限制。只有想不到的，没有做不到的。图1-10为某一广告片中的LOGO变形组合的特效镜头，整个LOGO都是由线条和粒子特效组成。

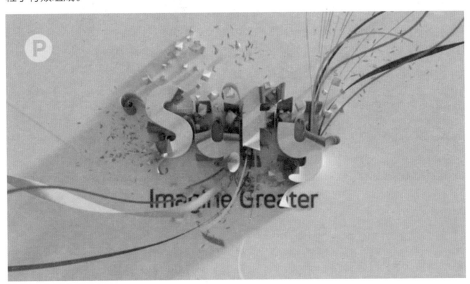

图1-10

1.4.2 丰富多样的影视后期特效

影视后期特效的普及使越来越多的后期特效作品出现在人们的视线范围内，这些作品会以不同的类型呈现出来。根据影视后期特效的制作方法，可以把它划分为三维特效、合成特效、数字绘景和概念设计3类。

1. 三维特效

目前绝大多数影视作品中有立体透视变化的角色和场景都是由三维特效所创造的，如影片中各种逼真的怪物、《2012》中淹没全城的洪水和摩天大楼轰然倒塌等场景都是通过三维特效来实现的，如图1-11所示。

图1-11

2. 合成特效

合成特效最常见的运用是在古装片的打斗场面中，这种场面具体的实现方法是把演员打斗的场面和天空分开进行拍摄。其中演员打斗部分由演员吊着钢丝在蓝幕或绿幕背景中进行拍摄，然后在计算机中利用后期软件将蓝幕和钢丝抠掉，再把留下的演员部分贴到实拍天空前面，这样演员在天空中打斗的场面就表现出来了，如图1-12所示。

图1-12

3. 数字绘景和概念设计

数字绘景：如某影片中出现远古城市的全景，当中涉及了数千幢古民居或宫殿、花草树木和小桥流水等场景，如果要使用三维软件来制作这些场景，所需成本将非常高，而且需要多人合作才能完成。但如果有了数字绘景师，只需要一个人就可以把这些全部绘成一张图。概念设计：概念设计通常在影视前期制作中作为参考，如影片中要出现一个怪物，但怪物具体长什么样子，导演只需用语言表达出来，概念设计师便可根据导演的要求以图片的形式将其绘画出来。怪物的形象确定后，三维特效软件便可根据图片来制作出各种栩栩如生的怪物，如图1-13所示。

图1-13

1.5 优秀特效案例分析

本节内容主要介绍了影视后期的相关背景知识和业界广泛使用的合成软件After Effects与其基本功能，重点讲解了After Effects制片的工作流程和使用技巧。

影视后期制作是指拍摄完成后需要完成的影视制作工作，包括非线编辑、特效合成、色彩校正、三维动画、二维动画、包装、音乐和配音合成、录制产品等。其中影视特效合成是现在影视行业中最为普遍的表现形式，大到好莱坞电影的实景3D合成，小到我们身边常见的电视广告包装。可以说影视特效早已融入我们的生活。但是在过去，影视节目的制作是专业人员的专利，对于民众来说似乎还蒙着一层神秘的面纱。

十几年来，数字技术全面地进入了影视制作过程，计算机逐步取代了许多原有的影视制作设备，并在影视制作的各个环节中发挥了重大作用。但是直到不久前，影视制作使用的仍然是价格极端昂贵的专业硬件和软件，非专业人员很难亲眼目睹到这些设备，更不用说熟练使用这些工具来制作自己的作品了。随着PC性能的显著提高与价格的不断降低，影视制作从以前使用专业的硬件设备逐渐向使用PC平台转移，原先身份极高的专业软件也逐步移植到计算机平台上，价格也日益大众化。同时影视制作的应用也从专业影视制作扩大到游戏、多媒体、网络和家庭娱乐等更为广阔的领域。那么这些逼真华丽的特效又是怎么创作出来的呢？当然还是得力于先进的计算机图形图像软件。

如今影视工业的特效软件百花齐放，从类别上大致可以分为节点合成型和层合成型，节点合成的软件包括Nuke、Shake和Digital Fusion等，而层合成软件有After Effects、Combustion，其中After Effects（简称 AE）就是本书将要学习的一款功能强大且使用广泛的特效合成软件，After Effects制作出的华丽特效，如图1-14所示。

图1-14

影视的后期制作主要包括3个大的方面：组接镜头，也就是平时所说的剪辑；特效的制作，如镜头的特殊转场效果，淡入淡出，以及圈出圈入等，现在还包括动画以及3D特殊效果的使用；声音的出现和立体声的出现进入电影以后，我们应该还考虑后期中声音制作的问题，包括后来电影理论中出现的蒙太奇等。这3点是影视后期制作必不可少的组成部分。

案例一

下图是名为《The Vein Magma》的动画短片，既是Adobe Creative Cloud的宣传广告，同时也是The Vein的单曲MV。该片由西班牙艺术工作室Dvein所创作。西班牙艺术工作室由Domínguez, Teo Guillem and Carlos

Pardo 3位导演组成。全片时长仅一分三十秒,镜头从大景到特写、色彩由黑白变化为彩色、结尾高潮部分流体伴随着音乐飘舞运动令人眼花缭乱。片中抽象化的岩浆特写、颜料液体流动结合人物的面部表情使整个画面极具艺术感染力,岩浆般的流动在视觉上类似血脉涌动,特写质感精致细腻,大景画面气势磅礴,整体视觉效果相当震撼。虽然时间并不长,但其中展现的合成技能、动画细节和艺术氛围却能给人留下非常深刻的印象,如图1-15所示。

图1-15

从本片的后期制作花絮上可以了解到全片是由实拍加CG特效组成的,其中人物的面部和表情动画是通过演员化妆后绿屏实拍而成的,拿到实拍素材后特效师通过抠像只留下人物的面部区域来作为合成元素使用。在特效方面Dvein工作室主要使用了3ds Max来创建三维场景和物体。ZBrush(一款数字雕刻软件)绘制人物面部的碎片细节从而在实拍人物素材的基础上添加碎裂特效。Realflow(流体制作软件)负责制作片子中大部分流体动画,如流动的岩浆、人物脸上的水墨等。After Effects作为后期软件的中流砥柱自然在片中作为最终合成的利器。本片的后期制作花絮如图1-16所示。

图1-16

案例二

本案例是Adobe Creative Suite 5的官方宣传片,片子用卡通风格的一系列小故事来表达从分镜策划到实际拍摄,最后到后期制作,整个片子采用直线拉镜头的方式不断"穿越"从古代日本武士到警车追击罪犯再到星球争霸的未来世界,最后镜头拉回制片厂。原来这些都是制片厂在一个"5"字形的屏幕里播出的电影,整部影片创意十足,节奏紧凑,画面风格卡通诙谐,镜头一气呵成。虽然时间不长却分别展示了影片制作过程的各个阶段,非常有针对性地将Adobe产品的用途和特点展现给观众,如图1-17所示。

图1-17

从后期的花絮介绍中可以了解到该案例由After Effects和3ds Max合作完成，片中的一系列贴纸素材都是由制作人员亲笔绘制然后扫描到计算机作为素材使用的。其中实拍部分包括开场的书本翻页动画和一些玩具模型贴图，后期的花絮如图1-18所示。

图1-18

本案例中的星球大战飞行场景主要由3ds Max制作完成，包括模型、材质和动画的渲染。在合成上，特效师们采用非常流行的多通道合成法即不渲染最终的成品图而是分别渲染出漫反射、高光、阴影、反射和Z通道等一些含有特定三维信息的图像，再到After Effects里逐层叠加完成最终效果的合成。这样做的好处是大大提高后期合成的调节性，例如，特效师可以通过阴影通道层单独修改阴影强度，或通过高光通道层修改高光亮度而不影响其他通道的图层信息。作为对外接口广泛的After Effects其自带的插件里就有一项叫"3D channel"的特效分类，这项分类的特效插件专门用来处理三维软件渲染出带通道信息的图像从而非常方便地调节图像中的一些属性，使特效师快速地完成三维到二维的过渡工作，如图1-19所示。

图1-19

案例三

本案例是知名系列电影《哈利波特》中的一段法术对决戏场面，故事中邓布利多和伏地魔用魔杖来斗法，画面上两股强大的能量相互冲撞溅射出巨大的火花和冲击波，同时放射出的闪电给周围带来巨大的破坏。在一段激烈的对峙后两者胜负难分，最后两人都施展出了更高等级的魔法来攻击对方，其中华丽的法术特效无疑将战斗的气氛推向高潮。由于是魔法战斗，因此这场戏份对演员的动作要求比较少，反之对特效的表现力要求较高，片中壮观的火蛇魔咒和水咒均由大量的视觉特效制作而成，配合演员逼真的动作和表情共同增强画面的感染力，如图1-20所示。

图1-20

电影中短短几秒的特效画面，往往需要前后期人员耗费大量的时间和精力才得以将完美的镜头呈现在观众面前。在后期花絮的解析中可以了解到这场戏份是在一个人工布景的大堂内完成拍摄的，由于前期的采集只需要获得演员的动画和部分的场景画面，其余的特效均在后期中制作完成。前期中为了获得类似于两股冲击波扩散和风起云涌的感觉，剧组特意使用了几台大型风机来吹向演员从而模拟这种斗法的气氛，如图1-21所示。

图1-21

案例四

本案例是三星i9100 galaxy S2手机的一款创意广告。此广告使用手指舞这一独特的艺术形式表达该款手机广告的宗旨——释放你的手指，恰好符合手机的特点，那就是全新真实的触感体验以及高清炫彩的画质。广告中，专业演员激情灵活地用手指比画着各种动作和形状，同时形态各异的运动图形元素在手指间变换而出，图形元素丰富多彩，三维立体感强，且各类元素的动画形态也千变万化，既有强烈的动感，也有空间的立体纵深感。这一动画属性与该款手机功能的多变性和体验的现场感相吻合，诱导消费者购买该手机一起体验广告中手指的无情魅力。为了使观众的注意力集中到手指和手指的运动图形上来，广告中采取了固定镜头拍摄，演员的位置和摄像机角度与观众的人眼位置大致相同，这一平视的角度使广告商和消费者平起平坐，拉近了二者之间的距离，这样的亲切感无疑会激起消费者的购买欲望。当然，为了使摄像机角度不至于太平淡和呆板，广告中间穿插了几个手指的特写镜头，这样使消费者能更近距离地观赏到手指所带来的千奇百怪的变化。该广告画面的分镜头如图1-22所示。

图1-22

在制作方式上该款广告采取了实拍素材和计算机CG元素相结合的方法来进行合成制作，这种方式随着科技的进步被视觉设计师运用得更加广泛频繁和炉火纯青，尤其是在影视后期特效中这种方式比比皆是。在本案例中，很容易看出，演员所有的手指舞动作是用摄像机实拍的素材，而随着手指变幻出的各种运动图形则是由计算机后期制作而成的。实拍与素材合成的难点与重点是如何做到二者的高度匹配，包括摄像机角度的匹配、场景空间的匹配和颜色光照的匹配等，只有做到高度的匹配，最终合成效果才能做到顺理成章和真实可信。

本案例中，要匹配的是手指变化无常的动作，几乎每一帧的动作都大不一样，再加上手指变化速度很快，这无疑加大了摄像机追踪的难度。摄像机追踪的方法很多，After Effects CS6内置了3D Camera Tracker【3D摄像机追踪】，其追踪数据准确，且使用方便，更重要的是可以直接在After Effects软件当中追踪，省去了数据导入导出的麻烦。另外，可以用Mocha和Boujou第三方软件进行追踪，二者在三维追踪方面功能强大。由于该广告中要呈现大量的三维几何运动图形，因此必须使用三维软件制作部分的图形元素。这需要将追踪反求的摄像机数据信息导入三维软件中，并将原实拍素材一起导入作为参考对象。CG元素制作完成后，渲染出带透明通道的动画序列，并将其导入After Effects中进行最后的合成制作，如图1-23所示。

图1-23

案例五

本案例是第85届奥斯卡四项大奖得主影片《少年派的奇幻漂流》。该片由好莱坞华人导演李安执导，影片讲述了少年派和一只名叫理查德·帕克的孟加拉虎在海上漂泊227天的历程。影片上映之后即在内地掀起了观影热潮，而关于片末少年派给出的两个不同版本的"漂流故事"，孰是孰非的激烈讨论更是引人思考。片中出现的包括大自然的壮阔、与无情袭击渺小救生船的狂暴凶猛的暴风雨、海上的生物光、壮观的飞鱼群在空中画出的虹弧、闪闪发亮的碧波以及一头跃出海面的座头鲸等。整部电影960个镜头有690个镜头采用特效，海上的震撼历险画面其实是在封闭式的造浪池拍摄而成的，如图1-24所示。

图1-24

观众们眼前扑面而来的一阵阵惊涛骇浪，无边无垠延展到地平线的水天一色景观，游满夜光水母的炫目海平面，其实都是在台湾的一个水槽影棚里进行前期拍摄并通过后期制作完成的。在拍摄之前，李安亲自乘坐快艇深入风暴中心体验，在实际的拍摄中，为了尽可能地保护工作人员安全与达到更完美的视觉效果，剧组在台湾台中的水湳机场搭建了一个全世界最大的全自动波浪装置水槽，这个水槽能模拟各种海上环境，包括平静无波的海面和波涛汹涌的海上风暴。海上很难作业，但水池又不像海，所以需要模拟海浪的起伏，需要控制浪型和起伏大小，外围就用计算机制作，拍摄场景如图1-25所示。

图1-25

电影中的孟加拉虎理查德·帕克就像一头大猫，它的数场激猛的、细腻的表演俘获了观众的心。不过，除了有限的几个镜头，银幕上威风凛凛的老虎理查德·帕克并不是真虎表演的，而是数字模拟的假老虎。剧组拍摄了数百个小时有关孟加拉虎的影像资料，动物训练师希瑞拉·波提耶找到4头孟加拉虎，其中一头名叫"国王"的老虎入选成为这个角色的主要实体模特。真虎被用作理查德·帕克的框架原型进行了实景拍摄，但并不需要它们进行真正的表演，CG艺术家们采样了它们的动作和表情，建模起老虎的骨骼，测算他们肌肉弯曲度，并在此基础上进一步添加它们的皮肤纹理和毛发特效，最终渲染成形为萌虎理查德·帕克。

该片的数码特效主要由特效公司"节奏与色彩"（Rhythm & Hues）制作。由于老虎的体形庞大，皮肤松散，艺术家们参考真虎的影像资料对虚拟老虎模型进一步细微调整，模仿真虎的转头、跳跃、扑打和游泳姿势，连一个面部抽搐的小动作都要符合真虎的形态。光是老虎的毛发，就由超过15名动画师负责，有些人需要整理与排序老虎超过千万根的毛发。在制作完主要的CGI内容之后，特效师还会在上面增加一层技术动画。因为人物的运动会受到风、水等其他外力的影响，因此，需要通过运用复杂的模拟使肌肉与身体产生协调，而且这样也会提升头发、胡须以及动物皮毛的逼真程度。除了救生衣皮带和救生船油布等各种道具以外，这些特效也应用到了大量其他角色上，其中包括一只猩猩、一匹斑马、一只土狼以及若干狐獴猴。根据负责老虎制作的特效总监比尔·威斯顿豪夫的介绍，单单这些调整就需要3个礼拜，老虎特效的制作花费了6个月，在整部戏中，光是老虎的制作就花掉了一年时间，如图1-26所示。

图1-26

1.6 本书应用案例简介

本书深入浅出地讲解了After Effects各方面特效的具体应用和案例精析，通过本书的教程，可以让读者了解到一些常见特效的应用和具有制作难度的合成效果。

本书共17个章节，各章节的案例内容从基础到高级囊括了许多常用的内置插件和功能强大的第三方插件。本书开头的两个章节以基础知识为主，其内容涵盖了After Effects的基本操作和各大版块知识点的详细剖析，如图1-27所示。

图1-27

- 文字特效一直是后期软件中常用的基础特效之一。After Effects不仅内置了强大的文字特效组件，还支持对不同特效的组合使用，大大地增强了After Effects的应用范围。本书的第3章内容将通过两个时尚华丽的文字特效案例来详细地对After Effects文字特效创作技法的理念和技巧进行讲解。
- 光斑特效是一种常见的视觉氛围营造元素。本书的第4章内容抓住光斑的随机特性，利用wiggle【抖动】表达式来控制光斑的随机位移和闪烁动画，并通过处理画面的色调来实现怀旧风格。
- 太空和星球场景在很多的电影及电视镜头中都有出现。本书的第5章内容将讲解如何利用After Effects的内置插件来制作和模拟太空环境，案例方面主要介绍了太空与星球场景的创作技法，包括了太空组成元素的详解和各个元素的特点以及制作方式的解析。
- 运动追踪技术是影视后期合成中使用广泛且十分常见的技术。本书的第6章内容将介绍After Effects自带的跟踪功能和第三方的强大跟踪软件Mocha，包括了实拍素材的跟踪去抖动处理、运动场景的跟踪以及如何合成物体到场景中，同时还列举了跟踪技术的基础知识和在影视合成中的相关应用。
- 场景氛围光效是从空间和景深关系、光线和光效的设计、烟雾云层和浮尘的表现及多种特效的综合设计运用角度来解决动画场景中的气氛氛围，从而达到画面效果的视觉冲击力和心理感官的享受。本书的第7章内容介绍的神秘光影效果是一种在场景中穿梭并产生汇聚和幻化效果的彩色光线，通过它们在场景中的动画表现可以烘托场景的氛围感。与此类似的第13章内容同样也和场景的氛围有关，但重点在于多元素的相互配合，从而起到烘托环境氛围的效果。

- 破碎特效是影视后期制作中一个常用的制作技法。本书的第8章内容讲解了如何利用After Effects内置的Shatter【破碎】特效来完成破碎文字特效和墙壁爆炸两个案例的制作。
- 抠像技术现在已被广泛地应用于各种影视和栏目包装项目中。本书的第9章内容将介绍内置抠像插件KeyLight和第三方抠像插件PowerMatte的高级应用，并通过几个实例来充分地讲解这两款主流抠像插件的使用技巧。
- 滤镜都有着其独特的功能和使用技巧，在这些滤镜的帮助下，设计师们可以随心所欲地按照自己的想法创作出合心意的视觉作品。本书的第10章内容将对一些最常用的内置特效进行解析，并讲解了如何通过综合使用各种滤镜效果来制作宇宙冲击波的震撼爆炸特效。

火焰和火花特效在影视特效中极其常见。本书的第11章内容介绍3种火焰燃烧效果的制作，重点介绍了如何利用Trapcode Mir、Jawset Turbulence2D和Trapcode Particular这3种不同的插件来制作火焰燃烧的效果。

- 水墨特效也是近年开始流行的一种流体特效。本书的第12章内容将介绍水墨等流体特效的相关背景知识，案例上则详细讲解了如何利用第三方流体特效插件Turbulence 2D来完成水墨字和水墨飞舞特效的制作。
- 光效是影视后期特效中常见的特效之一。本书的第13章内容将通过拖尾能量球及绚丽光线效果两个案例的制作来详细地介绍各种光线的制作原理和实例应用。
- 粒子特效是现在越来越受欢迎的CG特效之一，其重要性不言而喻。本书将用两个章节的内容来分析和讲解各种不同的粒子效果的创作技法。其中第15章内容讲解了如何利用功能强大的Form特效来制作绚丽的线性特效和文字定版LOGO的演绎；第16章内容讲解了如何利用Particular特效插件来制作水中的气泡、花朵飞舞幻化成LOGO形状以及云雾形态的粒子沿自定义的路径运动。
- Element 3D是由Video Copilot公司所研发和升级的一款革命性的三维插件。本书的最后一章内容将对Element 3D插件的开发背景和基本功能作介绍，并通过粒子灯泡发光特效和酷炫三维LOGO演绎两个实例的制作来全面解析Element 3D插件的创作技法，还综合讲解了光感、空间和场景氛围等效果的处理。

第2章 影视特效的基础知识

本章内容
- After Effects软件概述
- After Effects合成
- After Effects图层
- After Effects遮罩
- After Effects关键帧
- After Effects摄像机
- After Effects渲染输出
- After Effects优化设置
- After Effects插件安装

本章内容将对影视特效的基础知识作详细的介绍，内容包括After Effects的特效合成、图层及其混合模式、内置遮罩与路径、关键帧和3D摄像机。

2.1 After Effects软件概述

After Effects简称AE，是Adobe公司开发的一款视频设计及处理软件，它是设计和制作动态影像作品所不可或缺的辅助工具，主要用于合成高端视频特效系统的专业特效。After Effects的应用范围很广泛，涵盖了电视影片、电影、广告、多媒体和网页等，如图2-1所示。

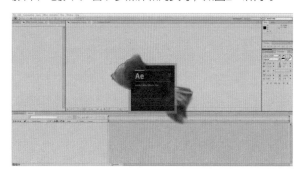

图2-1

After Effects最大的特点是贯穿其软件始终的"层"的概念，这个概念出自Adobe公司旗下的另一款著名软件——Photoshop。借助"层"的概念，After Effects可以对多层的合成图像进行控制，它可以设置图层的样式、图层的父子关系、图层的混合模式及图层的上下关系等，最终得以制作出各种各样的合成效果。此外，在After Effects中还可以设置丰富的关键帧动画，使用户可以轻易地控制高级的二维动画。

说到After Effects，不得不提到其丰富多样的特效插件，这些插件是After Effects的主要组成部分，它们的种类繁多、效果千变万化，可以协助After Effects来创造出高端的视觉效果。随着第三方插件的开发，

After Effects在特效设计方面更加得心应手了。After Effects保留有Adobe优秀软件所特有的相互兼容性，可以导入Photoshop、Illustrator的层文件和Premiere的项目文件，有着很强的实用性与操作性。After Effects虽然是一款二维合成软件，但它还是可以进行三维场景的创建与制作，用户可以在二维或三维中对图层进行操作，或者混合起来在层的基础上进行匹配。

在影视制作的流程中，一般分为前期和后期。前期是影像素材的拍摄与采集阶段；后期是影像素材的剪辑和再加工，After Effects所扮演的是后期合成的角色，即影像成品输出前的最后一道工序。After Effects负责对剪辑后的影像进行再加工，并在原影像的基础上添加各类特效，使之变得更加绚丽与出众。影视制作的一般流程如图2-2所示。

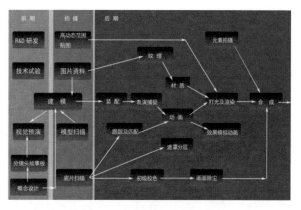

图2-2

如今，After Effects在影视后期制作过程中的使用越来越频繁，其功能也越来越强大，制作出来的效果也越来越丰富且逼真。要想成为影视后期制作领域的顶尖人才，必须熟练掌握After Effects的运用。下面将对After Effects作详细的讲解。

2.2　After Effects合成

合成技术是指将多种素材混合成单一复合画面的技术。"抠像""叠画"等合成的方法和手段，都在早期的影视制作中得到了广泛的应用。与传统合成技术相比，数字合成技术可将多种源素材采集到计算机里面，并用计算机将其混合成单一的复合图像。理论上把影视制作分为前期、中期和后期，After Effects就是属于后期的影视制作软件，After Effects合成的界面如图2-3所示。

After Effects属于层合成特效软件，基于Photoshop中层文件的导入，使After Effects可以对多层的合成图像进行控制，制作出丰富的合成效果。关键帧和路径的引入，使用户更容易控制高级的二维动画；其高效的视频处理系统确保了高质量视频的输出；After Effects的实际操作界面如图2-4所示。

图2-3

图2-4

2.3　After Effects图层

图层是构成合成图像的基本组件，在After Effects合成图像窗口中所添加的素材都将作为图层来使用。合成图像的各种素材都可以从项目窗口直接拖动放置到时间层窗口，也可以将素材直接拖动到合成图像窗口中，这样素材便自动显示在合成图像窗口中了。在时间布局窗口可以清楚地看到素材与素材之间所存在的层与层的关系，这些层都是After Effects内建的图层并且有着各种不同的功能，在实际案例的操作中，用户可根据需求灵活运用这些图层来创作出各种不同的特效，如图2-5所示。

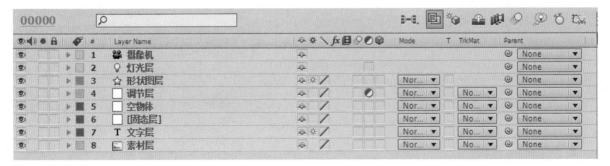

图2-5

下面将对这些图层逐个进行介绍。

- 素材层：图像、视频、音频和3D模型等都可以作为素材层，这些层的导入通常作为合成素材来使用，将这些素材层的重新组合渲染后可创作出新的作品。

- 文字层：文字层作为矢量图层不仅与其他图层一样拥有各种属性，还可以对其施加各种特效，而且通过文字动画引擎可以轻松地制作出各种文字动画，可通过按快捷键Ctrl+T来打开文字层，如图2-6所示。

图2-6

- 固态层：固态层是After Effects软件的基本图层之一，主要用于添加特效和遮罩，有时也可用作图层蒙版，可通过按快捷键Ctrl+Y来打开固态层，图层的设置如图2-7所示。

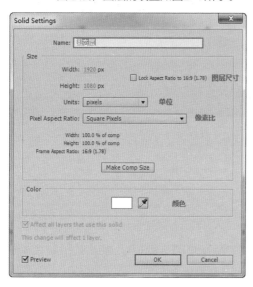

图2-7

- 空物体层：空物体层被创建后其本身并不被渲染，它通常用于关联其他图层的运动和属性，可通过按快捷键 Ctrl+Alt+shift+Y来打开空物体层。

- 调节层：调节层被创建后其本身不被渲染，其作用是通过添加特效来统一控制调节层下面的所有图层，给调节层添加特效就相当于给调节层以下的所有图层都加上这个特效。与此同时，固态层和调节层可以直接通过一个开关或按快捷键Ctrl+Alt+Y来转换，如图2-8所示。

图2-8

- 形状图层：形状图层是一个矢量图层，可用于创建各种形状如三角形、圆形、方形、多边形和自定义图形等，结合其自带的形状图层修改器可以制作出各种动态特效，按快捷键Q或在工具条中单击图标即可打开形状图层，如图2-9所示。

图2-9

- 灯光层：灯光层用于创建灯光来为三维物体提供照明，因此灯光层只作用于三维图层。按快捷键Ctrl+Alt+Shift+L可打开灯光层的设置面板，如图2-10所示。

图2-10

- 摄像机层：摄像机层用于调节三维空间的视角，可模拟出真实相机的焦距和景深效果，类型分为目标摄像机和自由摄像机。可在菜单面板中单击摄像机图标或按快捷键Ctrl+Alt+Shift+C来创建摄像机，如图2-11所示。

图2-11

2.4 After Effects遮罩

Mask【遮罩】实质上是一个路径或一个轮廓图，路径可以是封闭的，也可以是开放的。对一个没有透明通道的图像使用封闭遮罩，相当于给该图像添加透明通道，可以使遮罩外的区域变成透明。

1. 由于遮罩依附于图层存在，因此不能单独创建遮罩层。通过单击工具栏的钢笔工具或者形状工具可以创建遮罩层，如图2-12所示。

图2-12

2. 创建完遮罩层后可以按快捷键M打开属性参数面板，如图2-13所示。

3. 展开Mask1【遮罩1】的混合模式列表，遮罩的混合模式主要用于设置多个遮罩之间的相互作用，如图2-14所示。

图2-13

图2-14

2.5 After Effects关键帧

关键帧指的是物体运动或变化过程中的关键动作所处的那一帧，关键帧与关键帧之间的动画可以由软件来创建。在After Effects中有形形色色的 Keyframe【关键帧】，这里就简单地介绍一下After Effects各种关键帧的作用，如图2-15所示。

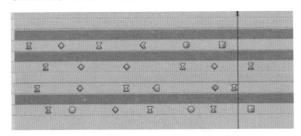

图2-15

在After Effects中，绝大多数参数前都有个类似码表的小标志，用鼠标单击小标志就能在所在的时间线位置上创建一个关键帧，如图2-16所示。

图2-16

常用的关键帧的种类大致可以分为以下几种，如图2-17所示。

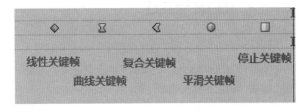

图2-17

2.6 After Effects摄像机

在After Effects中，常常需要运用一个或多个摄像机来创造空间场景以及观看合成空间。摄像机工具不仅可以模拟真实摄像机的光学特性，更能打破三脚架、重力等条件的制约，在空间中任意移动。下面就来介绍一下摄像机的创建和设置。

STEP 01 在Layer【图层】的New【新建】中选择Camera【摄像机】，或者按快捷键Ctrl+Shift+Alt+C打开摄像机的参数设置面板，如图2-18所示。

具】，此时，鼠标左键变成Orbit camera tool【旋转摄像机工具】；鼠标右键变成Track z camera tool【z轴缩放摄像机工具】；鼠标中键变成Track xy camera tool【xy轴平移摄像机工具】，这里可以用这3个键来控制摄像机的水平移动、上下移动、旋转和放大缩小等运动，如图2-19所示。

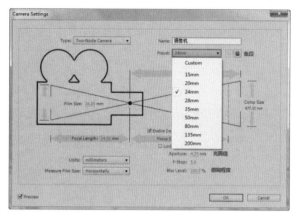

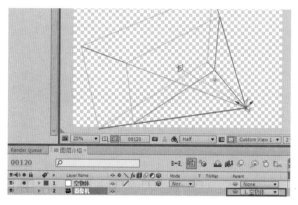

图2-18

STEP 02 打开摄像机预置的下拉菜单，可以看到里面提供了9种常见的摄像机镜头，其中包括标准的35mm镜头、15mm广角镜头、200mm长焦镜头和自定义镜头等。35mm标准镜头的视角类似于人眼；15mm广角镜头类似于鹰眼，有极大的视野范围，可以看到的空间很广阔，所以会产生空间透视变形；200mm长镜头可以将远处的对象拉近，但其视野范围也随之减少，最后只能观察到较小的空间，但是几乎没有变形的情况出现。

STEP 03 按C键可以切换各种控制方式来对摄像机进行操作。选择Unified camera tool【统一相机调整工

图2-19

注意： 默认情况下的摄像机的Point of interest【目标兴趣点】是显示的，如果要在不隐藏Point of interest【目标兴趣点】的情况下平移摄像机，则要进行如下操作：新建一个Null【空物体层】，然后将摄像机的父层指定为空物体层。打开空物体层的3D开关，此时可以对这里面的参数进行设置。

通过对摄像机的旋转、放大缩小和平移等参数设置关键帧，可制作出不同的摄像机漫游动画。

2.7 渲染输出

本节内容主要介绍After Effects的渲染模块，包括输出模块、输出流程和输出技巧。

2.7.1 输出模块

在Edit【编辑】菜单下的Templates【模板】中选择Render Settings【渲染设置】，打开渲染模板的设置窗口，可以看到Defaults中已经预先设定了4个渲染模板，它们分别是Best Settings【最佳设置】、Current Settings【当前设置】、Draft Settings【样本设置】和Multi-Machine Settings【多功能设置】，如图2-20所示。

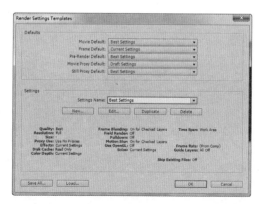

图2-20

单击Edit【编辑】，会弹出详细的渲染设置面板，这里可用来创建输出模板，如图2-21所示。

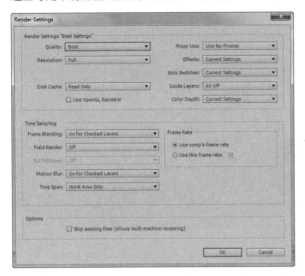

图2-21

2.7.2 输出流程

介绍完渲染模块和渲染设置后，下面将进入输出流程的学习。

STEP 01 在项目窗口中选中合成项目，按快捷键Ctrl+M或在Composition【合成】菜单中选择Add to Render Queue【添加到渲染行列】来打开渲染队列窗口，并将该合成项目添加到渲染队列中，如图2-22所示。

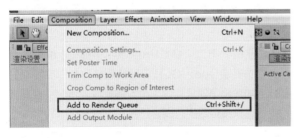

图2-22

STEP 02 进入渲染窗口，此时可以看到合成项目已经被添加到队列中等待渲染，如图2-23所示。

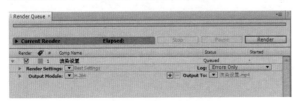

图2-23

STEP 03 接下来要进行一系列的渲染设置和输出设置，这里将详细介绍输出设置。在渲染队列窗口单击Lossless【无损】，此时会弹出一个设置窗口，如图2-24所示。

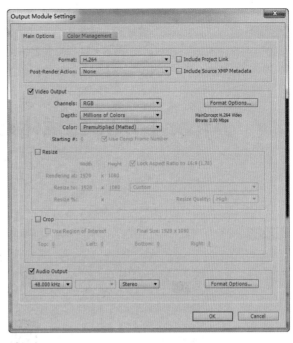

图2-24

注意： 如果要对渲染的格式进行设置，可单击打开Format【格式】的设置面板，这里的设置面板支持PC上最常用的Video For Windows【视频窗口】、各种音频、视频格式和序列图片等。当选择完输出格式后，一般会弹出一个对话窗口，这个对话窗口用于对输出格式做具体的设置，如选择QuickTime Movie后单击Format Options【格式选项】按钮会弹出一个对话框，如图2-25所示。

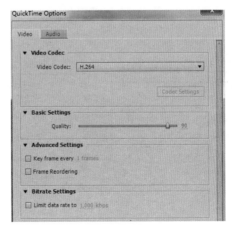

图2-25

以上这些参数项在影片的视频格式、压缩格式生成后，一般不需要再对其单独进行设置了。如果需要渲染带有声音的影片，只需打开Audio Output【音频输出】开关即可。

STEP 04 完成了渲染和输出设置后，还需要设置渲染输出文件的文件名及保存路径。渲染设置和输出设置的文件名及路径设置完后，按Render【渲染】按钮就可以进行渲染了。

STEP 05 After Effects还可以对影片的单帧进行渲染。在时间线窗口将时间线指针定位到希望渲染的单帧处，在Composition【合成】菜单下的Save Frame As【存储单帧为】选择File【文件】，弹出渲染队列窗口，对参数进行设置后即可渲染出单帧。

2.8 After Effects优化设置

为了加快动画的制作效率、简化制作流程，在初次安装After Effects时需要对其进行优化设置。本节内容将重点讲解After Effects的优化设置技巧。

STEP 01 根据实际情况来对各个面板进行排列，操作如图2-26所示。

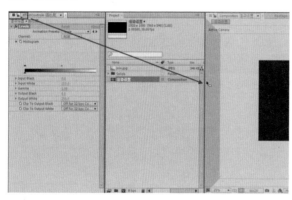

图2-26

注意： 如果想让特效面板排在预览窗口旁边可以进行如下操作：单击选中面板左上角部分并将该部分拖动到想要移动的位置，软件会根据位置自动生成高亮区域，此时松开鼠标即可，如图2-27所示。

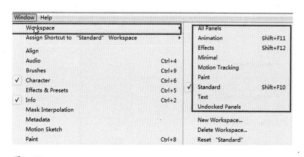

图2-27

STEP 02 优化首选项参数，在Edit【编辑】菜单下的Preferences【参数选项】下选择General【常规】，打开软件的第一个参数的选项面板，如图2-28所示。

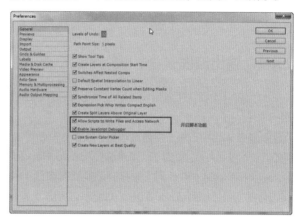

图2-28

STEP 03 进入第二个参数Previews【预览】的选项面板，勾选开启Open GL预览可使软件在有专业显卡的基础上加快预览速度。这里也可根据导入音频文件的长短来设置音频预览的时间，如图2-29所示。

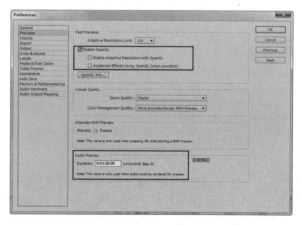

图2-29

STEP 04 在第三个参数Display【显示】的选项面板中，勾选Show Rendering Progress in Info Panel and Flowchart选项，开启信息栏的显示功能，如图2-30所示。

图2-30

STEP 05 打开Media & Disk Cache【媒体与磁盘缓存】选项面板，这里可以在内存不足时给预渲染存储设置更多的硬盘空间。单击勾选Enable Disk Cache【开启磁盘缓存】选项，开启缓存功能，此时还需要设置一个存储位置来储存媒体和渲染文件，如图2-31所示。

图2-31

STEP 06 打开Appearance【界面】选项面板，单击勾选Cycle Mask Colors【循环遮罩颜色】选项，开启遮罩循环颜色功能，这样每次新建遮罩或者路径时，遮罩的颜色都不同，可便于区分。这里还可以对界面的颜色进行设置，如图2-32所示。

STEP 07 打开Auto-Save【自动保存】选项面板，可看到该面板中有且仅有一个选项。这是一个必须勾选的重要选项，用于开启自动保存功能，具体的时间间隔可以自行设置，如图2-33所示。

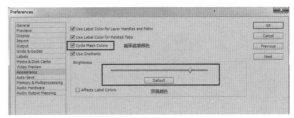

图2-32

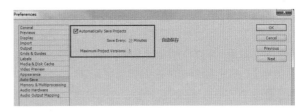

图2-33

STEP 08 Memory & Multiprocessing【内存与多线程渲染】这个参数也是必须开启的参数之一，在多核心CPU的基础上，开启多线程渲染功能可以大幅度地加快渲染速度。除此之外，在Memory【内存】一栏还可以对用于运行软件的空间大小进行设置，如图2-34所示。

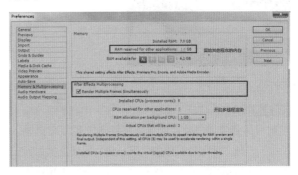

图2-34

2.9 After Effects插件的安装

Adobe的开放接口使许多第三方插件的开发商可以自由地开发出功能各异的插件来供用户购买或免费使用。其中比较经典的有Red Giant公司开发的Trapcode套件，该套件中包含了8种实用插件，如著名的Particular、Form、Shine和3D stroke等；还有VideoCopilot公司开发的Optical Flare和Element 3D等插件。本节内容介绍After Effects插件的安装方法。

STEP 01 After Effects插件的扩展名为AEX（有些是小写的aex），插件文件统一存放在软件根目录的Plug-ins文件夹下，具体如图2-35所示。

其中Adobe/Adobe After Effects CS6/Support Files/Plug-ins 路径里的"Adobe After Effects CS6"是根据After Effects的具体版本而定的。

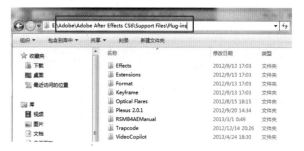

图2-35

STEP 02 只需要把购买到的或者网上下载的插件复制到Plug-ins文件夹里就可以自动被After Effects识别到,插件安装完成后,可以打开After Effects菜单栏中的Effect【效果】,在里面找到对应的分类后便可使用该插件。

STEP 03 有些带有示例工程和预设的插件集为方便用户安装所以制作成了一个可安装的应用程序,这样用户便可像安装一个软件那样来安装插件。

　　这里以Trapcode Suit 11.0套件为例来演示如何安装这类插件。

STEP 01 根据计算机的系统选择软件对应的系统版本,打开安装程序,如图2-36所示。

图2-36

STEP 02 同意条款后,单击"下一步"按钮会提示输入序列号(如果用户购买的是正版的话,可以在这输入Key),输入序列号后单击"下一步"按钮继续进行安装。如果想试用或者使用破解版,可以在网上搜索相应的序列号来输入使用,如图2-37所示。

图2-37

STEP 03 继续单击"下一步"按钮,此时可以看到安装程序弹出一个版本框让用户选择对应的版本,这里只需要勾选自己想要安装的版本即可,如图2-38所示。

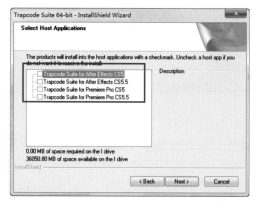

图2-38

STEP 04 选择完后单击Install【安装】按钮进行安装。有些安装程序需要用户手动输入插件所要安装的根目录,一般情况下选择Adobe/Adobe After Effects CS"X"/Support Files/Plug-ins(X表示所安装的After Effects版本)来作为安装的路径,如图2-39所示。

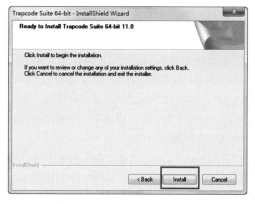

图2-39

第 3 章 文字特效应用

本章内容
- 文字特效概述
- 国内外优秀案例赏析
- 个性文字动画
- 水波文字特效

本章内容主要介绍如何利用第三方插件Trapcode Particular和Trapcode Form来制作酷炫的文字特效。除此之外,两个插件的高级应用及详细的基础教程可参见本书的第14章和第15章内容。本章内容重点讲解了使用Particular插件来制作文字特效和使用Form来制作水波渐变文字的动画。

3.1 文字特效概述

After Effects功能强大的效果滤镜使设计师可以借助它创作出动人心魄的作品,尤其体现在文字特效方面。文字作为视觉设计的一部分,起到点明主旨、突出画面的作用,文字往往在画面中充当画龙点睛的角色。因此,文字动画或者特效的设计好坏显得尤为重要,文字特效设计应该与整个画面的整体风格协调一致,包括效果滤镜的选用以及颜色的搭配等。

文字特效类型多种多样,除了自身的位移、旋转和不透明度等特效外,在After Effects还可以实现文字之间的动画特效。如每个文字依次旋转而出、依次渐隐出现或者依次由小到大等,这些都是文字的基础动画,After Effects还专门内置了多种此类文字特效动画。除此之外,设计师还可以借助After Effects几百个内置的效果滤镜和五花八门的外置插件来创建更加复杂专业、更加炫目多样的文字特效。如使用Shatter插件制作爆炸破碎特效;使用CC Ball Action模拟小球汇聚成文字动画;使用Linear Wipe制作文字的特效等。设计师几乎所有的文字特效设计想法都可以通过After Effects实现,"只有想不到,没有做不到",一个好的创意、一个好的想法才会更好地促成好作品的诞生,如图3-1所示。

图3-1

3.2 国内外优秀作品赏析

本案例是韩国一个电影发行公司Premier Entertainment的片头动画,此类片头动画一般出现在影片正式开始之前,是公映电影必不可少的一部分。如我们在看好莱坞电影中,影片开场经常会出现20 Century Fox【20世纪福克斯】、Warner Brothers【华纳兄弟】和Universal【环球影业】等著名好莱坞电影公司的片头演绎动画。本案例是一个典型的卡片翻转文字特效动画,整个场景由众多翻转飞舞的卡片作为主要元素,卡片相互之间不断地进行位移、旋转以及大小的变换动画,最后全部慢慢变小直至消失。文字也被赋予此类效果,整个文字被分割为多个类似卡片的形状,并且具有飞舞翻转动画。在运动中,不断汇聚并拢,最后卡片效果慢慢消失,文字显露出最后的清晰形状。整个动画简洁明了、直截了当,并且文字特效动画和卡片元素特效动画协调一致,如图3-2所示。

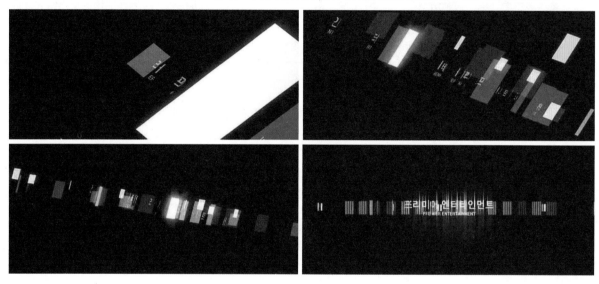

图3-2

要制作本案例类似的卡片飞舞翻转效果可以使用After Effects中的Card Wipe【卡片划像】效果插件,其可以自动产生诸多卡片分割的效果,并且可以设置卡片的数量、翻转的方向以及卡片的材质等。另外,此滤镜是完全支持3D功能的,所以可以在场景中创建一个摄像机并设置丰富的动画。该滤镜中还具有灯光选项,可以控制卡片在光照下的状态,这些3D功能属性无疑大大丰富了卡片效果的三维质感,增强了可操作性,更重要的是强化了其动画功能,使设计师可以随心所欲地创作出自己喜欢的动画作品。为了使视觉效果更佳,本案例还对整体画面做了一些修饰,如对卡片添加了Glow【发光】效果滤镜,使卡片更富有3D质感,更加突出。在最后,文字被赋予了模糊效果滤镜,这样的目的是为了在文字彻底显露之前通过虚化处理使其达到若隐若现的效果,让人产生欣赏的欲望,如图3-3所示。

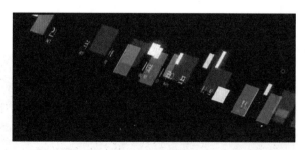

图3-3

本案例是好莱坞电影发行公司IMAINE的LOGO演绎动画。一滴水滴进平静的水面,顿时在水面激起涟漪,波纹渐渐散开。同时,文字也渐渐出现,随着水面波纹渐渐散去,水面又归于平静,文字也演变成最终的形状。本案例与第一个优秀案例有异曲同工之妙,本案例借助的一个主要元素是水滴,利用水滴激起的波纹作为动画的衔接元素。而文字也被融入水面波纹之中,同样也受到波纹的影响,产生扭曲变换动画,最后与波纹同样归于平静，显露出最后的形状。整个场景动画构思巧妙，寓意深远，准确地传达了该公司的精神和含义，就是利用电影对观众产生潜移默化的作用。且整个画面干净整洁，黑白两色的搭配使场景朴素庄重。而黑色的背景深邃悠远，使人产生无尽的遐想，有意犹未尽的韵味。最后一帧的画面也极其简单质朴，黑色背景搭配白色文字，使LOGO马上跳脱出来，很好地突出了公司的名称，以此加深观众对公司名称的印象，如图3-4所示。

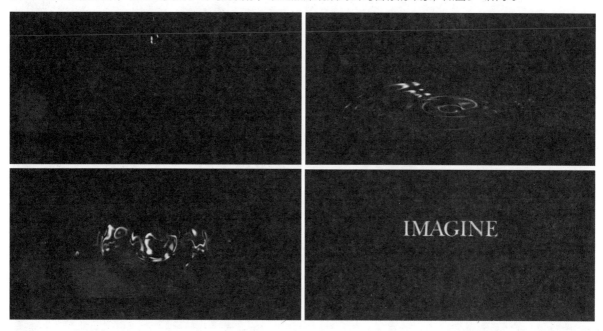

图3-4

本案例可以使用两种方法进行制作。一种方法是实拍素材结合CG元素进行制作，可以在摄影棚中搭设简单的场景，用容器装满水，然后拍摄一滴水滴进容器的动画。为了使背景为纯黑色，可以使用黑色画布作为背景，且只需在水面上方布置一个顶光即可。完成素材实拍之后，将其导入后期合成软件中，并且创建文字的特效动画。对于文字受波纹影响而产生的扭曲变形动画，可以使用After Effects中的Turbulence Displace【紊乱置换】模拟制作，该插件可以模拟涡流扭曲变形的效果。如受乱流影响而产生的空气紊乱、热浪对周围环境产生的扭曲效果等。并且还可以自定义置换贴图，这样可以更好地控制扭曲效果。在本案例中，可以将实拍素材作为文字的置换贴图，这样文字的扭曲效果与波纹的动画基本吻合，就好像文字本来就在水面上一样，达到以假乱真的效果。另一种方法是全部使用CG元素模拟，水滴动画可以使用Real Flow软件进行模拟制作，该软件可以在独立平台运行，可模拟流体真实的运动，最典型的便是制作水的各种运动效果。使用此种方法对设计师的专业要求较高，因为此种方法首先要在Real Flow完成水滴的动画，然后导入3D软件如Maya、3ds Max或者Cinema 4D设置水滴的材质，并渲染出水滴序列动画，最后在After Effects中导入水滴序列动画，并且将其与文字动画进行合成，并达到最终效果。但此种方法可控性强，在计算机软件中可以实现想要的效果，且布置灯光、赋予材质和定义动画都较为方便，如图3-5所示。

图3-5

本案例是电影《变形金刚》第二部预告片的片头。该片头文字动画风格与电影中的变形金刚非常吻合，都是通过复杂的变形动画后形成最终的形状。整个动画大气磅礴，动感十足，镜头的变化运用也非常考究，既有位移的变化，也有旋转的变化。文字的特效动画更加丰富，由开始无数的细小碎片通过巧妙的变化运动最终能汇聚成LOGO文字，如图3-6所示。

图 3-6

本案例的文字特效动画效果三维立体感强，且极富金属质感。要达到此效果，必须借助三维软件才能达成，如可以借助Cinema 4D中的Thrausi插件和3ds Max中的Rayfire插件模拟制作。但本案例中的细节调整非常丰富，因此必须在破碎的数量、动画等方面更加细致地调节和设置。另外，文字材质的调节也是个重要的方面，该材质虽然是金属材质，但几乎没有反射特性，因此必须特别注意，如图3-7所示。

图 3-7

3.3　个性文字动画

本节内容重点介绍如何借助Trapcode Particular和Trapcode Form来制作两种文字特效。第一种文字特效是使用Particular制作多个彩条划过屏幕并将其作为遮罩，通过遮罩蒙版的使用来制作文字划开撕裂的动画并最终呈现出文字特效；第二种是使用文字动画图层作为Form插件的置换层，通过对Form参数的调节来制作出类似水波的渐变文字特效，如图3-8所示。

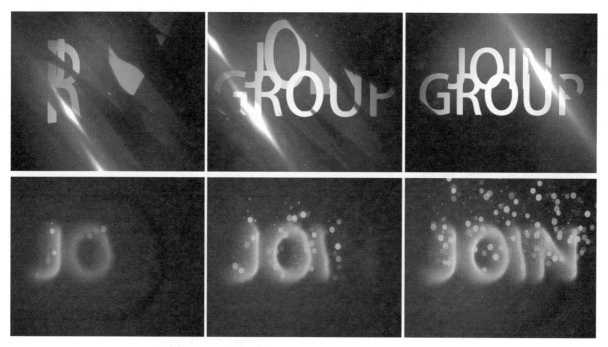

图3-8

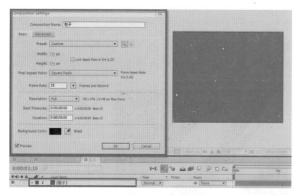

图3-9

STEP 01 新建一个Composition【合成】窗口，将其命名为粒子。设置时长为5s，宽高像素大小值为720×576，同时新建一个任意颜色的固态层，将其命名为粒子，如图3-9所示。

STEP 02 默认的Particular效果是一团白点，如图3-10所示。

STEP 03 要制作彩条划过的效果，首先要改变发射器的类型和大小，将Emitter Type【发射器类型】改为Box【方块】，这样发射器的形状类似于一个方形，符合彩条的宽度。将Emitter Size X【X轴发射器大小】设为4716，Emitter Size Y【Y轴发射器大小】设为3244，Emitter Size Z【Z轴发射器大小】设为3000。因为彩条划过的速度非常快，所以将Velocity【速度】值设为1370，并且将Direction Spread【方向扩散】

设为20%，Velocity Motion【速度运动】设为200，这样就得到一个速度很快且范围很广的粒子运动动画了，如图3-11所示。

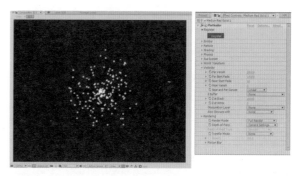

图3-10

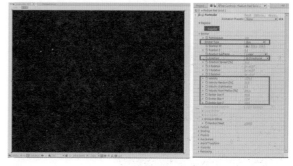

图3-11

注意： Direction Spread【方向扩散】的数值越大，表示向四周扩散的粒子越多。

STEP 04 由于彩条是划过的，所以不能让粒子的停留时间过长，将Particle【粒子】参数下的Life[sec]【生命时长】设为1，让彩条一闪而过。为了让粒子的生命更加自然和随机，可以将Life Random【生命随机】设为100%，同时将Sphere Feather【球体羽化】设为0，如图3-12所示。

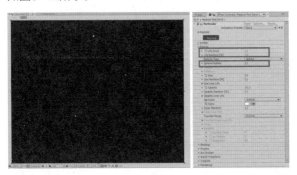

图3-12

注意： 因为我们需要的彩条是实体的，所以不需要模糊的羽化效果。

STEP 05 开启Particular粒子的一个重要功能Aux System【辅助系统】。这类似于粒子的子系统，也就是粒子运动过后会产生子粒子，形成原粒子的运动轨迹，从而产生出更绚丽的粒子效果，我们就是借助这个系统来制作彩条划过的效果的，这个系统默认是关闭的。将Aux System【辅助系统】参数下的Emitter【发射】由Off【关闭】设为continuously【持续】，这样就可以在原粒子的基础上产生子粒子了。另一个选项At Bounce Event【在碰撞事件时】表示当粒子有碰撞时才会产生子粒子，这不是我们需要的，所以不用将其开启。此时子粒子还没有出现，将Aux System【辅助系统】参数下的Particle/sec【每秒发射粒子数】设为2000，并将Life[sec]【生命时长】设为0.2，如图3-13所示。

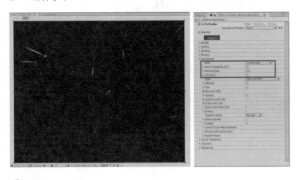

图3-13

STEP 06 观察场景中的粒子，此时可以发现子粒子明显偏小。将Size【大小】值设为196，为了使子粒子产生的彩条不至于太呆板，将Size over Life【生命大小变化】设为出生时快速变大然后到死亡时慢慢变小，是前快后慢的渐变过程；并将Opacity over Life【生命不透明度变化】设为开始时正常透明，然后慢慢变不透明。至于子粒子的颜色，这里选择继承原粒子的颜色信息，所以要将Color From Main【承接主粒子颜色】设为100%，这样颜色就和主粒子的颜色保持一致了。如果要调整子粒子（即辅助粒子）的颜色可以直接在前面的Particle【粒子】参数下设置，如图3-14所示。

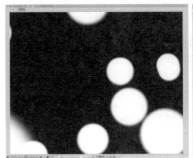

图3-14

STEP 07 此时得到的效果中子粒子的形状还是圆的，还没形成彩条的形状。这时候要加大动力学中的风力，在大风力的影响下，子粒子会变成竖条状的形状，这样才会接近我们想要的结果。展开Physics【动力学】下的Air【空气】选项，将Wind X【X轴风力】和Wind Y【Y轴风力】都设为10000，如图3-15所示。

图3-15

STEP 08 此时彩条的基本形状已经形成了，原粒子（即主粒子）已经没有作用了。回到Particle【粒子】参数选项，将Size【大小】和Opacity【不透明度】都设为0，这样主粒子就消失了。接下来给子粒子（即彩条）着色，因为之前已经设置了子粒子的颜色是随着主粒子的变化而变化，所以只需在主粒子中着色即可。在Particle【粒子】参数选项下，找到Opacity over Life

【生命不透明度变化】下的Set Color【设置颜色】，将At Birth【在出生时】改变为Over Life【贯穿生命】，这样在粒子的整个生命中都会有颜色的变化了。如果要设置颜色，选择Color over Life【贯穿生命颜色】，再选择需要的颜色，这里只需选择两种渐变颜色中的任一颜色即可，因为后面会利用别的效果器重新着色，如图3-16所示。

图3-16

STEP 09 但是彩条的形状看起来有些偏大，我们想要的是很多彩带划过屏幕的效果，此时可以通过改变空间位置来实现。找到World Transform【空间变化】，将X Offset【X轴偏移】设为-3100；Y Offset【Y轴偏移】设为-3530；Y Offset【Y轴偏移】设为3140，这相当于改变了摄像机的位置和角度，这样镜头中就有更多的彩条元素呈现出来了，如图3-17所示。

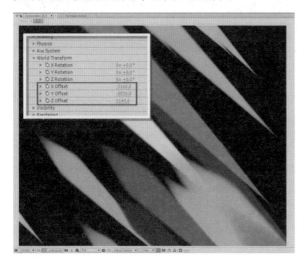

图3-17

STEP 10 至此，粒子的彩条效果制作已经完成，在与文字合成之前，需要进行一些颜色的调整。在粒子图层的Particular效果的基础上添加Tritone【三色调】，选择任意3种颜色，这里将Highlights【高光】设为白色；Midtones【中间调】设为紫色；Shadows【阴影】设为黑色，但此时呈现的效果依然偏暗。添加一个Levels【色阶】效果，提高彩条效果的亮度，再将Input Black【输入黑色】设为26；Input White【输入白色】设为255，如图3-18所示。

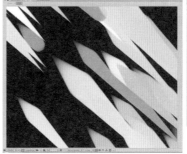

图3-18

STEP 11 这样，用来作为文字动画轨道蒙版的粒子彩条划屏效果就制作完成了，在进行合成之前，需要导入用来制作文字动画的文字元素。新建一个合成，将其命名为文字动画，设置时长为5s，宽和高像素大小为720×576，并将之前制作完成的粒子合成拖入到该合成中，如图3-19所示。

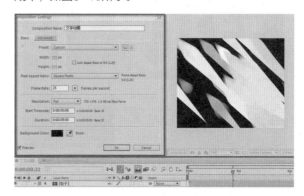

图3-19

STEP 12 使用文字输入工具在合成中输入文字"JOIN GROUP"，并添加一些文字动画。展开文字下方的Text【文本】卷展栏，选择Animate【动画】选项，单击小三角符号，在弹出的动画菜单中选择Enable Per-character 3D【开启每个字符3D功能】，如图3-20所示。

图3-20

STEP 13 下面给文字施加一些动画属性。选择Animate【动画】选项，单击小三角符号，在弹出的动画菜单中选择多个参数，选择Anchor Point【锚点】、Position【位置】、Scale【缩放】、Rotation【旋转】、Opacity【不透明度】和Blur【模糊】等。为了使各个参数有动画属性，要对各个参数进行设置，将Anchor Point【锚点】的Y轴设为-20；Position【位置】的Z轴设为-500；Scale【缩放】设为400%；Y Rotation【Y轴旋转】设为-1×+0.0°；Opacity【不透明度】设为0；Blur【模糊】设为5。展开Animator 1【动画1】参数下的Range Selector 1【范围选择器1】，将End【结束】百分比设为33%，并在Offset【偏移】上设置动画，将时间线指针拖到0秒位置，将Offset【偏移】设为-33%，设置关键帧；再将指针拖到2秒位置，将Offset【偏移】设为100%，如图3-21所示。

到3s09帧时再设置一个关键帧，将路径形状扩大，最终呈现落版文字，如图3-23所示。

图3-22

图3-21

STEP 14 将文字层置于粒子层上方，将轨道蒙版模式设为Alpha Matte "JOIN GROUP"，这样粒子图层就成为了文字动画的蒙版，如图3-22所示。

STEP 15 复制一层文字层作为落版的最终文字，将复制后的文字层置于最上方，将图层拖到想要动画结束的位置。使用钢笔工具绘制一个Mask形状图层，通过给Mask的路径设立关键帧来呈现最终的落版文字。在3s的位置给Mask路径添加一个关键帧，将时间指针移动

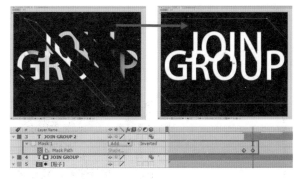

图3-23

STEP 16 这样制作出来的动画还是有些呆板，此时要增加一些摄像机运动，使之具有空间感。新建一个摄像机，参数保持默认设置。选中新建的摄像机，单击快捷键A，展开Point of Interest【兴趣点】，按住Shift键的同时单击快捷键P，展开Position【位置】，在0s的位置给这两个参数设置两个关键帧。然后使用工具栏中的Track Z Camera Tool【Z轴摄像机轨道移动】在合成窗口中的5s位置将摄像机向后移动，After Effects会自动记录关键帧；再将时间指针移动到时间线的最后位置，将摄像机向后移动，After Effects同样会自动记录关键帧，这样就得到一个摄像机在0～5帧快速向后移动，然后在5帧～5s的时候缓慢向后移动的文字移动动

画，如图3-24所示。

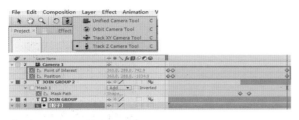

图3-24

图3-25

STEP 17 新建一个固态层作为背景层，将其置于所有图层的底部，施加Effect【效果】/Noise & Grain【噪波与颗粒】/Fractal Noise【分形噪波】。将Contrast【对比度】设为272；Brightness【亮度】设为-75；Scale【缩放】设为600。并且再添加一个Tritone【三色调】效果，将背景设为紫色调，如图3-25所示。

STEP 18 为了使文字动画更具有电影风格，可以制作一个简单的暗角。新建一个黑色的固态层，将其置于图层的最上方，使用工具栏中的Ellipse Tool【椭圆工具】在图层上绘制一个圆圈遮罩。选中图层，按E键，将Mask Feather【遮罩羽化】设为237，如图3-26所示。

图3-26

STEP 19 至此，彩条划过屏幕后再呈现文字的个性动画就已经制作完成了，将所有图层的开关打开，如图3-27所示。

图3-27

3.4 水波文字特效

本节内容重点介绍如何使用文字动画图层作为Form特效的置换层，再通过对Form相关参数的调节，制作出类似水波动画的渐变文字特效。

Form是Trapcode公司发布的基于网格的三维粒子插件，可以用它来制作液体、复杂的有机图案、复杂的几何学结构和涡线动画。它将其他层作为贴图，通过使用不同参数来进行无止境的独特设计，并可制作字溶解成沙、舞动的烟等特效。

STEP 01 首先要制作一个简单的文字动画。新建一个合成，将其命名为文字动画。设置宽、高像素大小为720×576，时长为5，再使用文字工具输入文字"JOIN"，如图3-28所示。

图3-28

STEP 02 选中文字，展开文字下方的Text【文本】选项，找到右边的Animate【动画】选项，单击小三角符号，在弹出的选项中选择Opacity【不透明度】、Blur【模糊】参数。为了使各个参数有动画，要对各个参数进行设置，将Opacity【不透明度】设为0；Blur【模糊】设为33。展开Animator 1【动画1】参数下的Range Selector 1【范围选择器1】，将End【结束】百分比设为100%，并在Offset【偏移】上设置动画，将时间线指针拖到0s位置，将 Offset【偏移】设为-100%，设置关键帧；再将指针拖到2s位置，将Offset【偏移】设为100%；再将指针拖到4s位置，将Offset【偏移】设为100%；最后将指针拖到时间线末尾，将 Offset【偏移】设为-100%。这样一个文字模糊渐变出现然后模糊渐变消失的动画就制作完成了，如图3-29所示。

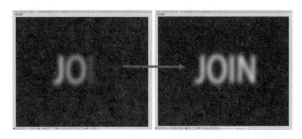

图3-29

STEP 03 这样文字动画就制作完成了，接下来重点介绍如何利用Form插件来制作动画。新建一个固态层，将其重命名为Form，设置宽高像素大小为1280×720，并给该层设置效果Effect【效果】，如图3-30所示。

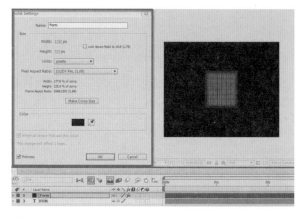

图3-30

STEP 04 下面开始进行Form的参数调节。展开Base Form【基础形状】，将Size X【X形状大小】设为1280；Size Y【Y形状大小】设为720；Size Z【Z形状大小】设为0，使其符合Form图层的大小。并将Particles in X【X轴粒子数量】设为360；Particles in Y【Y轴粒子数量】设为900；Particles in Z【Z轴粒子数量】设为1，如图3-31所示。

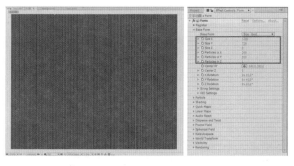

图3-31

STEP 05 接下来给粒子着色。展开Quick Maps【快速贴图】参数选项下的Color Map【颜色贴图】，将Map Opac + Color Over【贴图不透明度+颜色覆盖】的贴图方式设为X，这样的话，所选取的颜色会沿着X轴赋予到Form粒子上，如图3-32所示。

STEP 06 接下来要导入文字动画图层作为Form粒子的置换贴图。展开Lay Maps【图层贴图】，将Color and Alpha【颜色和Alpha通道】下的Layer【图层】设为之前创建的文字图层"JOIN"；Functionality【功能性】设为A to A；Map Over【贴图覆盖】设为XY，这样文字图层便成为Form特效的图层贴图了，如图3-33所示。

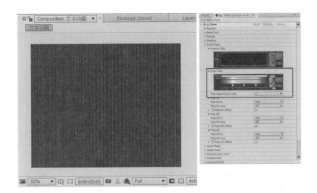

图3-32

图3-33

STEP 07 接下来进行文字动画的置换和扭曲设置。展开Lay Maps【图层贴图】下的Displacement【置换】，将Functionality【功能性】设为Individual XYZ【独立的XYZ】；Map Over【贴图覆盖】设为XY；Layer for X【X轴图层】设为之前创建的文字图层"JOIN"；将Strength【力度】值设为30，这样文字动画就有了置换和扭曲的效果，并且有了一定的厚度，如图3-34所示。

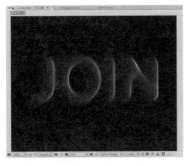

图3-34

STEP 08 至此，文字动画虽有了置换和扭曲的效果，不过并没有出现动画效果，要继续调节参数直至文字出现随机的动画效果为止。展开Fractal Field【分形场】，此选项会产生随机的分形扭曲动画。将Displacement Mode【置换模式】设为XYZ Individual【XYZ 单独】；并将X Displace【X轴置换】数值设为82；Y Displace【Y轴置换】数值设为15；Z Displace【Z轴置换】数值设为91，这样文字就产生了随机的分形扭曲动画效果，如图3-35所示。

图3-35

STEP 09 快速进行RAM预览，文字就有了永久的随机动画效果，不过这样看起来分形扭曲的效果太强烈了，导致文字的形状无法分辨，此时需要继续调节变形置换参数。将Fractal Sum【分形总数】设为Noise【噪波】；将F Scale【分形缩放】数值设为5；将Octave Scale【八度缩放】数值设为0.3，这样文字的分形扭曲效果就减弱了，如图3-36所示。

图3-36

STEP 10 至此，利用Form制作的文字特效就已经完成了，但还需要制作一个简单的渐变背景。新建一个固态层，将其命名为背景，设置宽高像素为1280×720；给该固态层赋予Effect【效果】/Generate【生成】/Ramp【渐变】；将Ramp Shape【渐变形状】设为Radial Ramp【径向渐变】；将渐变颜色设为深绿色和黑色，如图3-37所示。

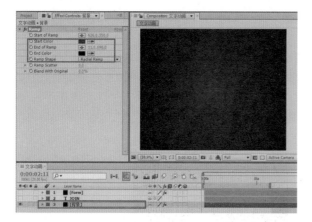

图3-37

STEP 11 将文字图层"JOIN"隐藏起来,因为该图层已不起作用了,它只作为Form的一个置换层。此时,水波纹字体特效的动画便完成了,如图3-38所示。

图3-38

第 4 章 光斑特效

本章内容
- 场景景深效果的设置
- 光斑白点的漂浮闪烁动画
- 怀旧光斑的画面处理

4.1 光斑特效的分析

光斑是通过镜头的收录而形成的，在现实生活中是无法用肉眼看到的。光斑是通过镜头的进光现象，而形成一种神奇的、美妙的和梦幻般的效果，从而吸引人的注意，给人一种美的感受。因此，光斑一般应用于情感表达、营造神秘感和烘托氛围等的场景环境中。镜头进光的效果虽然是一种很好的造型效果，但不能多用、滥用，要根据内容的需要而慎重选择，使它很好地为主题思想服务。最常见的光斑应该属夜晚中的霓虹光斑效果，如图4-1所示。

图4-1

那么光斑如何形成，如何来制作合适的光斑效果？一般有两种方法，拍摄的方法和后期制作的方法。拍摄的方法主要是通过镜头的虚化来产生光斑，而后期制作所产生的光斑会比拍摄更灵活、快捷，在本章内容中重点也是通过后期的手法来制作光斑的效果。

拍摄的方法通常需要良好的有光源的环境。如一缕淡淡的阳光从窗口射进房间，给房间披上薄薄的一层光，光斑朦胧，或闪或暗，仿佛天堂就在人间，这就是光斑营造出的唯美梦幻场景和动感的韵律。如果直接拍照，则需要高级的相机、镜头和给力的环境，才能将光斑尽收镜头中。晚间拍摄某些较亮的光源时，可以有意把焦点偏移，使每个光源都变成晃动的光斑，这种抽象的影像又能形成一种特殊的节奏感。这种虚化的效果在长焦距摄影镜头中是最为明显的，焦距越长，效果越明显，如图4-2所示。

而制作的手法，通常是在没有充分或理想的环境光源时，通过后期的手法进行制作。通常都是在前景或背景中制作一些虚化、闪烁的圆点，以此来烘托画面的气氛感。由于光斑的随机性较大，通常没有具体的制作规则，平时镜头拍摄中的远虚近实的光斑效果，在后期的制作中并不一定适用，也并不一定要遵循，只要能让光斑起到锦上添花的效果，就是充分地应用好了光斑。下图便是在后期制作的光斑元素，将其穿插与场景中，加强画面的神秘氛围，如图4-3所示。

图4-2

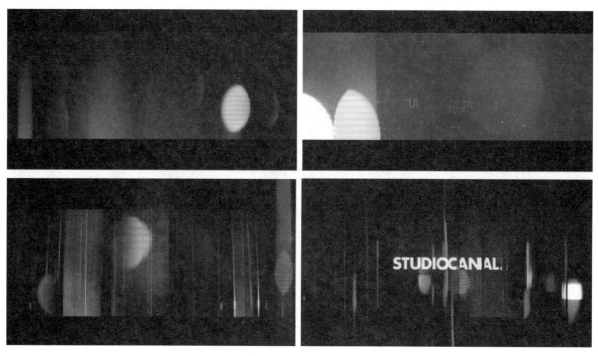

图4-3

4.2 优秀作品赏析

　　近景和特写是静物拍摄的关键。对于近景的渲染，一般使用稍微浅一些的景深，使镜头产生漂亮的虚焦效果，如果再配上最重要的光斑元素，就可以渲染出非常有氛围感的画面。所以，在使用近景拍摄中的光斑时，一定要考虑背景、前景和主题之间的关系。在暗处布上使用光斑，能很强烈地突出光斑元素，而此时的光斑亮度则不能太高，否则会有抢夺主体的视觉，如图4-所示。

　　在这个红酒广告的场景中，使用了一些反光物和小元素来突出酒瓶的质感和厚重感，再根据每个镜头展现的不同主体，适当地加入了一些光斑的元素。如第一个镜头，主要是突出酒瓶和金色的字，此时的光斑则是利用空中的灰尘在灯光的照射所产生的；第二个镜头中主体是酒瓶的头部特写，通过背景较大块的光斑来弥补画面的空荡效果；第三个镜头是酒杯中的酒水特写，波动的酒水在逆光的照射下产生了丰富的背景光斑效果，通过控制背景光照的强弱来控制光斑的强度；在最后一个非常暗的镜头中，没有使用较明显的、大块的光斑，仅仅利用了漂浮的灰尘颗粒在环境光的照射下所产生的光斑来营造画面的氛围。

　　从图4-4整个片子的光斑应用可以看出，在选择光斑的光源时要注意它们的光量，以防它们过亮而喧宾夺主。光斑虽然在暗背景下很亮，但它的绝对亮度并不高，因为与周围环境的亮度差大，而显得很亮，因此能吸引观众视线。从整个画面看，光斑所占面积虽然很小，但却增添了画面的神秘氛围和艺术效果。

图4-4

　　图4-5是一个纯制作的、具有地方风格的节日ID演绎，在该片中主体是一些镂空的灯笼元素，这些灯笼在画面中欢快地摆动着。光斑元素利用了两种方法来表现，首先是通过镜头的虚焦效果，让远景中的灯笼产生光斑效果，这些光斑是灯笼中透出的光所产生的；另一种光斑是在环境中添加了一些粒子，使粒子产生虚焦而获得。光斑的闪烁与灯笼的摆动交相辉映，使画面的欢快感更加强烈，节日气氛也更强烈了。

图4-5

眼神光是人物眼球上所反射出的自然光或人工光而成的光斑。两个微小的光点，使眼睛富有神情，使人物的精神面貌为之一新，如图4-6所示。

如果再通过镜头的收录，眼睛中水润的部分受光照射后，在镜头中会产生许多微小的光点。由于湿润的眼球是在不停转动的，这些微小的光斑也会随着不停地闪动，因此而让眼神光更加灵动。再加上镜头远虚近实的效果，眼神光便产生了更丰富的变化，这就是特写眼神光中最微妙、最漂亮的光斑效果，如图4-7所示。

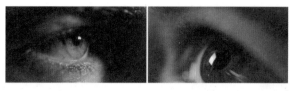

图4-7

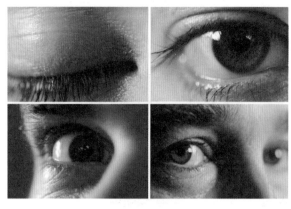

图4-6

4.3 怀旧风格的光斑表现

本节内容所介绍的光斑是一种通用的用于烘托环境氛围的环境光斑，它不要求环境有较多产生光斑的光源。制作光斑的方法有很多，本案例介绍的是一种既快捷又能完美达到所需效果的方法，它并不需要特殊的特效来支持，也不需要手动对光斑的位置、透明度等进行关键帧操作，仅通过几个简单的表达式便可轻松地实现光斑的效果。这里主要是抓住光斑的随机特性，利用wiggle【抖动】表达式来控制光斑的随机位移和闪烁动画，而怀旧风格则主要是通过处理画面的色调来实现的。本案例的光斑效果如图4-8所示。

4.3.1 设置场景的景深效果

场景的景深主要是控制摄像机的焦距与元素之间的距离，这里配合使用摄像机的Blur Level【模糊程度】来控制景深的对比效果。

STEP 01 新建一个合成窗口。由于该场景中没有较为复杂的元素，因此这里新建的是一个尺寸为1920×1080的HDTV比例的高清画质窗口，其他参数保持为默认设置即可，如图4-9所示。

图4-8

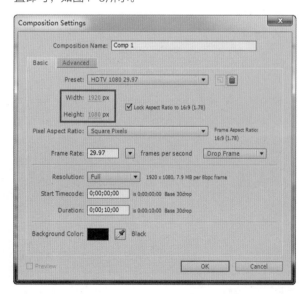

图4-9

STEP 02 新建一个白色固态层。在固态层上画一个圆形的Mask【遮罩】，并将遮罩的Mask Feather【遮罩羽化】值设为25，使白点的边缘没那么生硬，如图4-10所示。

两个画面，分别是Top【顶】视图和Active Camera【当前摄像机】视图，如图4-12所示。

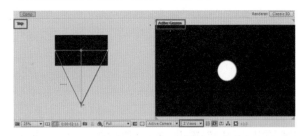

图4-12

STEP 05 此时的摄像机是没有任何景深效果的，因此需要在摄像机选项下单击Depth of Field【景深】右边的Off【关闭】项，让其变为On【开启】状态，这样，场景便有景深效果了。调整Focus Distance【焦距】值为1400，即让该值比Zoom【变焦】值小，也就是说，此时的焦距比变焦点要更靠近摄像机，如图4-13所示。

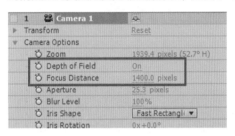

图4-13

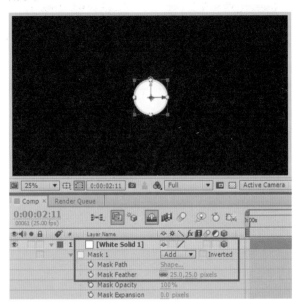

图4-10

STEP 03 按快捷键Ctrl+Alt+Shift+C，新建一个摄像机。单击摄像机图层左边的小三角形，展开该层的Camera Options【摄像机选项】，在默认的参数设置下，Zoom【变焦】和Focus Distance【焦距】的参数值是一样的，如图4-11所示。

技术点拨： 开启景深后，顶视图中的摄像机会出现一个焦距视框（下图中画红线的部分为焦距点区域），离这个焦距点越近的元素会越清晰，反之则越模糊，如图4-14所示。

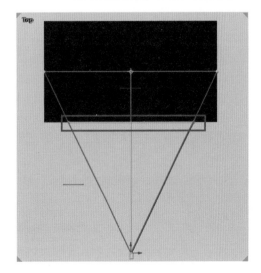

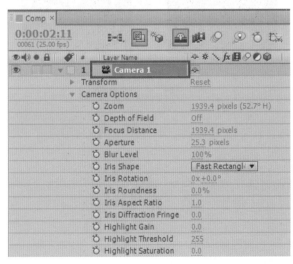

图4-11

STEP 04 在合成窗口下方的视窗工具栏中将视图的显示设为2（Views【双视图】）。此时，合成窗口被分为

图4-14

STEP 06 一般情况下，如果想让元素变得模糊，那么就需要让元素远离焦距点。在摄像机选项中有一个Blur Level【模糊程度】参数项，该项的默认值为100%。在不改变元素与焦距点之间距离的前提下，又要让元素变得更模糊（即加强景深对比），那么只需改变Blur Level【模糊程度】值即可。这里将Blur Level【模糊程度】值加大到420%，此时可以看到白点比之前要模糊许多，如图4-15所示。

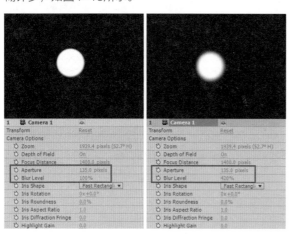

图4-15

4.3.2 制作光斑白点的漂浮闪烁动画

设置完白点的场景效果后，下面来为其设置动画，让其在画面中产生漂浮闪烁的动画效果。白点的动画主要是使用表达式来完成制作的，如果是手动对其进行动画的调节，那么就要设置非常多的光斑白点动画。这样会耗费非常多的时间，因此这里介绍的是一种比较快捷的光斑动画设置方法。

STEP 01 首先设置白点的位移动画，常见的光斑位移速度是比较缓慢的，这样的光斑会让画面更有温馨感。在时间线上选择白点层，按快捷键P，快速展开该层的位置属性；再按住Alt键，同时用鼠标左键单击Position【位置】属性左边的码表，进入位置属性的表达式选项，如图4-16所示。

图4-16

STEP 02 在表达式输入框中输入wiggle(1,1500)，此时可以看到窗口中的白点在快速地移动，这说明了白点的运动频率很快，如图4-17所示。

图4-17

技术点拨：wiggle(1,1500)是指白点在一秒内往返一次，每次会在1500左右的像素内产生振幅。由于表达式中的振幅设置得比较大，因此在较小的频率下，白点也会产生较大的位移。

STEP 03 为了不让白点的运动频率过快，这里将抖动的频率减小到0.1，在表达式中只需输入".1"即可。此时拖动时间滑块，可以看到白点在一秒内的位移变慢了许多。这样，白点的位移动画便设置完成了，如图4-18所示。

图4-18

STEP 04 设置白点的闪烁动画，白点的闪烁主要是利用其不透明度来控制的。保持白点层被选中的状态；按T键，展开其Opacity【不透明度】属性项；再按住Alt键，同时用鼠标左键单击Opacity【不透明度】属性左边的码表，进入Opacity【不透明度】的表达式选项，如图4-19所示。

图4-19

STEP 05 用同样的方法，给白点的透明度设置一个随机变化的效果。在表达式输入框中输入wiggle(.1,100)，使白点每秒运动0.1次，每次透明度的变化值在100左右，如图4-20所示。

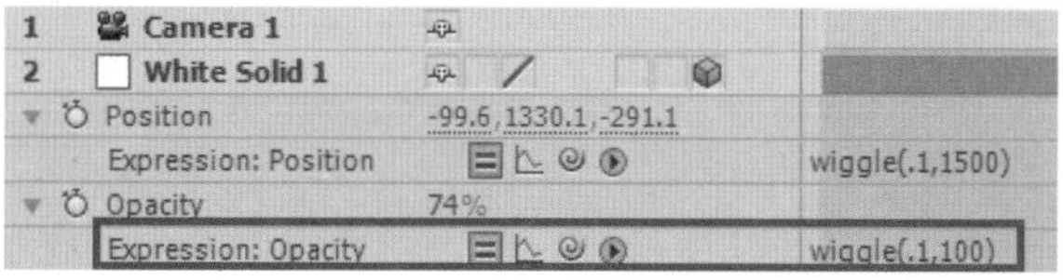

图4-20

STEP 06 接下来设置更多的白点，营造出一种光斑闪烁的画面效果。将白点复制一个，复制后会发现复制所得的白点位置与之前的白点位置不一样了，这说明了wiggle【抖动】表达式对每个图层都是随机控制的。下面就利用这一原理，复制出更多的白点，如图4-21所示。

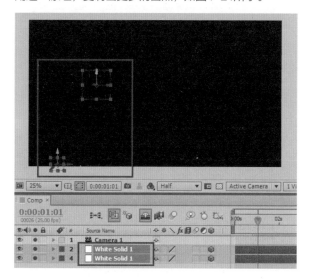

图4-21

STEP 07 由于复制所得的每个白点的位置都是随机的，而且每次复制后的白点位置是不能预计的，因此可以复制更多的白点，直到画面中有足够多的白点，如图4-22所示。

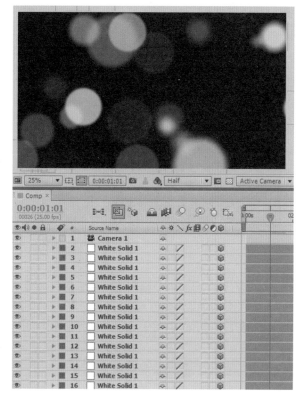

图4-22

技巧提示： 这里可以手动移动白点到所需的位置，这样就能更准确地得到所需的光斑闪烁效果。

4.3.3 怀旧光斑的画面处理

设置完光斑的动画后，光斑不一定能带来我们想要的任何的画面效果。要调出怀旧的画面效果，就需要对画面的色调进行处理，再利用光斑来使画面锦上添花。

STEP 01 光斑动画制作完成后，选择该合成窗口中的所有图层，按快捷键Ctrl+Shift+C，将它们嵌套为一个预合成，并设置预合成名称为"光斑合成"。这样，就可以很方便地对光斑进行其他效果的处理，如图4-23所示。

图4-23

技巧提示： 将所有光斑层嵌套为一个预合成时，一定要将摄像机也嵌套进来，因为摄像机控制了光斑的空间感。

STEP 02 给画面添加一张背景图，此时可以发现虽然光斑很好地融合到画面中了，但整体的画面效果还不是很漂亮，如图4-24所示。

图4-26

图4-24

STEP 03 给背景图设置一个古铜色调，让其有一种怀旧的效果。给背景添加一个Tritone【三色泽】滤镜，设置Midtones【中间色】为土黄色；为了不让画面变成一片土黄，将Blend With Original【和原图像混合】值设为59%。这样，便得到一个怀旧的光斑效果了，如图4-25所示。

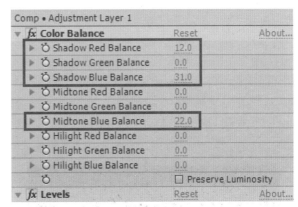

图4-27

STEP 06 给画面添加一个Levels【色阶】滤镜，在RGB通道下将中间的Gamma【伽玛】值调高到1.6；在Blue【蓝色】通道下，主要调节蓝色的输出黑色和白色值，色阶的调节设置如图4-28所示。

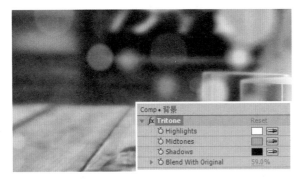

图4-25

STEP 04 让画面梦幻移动，充分体现出光斑的神奇功效，首先新建一个调节层，如图4-26所示。

STEP 05 给调节层添加一个Color Balance【色彩平衡】滤镜，让画面的暗色和中间色部分中的蓝色调稍微提高一点，并让暗色中的红色调也稍微提高一点，使画面的暖色调中有一点偏粉色的感觉，如图4-27所示。

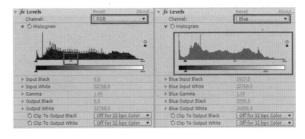

图4-28

至此，整个怀旧风格的光斑效果便制作完成了，最终效果如图4-29所示。

图4-29

第5章 太空与星球的创作技法

本章内容
- 太空与星球效果介绍
- 太空的制作
- 国内外优秀案例赏析
- 星球的制作

本章内容主要介绍了太空与星球的创作技法,内容包括太空组成元素的详解和各个元素的特点及其制作方式的分析,其中重点讲解如何利用内置插件来制作太空与星球。

5.1 太空与星球效果介绍

太空和星球场景在许多电影及电视镜头中都有出现,尤其是在科幻电影中,太空与星球的镜头比比皆是。在人们的印象中,星空总给人以深邃、浩淼的感觉,可让人产生无限的遐想。由于星空离我们现实生活很遥远,它会激起每一个人探索和求知的欲望,因此星空特效场景无论对普通大众还是专业的后期特效师都具有强大的吸引力。星空特效场景如图5-1所示。

图5-1

太空与星球制作的方法有很多,制作一个逼真的3D立体星空场景可以借助3D软件(如Maya、Cinema 4D或3ds Max)来完成。3D软件中的粒子系统可以很好地模拟出变化多端的星云形态,并且具有丰富的立体感。3D软件是用来制作太空中的星球的最佳软件,它可以给星球赋予不同的材质,并能够模拟出真实的太空光照效果。

本章内容着重介绍如何使用After Effects来制作太空和星球效果,与3D软件相比,利用After Effects制作该类场景无论是在材质调节方面还是在灯光模拟方面都还有所欠缺,但通过对部分细节进行调节,还是可以制作出良好的效果。在After Effects中,制作星云可以使用Particular、CC Particle World或Form插件进行模拟制作,这3款插件都可以很好地模拟出烟雾、火焰等各式各样的粒子形态,星球可以使用CC Sphere插件进行模拟制作。

5.2 国内外优秀作品赏析

图5-2是好莱坞知名电影发行公司环球电影公司于2012年发布的最新片头动画，该片头是为了纪念环球电影公司成立100周年而特别制作的。整个动画以静谧深邃的太空为背景，镜头从地球的表面慢慢向后展开的同时摄像机的角度向逆时针方向偏转。随着摄像机的移动，太阳慢慢地被地球遮挡，同时UNIVERSAL公司的LOGO图标从地球的背面缓缓地旋转而出，再从镜头前穿梭而过。随着摄像机镜头的继续展开与后移，地球的整个面貌渐渐露出，UNIVERSAL字样的LOGO也旋转着出现并衬于地球的前方。整个动画整体连贯、一气呵成，画面恢弘大气且制作精良细致。该动画巧妙地运用了地球作为遮罩元素，先让地球遮挡住太阳，模拟出逆光的效果，与此同时UNIVERSAL文字从地球背面旋转而出，整个动画画面显得真实自然。除此之外，动画场景中的各类材质（如地球略带光晕的材质、LOGO文字的金属质感材质等）的设置也恰到好处。

图5-2

该动画效果是在3D软件中完成的，这是因为画面中各类元素的材质在After Effects中是无法创建的。先使用3D软件创建一个球体，再给地球赋予贴图材质。仔细观察动画可以发现，地球表面有水的区域具有反射特性，从动画画面可以清晰地看到某些水面区域反射出太阳光了，所以在调节地球表面材质时要将海洋区域单独设置成一个反射材质。此外，LOGO文字要调节成具有强烈反射效果的金属材质，该LOGO文字具有黄色和灰色两种颜色的金属材质，这样的金属材质可以使LOGO文字的辨识度变高，细节也变得更丰富。LOGO文字表面反射环境的细节非常丰富，其中包括有几个特别的高光区域。这里设置了一个类似于摄影棚的环绕环境贴图，并且在该环境中设置了几个柔光箱来模拟高光区域，这样可以更加突出LOGO文字的金属材质效果，使LOGO文字在运动过程中具有更漂亮的光影效果。另外，场景中的太阳可以在After Effects中进行后期添加与合成，可以借助Video Copilot出品的Optical Flares插件来模拟制作。该插件可以模拟各式各样的光学耀斑效果，也可以模拟出真实的太阳光照效果，它还具有3D特性，可以将太阳置于3D场景中并模拟出真实的地球公转效果，如图5-3所示。

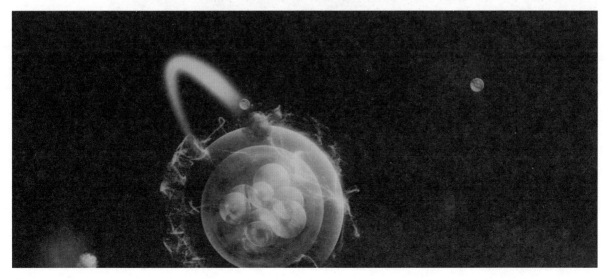

图5-3

在该片头动画场景中，重点是摄像机动画的设置，摄像机是否设置得当直接影响动画的整体效果。在整个动画中，地球与太阳并没有独立的运动动画，只有摄像机和文字具有独立的运动动画。摄像机一直向后移动并向逆时针方向慢慢旋转，在摄像机移动的同时，太阳慢慢地被地球遮挡并产生了逆光效果，此时文字慢慢旋转而出，最后定格在地球的正前方。该片头动画的效果如图5-4所示。

图5-4

下图同样是一个好莱坞知名电影公司的片头动画，该公司名叫Relativity Media，是好莱坞一个中等规模的电影发行公司。

该片头也是一个太空星球动画。该动画的画面由无数类似于细胞的元素以及星球组成。动画镜头从一个细胞的表面缓缓展开，再穿过无数的细胞粒子群，接着穿过飞速运动的星云，与此同时，无数的星球元素慢慢出现，画面最终定格在一个浩瀚的星空。该星空类似于银河系的形态，银河系的中心会有若干光线发射出来，最后照射到前方漂浮在太空中的星球上。在整个动画中，摄像机一直向后运动，镜头从一个小细胞缓缓展开，最终展现出整个浩瀚的星空。摄像机这样的镜头动画非常常见，尤其适合用来展现太空场景。整个星空动画场景由小到大、由窄到宽；画面整体效果由微小到宏大；画面元素由少到多、由单一到丰富，这些都通过摄像机动画完美地体现出来了。众所周知，世间万物乃至整个宇宙都是由单一的细胞所构成的，该动画从微小的细胞过渡到浩瀚的银河系，寓意该公司有着宏大的精神气魄。同时该动画画面的构成元素十分丰富，不但有单一的细胞，还有数量众多的星球；既有纵横交错的网格，也有变化多样的星云，动画中各类元素穿插其中，同时元素与元素之间搭配恰到好处，相得益彰，使动画完美再现了浩瀚的星空效果，如图5-5所示。

图5-5

该动画画面的三维立体感极强，摄像机移动的距离也较长，要达到此动画效果，必须使用3D软件来制作。动画中许多的元素都需要先建模再赋予材质，如最开始出现的细胞元素和末尾出现的星球。在动画的初始阶段，先创建单个的细胞或星球元素，然后对这些元素进行复制，使其产生更多粒子元素。对细胞和星球元素进行复制，不同的软件有不同的制作方法，如可以使用3ds Max的Particle Flow【粒子流】来制作众多的相似元素，也可以使用Cinema 4D中的Cloner【克隆器】进行复制，这两种方法都可以用来制作众多类似的元素集合。画面中的网格形状可以使用After Effects中的Grid【网格】进行制作，但Grid【网格】制作出的网格是规则的，如果想要得到不规则的网格，可以给网格添加Turbulence Displace【紊乱置换】来创建不规则的运动形态。画面中的星云也可以在After Effects中完成，既可以使用After Effects中内置的CC Particle World【三维粒子运动】来制作，也可以使用Trapcode的Particular插件来制作，该插件可以模拟真实的火焰、烟雾和云彩等效果。

该动画的摄像机动画比较简洁，主要是Z轴上的位移动画，但又不是单一的Z轴位移动画，因为摄像机在运动过程中同时也在进行顺时针旋转，这样会使动画画面不至于太单调和呆板。整个动画一气呵成，动画效果动感十足，如图5-6所示。

图5-6

下图是好莱坞电影《雷神》片尾的截取镜头，时长将近两分钟，是一组星云穿梭的动画。片尾中的星云形态变化多端且丰富多样，摄像机的运动轨迹自由多变，整个画面磅礴大气，浩淼深邃。

在该片结尾动画镜头中，摄像机在星云中不断地往复穿梭，与此同时，多姿多彩、丰富多样的星云迎面扑来，形态一会儿浓密，一会儿稀疏。星云为动画中的主要元素，再加上不同类型的星星点缀其中，形成了一种独特的视觉效果。除此之外，背景为点缀星星的黑色星空，整个动画画面显得浩瀚深邃，这样看起来，动画的场景与该影片的整体基调便相互吻合了。另外，摄像机的运动轨迹是变化多样的，既有Z轴的向前推移动画，也有Z轴的向后推移动画；既有旋转位移动画，也有环绕旋转动画。总的来说，摄像机是全方位360°展现了星空全貌的。

该镜头动画的制作也需要利用3D软件来完成，由于场景中的星云细节较为复杂，而且还涉及众多不同的元素，因此利用Maya来制作动画中的星云效果较为合适。使用Maya中的Particle功能，并给粒子添加一些物理学影响因素便可得到星云效果。而画面中的小星星则可以利用After Effects中的Particular插件来制作，首先将粒子随机地分布在空间中，并随机调节粒子的大小和不透明度，使其产生多样的形态。最后给粒子添加Glow【发光】滤镜，使粒子的视觉效果更加绚丽。电影《雷神》片尾的动画效果如图5-7所示。

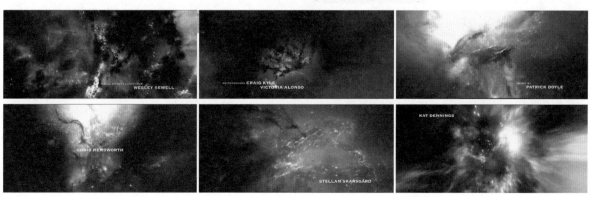

图5-7

5.3 太空的制作

本节内容介绍了一个类似于银河太空星系的特效场景的制作，并通过给摄像机设置位移动画来使场景产生前后左右位移的动画。在本案例中，主要利用了Trapcode中的Form插件来制作环状的星云，为了使星云的形态更加丰富，这里将多个星云图层叠加在一起来形成一个大气的环状星云，效果如图5-8所示。

图5-8

5.3.1 制作主星云动画

太空星云的整体由若干个不同类型的单个星云组成，这里主要介绍如何利用Form滤镜来制作单个的星云，并将这些单个的星云进行叠加合成。

STEP 01 新建一个合成，将其命名为主星空，将宽高像素设为720×576，并将时长设为40s。打开新建的合成，在该合成中新建一个固态层，将其命名为主星空，如图5-9所示。

图5-9

STEP 02 新建另一个合成作为Form滤镜的颜色图层，将新建的合成命名为星空色彩，将宽高像素设为640×640，并将时长设为40s。在新建的星空色彩合成中新建一个固态层，将其命名为色彩。选中该图层，在Effect【效果】菜单下的Noise & Grain【噪波&颗粒】中选择 Fractal Noise【分形噪波】，将该效果添加给色彩固态层，如图5-10所示。

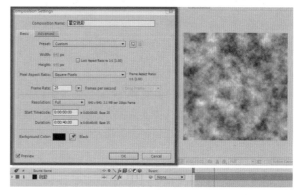

图5-10

STEP 03 展开Fractal Noise【分形噪波】效果的控制面板，将Fractal Type【分形类型】设为Dynamics Progressive【动态进程】，Noise Type【噪波类型】设为Spline【样条】；勾选Invert【反转】选项。展开Transform【转变】参数选项，将Scale【缩放】值设为75，并适当降低其大小数值。将Offset Turbulence【偏移紊乱】数值设为（379，238）；将Complexity【复杂度】设为9。展开Sub Settings【附加设置】参数项，将Sub Influence【附加影响】设为70，Sub Scaling【附加缩放】设为56，Sub Rotation【附加旋转】设为0°，Sub Offset【附加偏移】设为（0，0）。将Evolution【演变】的参数值设为0°，Opacity【不透明度】的参数值设为100%，如图5-11所示。

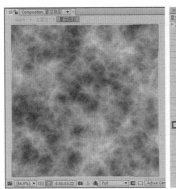

图5-11

STEP 04 给Fractal Noise【分形噪波】进行着色，选中色彩图层，给其添加Effect【效果】下的Color Correction【校色】中的 Colorama【彩色光】效果。展开Output Cycle【输出圆环】参数项，将颜色设为如图5-12所示。

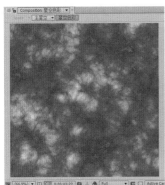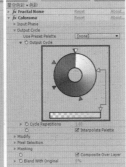

图5-12

STEP 05 至此，作为Form滤镜的颜色图层便已制作完成了。回到主星空合成，将刚创建的星空色彩合成拖入到该合成中。由于星空色彩图层只作为Form滤镜的颜色图层，并不参与到实体的合成中，所以打开该图层的隐藏开关，如图5-13所示。

图5-13

STEP 06 将本书附赠资源中的"LOGO.obj"文件导入该合成中，将其作为Form滤镜形成的基础形态，并打开该图层的隐藏开关，如图5-14所示。

图5-14

STEP 07 新建一个固态层，将其命名为主星空。选中该图层，给其添加Effect【效果】下的Trapcode中的Form特效，默认效果如图5-15所示。

图5-15

STEP 08 对Form滤镜的相关参数进行调节。展开Base Form【基础网格】参数项，将其设为OBJ Model【OBJ模型】，选择该项表示网格会以该模型的形状来生成。OBJ是3D模型的一种格式，可以在3D软件中将工程文件保存为该格式并导出。拾取一个OBJ文件作为网格的形状，展开OBJ Settings【OBJ设置】参数项，将3D Model【3D模型】设为"LOGO.obj"。为了方便观察，将Z Rotation【Z轴旋转】设为-90°，如图5-16所示。

图5-16

STEP 09 为了便于后面的动画设置，将Z Rotation【Z轴旋转】改为0°。新建一个Camera【摄像机】，将Preset【预设】设为Custom【常规】；移动摄像机到一个便于观察的位置，并继续对Form的参数进行调节。展开Base Form【基础网格】参数项，将Size X【X轴大小】设为980，Size Y【Y轴大小】设为1190，Size Z【Z轴大小】设为980；将Z Rotation

【Z轴旋转】设为-180°，如图5-17所示。

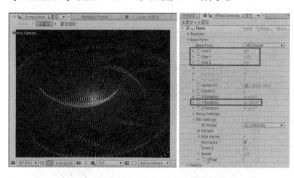

图5-17

STEP 10 展开Particle【粒子】选项栏，将Sphere Feather【球体羽化】值设为100；将Size Random【粒子随机性】设为95；将Opacity Random【不透明度随机性】设为60；将Color【颜色】#设为6FACFF，如图5-18所示。

图5-19

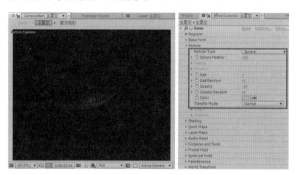

图5-18

STEP 11 为Form进行着色。展开Layer Maps【图层贴图】参数项下的Color and Alpha【颜色和Alpha】选项，将Layer【图层】设为星空色彩图层。继续展开World Transform【空间变化】参数项，将时间线指针移动到合成起始的位置，将Y Rotation【Y轴旋转】设为0°；再将时间线指针移动到结束的位置，将Y Rotation【Y轴旋转】设为-45°，如图5-19所示。

STEP 12 此时可以看到Form粒子的颜色过于暗淡，选择该层，在Effect【效果】下的Color Correction【校色】中选择Levels【色阶】，展开Levels【色阶】项，通过拖动亮度条下的小三角来增加粒子的亮度，如图5-20所示。

STEP 13 为了使粒子的运动效果更加有动感，给摄像机设置一个动画，主要目的是让粒子星云进行远近往复的运动，并同时设置多个关键帧，如图5-21所示。

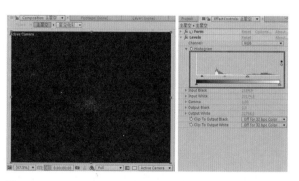

图5-20

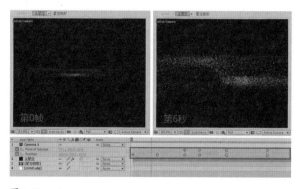

图5-21

STEP 14 至此，主星空合成便已制作完成了，下面就在此合成基础上制作其他类型的星空元素。为了方便制作，这里直接复制主星空合成并对相关参数加以修改即可得到其他的星空元素。在工程面板选中主星空合成，按快捷键Ctrl+D将其复制一层，将复制所得的合成重命名为辅星空。单击进入辅星空合成，将Form中的主星空图层也重命名为辅星空，选中辅星空图层，按快捷键U展开该图层的动画关键帧，将时间线指针移动到合成起始的位置，将Y Rotation【Y轴旋转】设为188°；再将时间线指针移动到动画结束的位置，将Y Rotation【Y轴旋转】设为100°，如图5-22所示。

图5-22

STEP 15 展开Form效果的参数控制面板，将Base Form【基础网格】参数项下的Size X【X轴大小】设为830，Size Y【Y轴大小】设为1190，Size Z【Z轴大小】设为300；将X Rotation【X轴旋转】设为-90°。将OBJ Settings【OBJ设置】参数项下的Skip Vertex【忽略顶点】设为16，并删除之前的Levels【色阶】滤镜，如图5-23所示。

图5-23

STEP 16 继续在主工程面板中选中主星空合成，按快捷键Ctrl+D将其进行复制，将复制所得的合成重命名为星光。单击进入星光合成，将Form中的主星空图层也重命名为星光。选中星光图层，按快捷键U，展开该图层的动画关键帧，将时间线指针移动到合成起始的位置，将Y Rotation【Y轴旋转】设为188°；再将时间线指针移动到动画结束的位置，将Y Rotation【Y轴旋转】设为100°。展开Form效果的参数控制面板，将Base Form【基础网格】参数项下的Size X【X轴大小】设为830，Size Y【Y轴大小】设为1190，Size Z【Z轴大小】设为300；将X Rotation【X轴旋转】设为-90°。展开Visibility【可见距离】参数项，将Far Vanish【最远可见距离】设为1020，Far Start Fade【最远衰减距离】设为720，Near Start Fade【最近衰减距离】设为0，如图5-24所示。

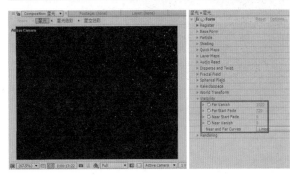

图5-24

5.3.2 制作其他附加元素

主星空元素制作完成后，下面开始制作其他的附加元素，如背景云彩、光学耀斑等，并进行最终调色。

STEP 01 创建背景云彩特效。新建一个合成，将其命名为背景云彩，将宽高像素设为720×576，并将时长设为40s。打开新建的背景云彩合成，在该合成中新建一个固态层，将其重命名为云彩，如图5-25所示。

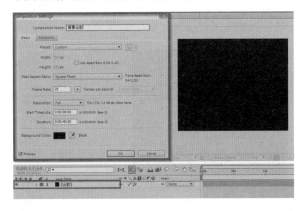

图5-25

STEP 02 选中云彩图层，在Effect【效果】下的Noise & Grain【噪波&颗粒】中选择Fractal Noise【分形噪波】。展开Fractal Noise【分形噪波】效果器参数，将Fractal Type【分形类型】设为Dynamics Progressive【动态进程】，Noise Type【噪波类型】设为Spline【样条】，并勾选Invert【反转】选项。将Contrast【对比度】设为176，Brightness【亮度】设为-21。展开Transform【转变】参数选项，将Scale【缩放】值设为445，Complexity【复杂度】设为

第5章 太空与星球的创作技法 | 71

10.6，如图5-26所示。

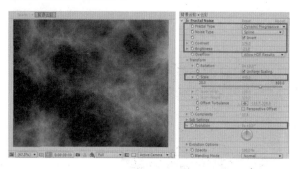

图5-26

STEP 03 给Fractal Noise【分形噪波】效果设置一个演变动画。按住Alt键的同时单击Evolution【演变】参数前面的码表，在弹出的空格中输入time*50表达式，如图5-27所示。

图5-27

STEP 04 在Effect【效果】下的Color Correction【校色】中选择Levels【色阶】，展开选择Levels【色阶】参数项，将Input Black【输入黑色】设为1928；将Gamma【伽马】值设为0.39，并增加其对比度，如图5-28所示。

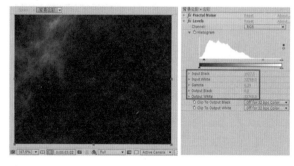

图5-28

STEP 05 对云彩进行着色。选中云彩图层，在Effect【效果】下的Color Correction【校色】中选择Tritone【三色调】。展开Tritone【三色调】参数项，将Highlights【高光】的数值设为5196FD；将Midtones【中间调】的数值设为1F2C8A；将Shadows【阴影】的数值设为000000，如图5-29所示。

STEP 06 创建光线元素。新建一个合成，将其命名为辉光，将宽高像素设为720×576，并将时长设为40s。打开新建的辉光合成，在该合成中新建一个灯光。展开灯光的设置面板，将Light Type【灯光类型】设为Point【点光源】，Intensity【强度】设为100，Color【颜色】设为白色，如图5-30所示。

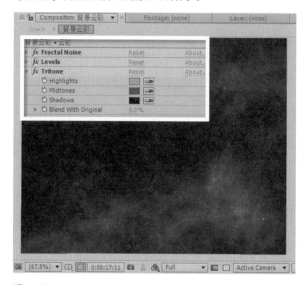

图5-29

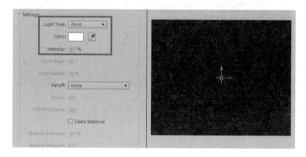

图5-30

STEP 07 新建一个固态层，将其命名为光晕。选中该固态层，在Effect【效果】下的Trapcode中选择Lux特效，该特效可以根据场景中的灯光来创建具有实体形状的灯光，展开Lux效果的参数控制面板，将Intensity【强度】设为86，Softness【柔和度】设为10，如图5-31所示。

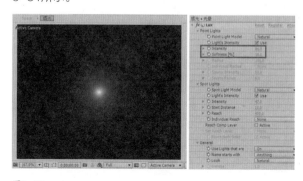

图5-31

STEP 08 此时可以看到所产生的灯光是透明的,这里不需要将其设为透明。在Effect【效果】下的Channel【通道】中选择 Solid Composite【固态合成】,在展开的参数项中将Color【颜色】设为黑色,如图5-32所示。

图5-32

STEP 09 对灯光进行着色。在Effect【效果】下的Color Correction【校色】中选择Tritone【三色调】。展开Tritone【三色调】参数项,将Highlights【高光】的数值设为FFFFFF,Midtones【中间调】的数值设为AA4F17,Shadows【阴影】的数值设为000000,如图5-33所示。

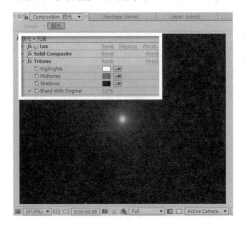

图5-33

STEP 10 新建一个固态层,将其命名为辉光。选中该固态层,在Effect【效果】下的Video Copilot【视频素材】中选择Optical Flares【光学耀斑】效果,将该效果添加给辉光固态层,默认效果如图5-34所示。

STEP 11 单击Optical Flares【光学耀斑】效果控制面板中的Option【选项】,在弹出的用户界面中单击Preset Browser【预设浏览器】,选择Pro Presets 2【专业预设 2】文件夹(该文件夹需要另外安装)中的Landing预设光学耀斑,如图5-35所示。

STEP 12 回到Optical Flares【光学耀斑】控制面板,将Brightness【亮度】设为75,Scale【缩放】值设为75。展开Positioning Mode【位置模式】参数项,将Source Type【光源类型】设为Track Lights【追踪

灯光】,这样光学耀斑就会跟随灯光一起运动。将主星空合成中的摄像机进行复制,并将复制所得的摄像机粘贴在辉光合成中,给所有合成中的摄像机设置相同的动画,如图5-36所示。

图5-34

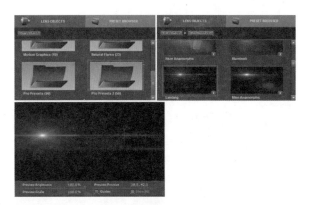

图5-35

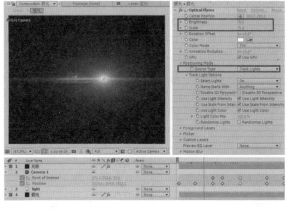

图5-36

STEP 13 至此，所有的合成元素都已经制作完成了，下面对各合成元素进行最后的叠加合成。将所有的合成元素按下图的顺序进行排列，由于所有合成元素中的摄像机的运动轨迹都是一致的，所以可以在最后的合成中再对摄像机的动画进行匹配。将主星空合成再复制3个，将混合方式设为Screen【滤色】。将星光图层再复制4个，也将混合方式设为Screen【滤色】，如图5-37所示。

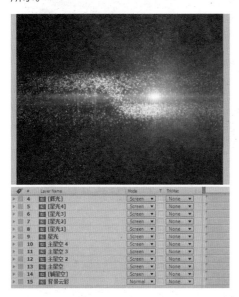

图5-37

STEP 14 新建一个固态层，将其命名为彩色。选中该层，在Effect【效果】下的Generate【生成】中选择4-Color Gradient【四色渐变】，在展开的4-Color Gradient【四色渐变】控制面板中将彩色图层的混合模式设为Color Dodge【颜色减淡】，如图5-38所示。

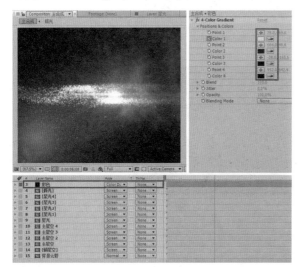

图5-38

STEP 15 在上述的基础上，新建一个Adjustment Layer【调节层】，给其添加Effect【效果】下的Color Correction【校色】中的Curves【曲线】特效，以此来提高整个合成的对比度，如图5-39所示。

图5-39

STEP 16 制作一个结尾时的LOGO展现动画。将本书附赠资源中的"LOGO/LOGO元素.psd"文件导入合成中并将其置于所有图层的最上方位置，如图5-40所示。

图5-40

STEP 17 将LOGO/LOGO元素图层的起始位置设置在时间线的36s 10帧位置。选中该图层，在Effect【效果】下的Generate【生成】中选择Fill【填充】，将填充颜色设为白色。继续在Effect【效果】下的Blur & Sharpen【模糊&锐化】中选择Radial Blur【径向模糊】效果，并给Radial Blur【径向模糊】效果设置动画。将时间线指针移动到36s 09帧位置，将Radial Blur【径向模糊】的Amount【数量】设为30；再将时间线指针移动到38s 06帧位置，将Amount【数量】设为0。按快捷键S，展开Scale【缩放】参数项，将时间线指针移动到36s 09帧位置，将Scale【缩放】

值设为38%；再将时间线指针移动到动画结束的位置，将Scale【缩放】值设为24%。按快捷键R，展开Rotation【旋转】参数项，将时间线指针移动到36s 09帧位置，将Rotation【旋转】设置为43°；再将时间线指针移动到动画结束的位置，将Rotation【旋转】设置为0°。按快捷键T，展开Opacity【不透明度】参数项，将时间线指针移动到36s 09帧位置，将Opacity【不透明度】设为0；再将时间线指针移动到动画结束的位置，将Opacity【不透明度】设为80，如图5-41所示。

至此，太空特效场景便已制作完成了，最终效果如图5-42所示。

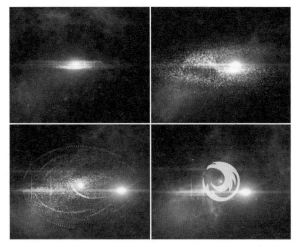

图5-42

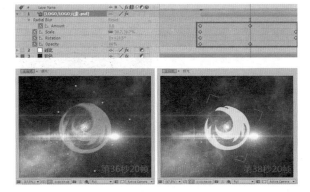

图5-41

5.4 星球的制作

本节内容主要介绍太空星球场景的制作，其中包含了地球、火星和月亮3个星球元素以及星空背景、烟雾等元素，太空星球场景的效果如图5-43所示。

图5-43

5.4.1 制作星球元素

在本案例的制作过程中，首先选择几个星球表面的贴图文件，使用After Effects中的CC Sphere【CC球体】插件来制作球体的效果，并对灯光等参数进行调节。

STEP 01 新建一个合成，将其命名为地球，将宽高像素设置为1000×500，此处设置的宽高像素要与本书附赠资源中的地球贴图的宽高像素保持一致，将合成时长设为10s。将本书附赠资源中的"地球贴图"图片文件与"地球云层"图片文件拖入到该合成中，并将地球云层图层的混合模式设为Screen【滤色】，如图5-44所示。

STEP 02 给地球云层图层设置一个位移动画。选中该层，在Effect【效果】下的Stylize【风格化】中选择Motion Tile【运动分布】。将时间线指针移动到动画起始的位置，将Tile Center【分布中心】设为（500,250）；再将时间线指针移动到动画结束的位置，将Tile Center【分布中心】设为（940,250），这样云层就在地球贴图上产生类似位移的运动效果了，如图5-45所示。

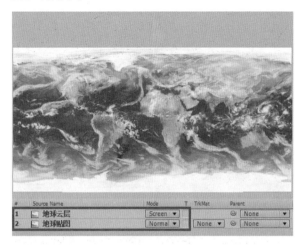

图5-44

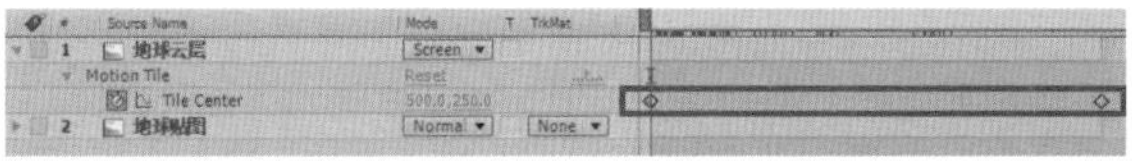

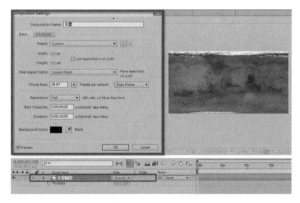

图5-45

STEP 03 地球贴图创建完成后，继续创建其他星球的贴图合成。新建一个合成，将其命名为火星，将宽高像素设为800×400，并将时长设为10s。将本书附赠资源中的"火星贴图"图片文件导入该合成中，如图5-46所示。

图5-46

STEP 04 创建月球的贴图合成。新建一个合成，将其命名为月球，将宽高像素设为800×400，并将时长设为10s。将本书附赠资源中的"月球贴图"导入该合成中，如图5-47所示。

STEP 05 创建主场景。新建一个合成，将其重名为星球太空，将宽高像素设为960×540，并将时长设为10s，如图5-48所示。

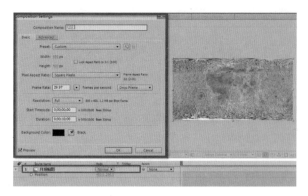

图5-47

图5-48

STEP 06 新建一个固态层，将其命名为星光背景，并把该层作为整个星球太空的背景。选中该层，在Effect【效果】下的Noise & Grain【噪波&颗粒】中选择Fractal Noise【分形噪波】。展开Fractal Noise【分形噪波】效果控制面板，将Fractal Type【分形类型】设为Basic【基础形态】，Noise Type【噪波类型】设为Soft Linear【柔和线性】。将Contrast【对比度】设为397，Brightness【亮度】设为-171，并将Overflow【溢出】设为Clip【修剪】。展开Transform【转变】参数选项，将Scale【缩放】值设为3；将Offset Turbulence【偏移紊乱】的数值设为（500，250）；将Complexity【复杂度】设为6。展开Sub Settings【附加设置】参数项，将Sub Influence【附加影响】设为70，Sub Scaling【附加缩放】设为56，Sub Rotation【附加旋转】设为0°，Sub Offset【附加偏移】设为（0，0）。给噪波设置一个动画，按住Alt键的同时单击Evolution【演变】参数前面的码表，在时间线弹出的空白处输入time*50表达式。这样，在整个时间线的过程中，噪波就生成了一个随机的演变动画，如图5-49所示。

STEP 07 在星光背景固态层中新建一个摄像机，并将Preset【预设】设为Custom【通用】，如图5-50所示。

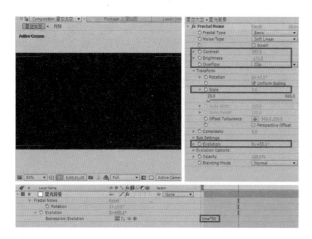

图5-49

图5-50

5.4.2 合成星球太空场景

将3个星球的贴图合成完成后,下面进行星球太空场景的合成。这里主要利用CC Sphere【CC球体】滤镜来制作星球的特效。

STEP 01 将之前创建的地球合成导入星球太空合成中,并将其置于星光背景图层与摄像机之间,如图5-51所示。

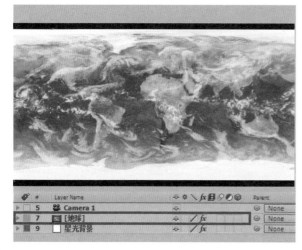

图5-51

STEP 02 选中地球图层,在Effect【效果】下的Perspective【透视】中选择CC Sphere【CC 球化】滤镜。在展开的参数选项中将Radius【半径】值设为116,Offset【偏移】的数值设为(464,258)。展开Light【灯光】参数项,将Light Intensity【灯光强度】设为100,Light Color【灯光颜色】设为白色;将Light Height【灯光高度】设为39,Light Direction【灯光方向】设为79°。为了使地球产生自转运动,按住Alt键的同时单击Rotation Y【Y轴旋转】参数前面的码表,在时间线弹出的空白处输入time*20表达式,如图5-52所示。

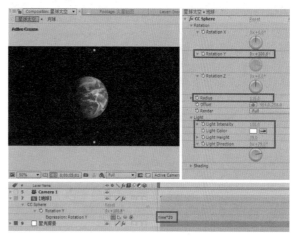

图5-52

STEP 03 为了使地球看起来更有质感,为其添加一个发光特效。选中地球图层,在Effect【效果】下的Stylize【风格化】中选择Glow【辉光】星光。展开Glow【辉光】效果的控制面板,将Glow Threshold【发光阀值】设为4.3%,Glow Radius【发光半径】值设为54,Glow Intensity【发光强度】设为0.6;将Composite Original【合成原始】设为On Top【之上】,Glow Colors【发光颜色】设为A &B Colors【A&B颜色】,Color A【颜色A】的数值设为3262CE,Color B【颜色B】的数值设为002579。这样,在地球周围便形成一层淡淡的蓝色发光效果了,如图5-53所示。

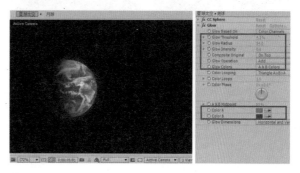

图5-53

STEP 04 创建火星星球。为了便于观察,先将地球图层隐藏起来。将之前创建的火星合成导入时间线中,将地球合成中的CC Sphere【CC球化】效果直接进行复制,然后将复制星光粘贴到火星图层之上,如图5-54所示。

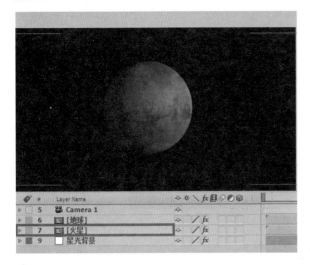

图5-54

STEP 05 将地球图层显示出来,由于火星在现实中离地球的距离较远,所以要重新设置火星的位置。展开火星图层的CC Sphere【CC球化】滤镜的控制面板,将Radius【半径】值设为100,Offset【偏移】设为(660,183)。选中火星图层,按快捷键T,展开Position【位置】参数项,将其数值设为(68,210)。按快捷键S,展开Scale【缩放】参数项,将其数值设为48,如图5-55所示。

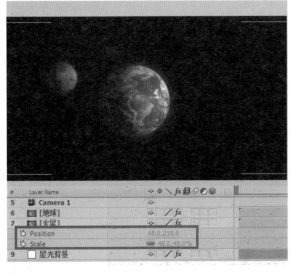

图5-55

STEP 06 为了使火星的形状看起来更加美观,给火星的外围创建一个光环。新建一个合成,将其命名为光环,将宽高像素设为600×600,并将时长设为10s。在该合成中新建一个固态层,将该层颜色的数值设为FF5900。选择工具栏中的椭圆形工具,按住Ctrl和Shift键的同时在新建的图层上绘制一个正圆形遮罩。选中新建的图层,双击M键展开遮罩的设置面板,将Mask 1【遮罩1】的Mask Feather【遮罩羽化】值设为62,Mask Expansion【遮罩扩展】设为-13。选中Mask 1【遮罩1】,按快捷键Ctrl+D将其复制一层得到Mask 2【遮罩2】;将Mask 2【遮罩2】的Mask Feather【遮罩羽化】值设为157,Mask Expansion【遮罩扩展】设为-57,这样便得到一个内外羽化的光环特效了,如图5-56所示。

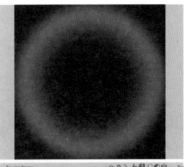

图5-56

STEP 07 为了使光环得到更佳的视觉效果,在光环基础上继续给其添加Effect【效果】下的Noise & Grain【噪波&颗粒】中的Fractal Noise【分形噪波】效果。展开该效果的控制面板,将Blending Mode【混合模式】设为Multiply【正片叠底】,如图5-57所示。

STEP 08 回到星球太空主合成,将刚创建的光环合成导入该主合成中。打开该图层的三维模式,使其成为一个三维图层。按Shift键的同时按快捷键P、S、R,展开Position【位置】参数项、Scale【缩放】参数项和Orientation【方向】参数项。将Position【位置】的数值设为（142，206，319），Scale【缩放】的数值设为36%，Orientation【方向】的数值设为（286°，16°，0°）。此时光环正好位于火星的表面上，如图5-58所示。

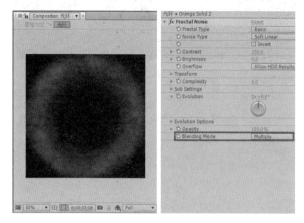

图5-57

图5-58

STEP 09 通过观察可以看到此时的光环已经完全覆盖住了火星的整个表面，因此这里要使用遮罩图层来遮挡光环的其中一部分。新建一个固态层，将其命名为遮罩，宽高像素设为600×600，并将其覆盖于光环与火星的表面之上。选择主工具栏中的椭圆形工具，按住Ctrl和Shift键的同时沿着火星绘制一个正圆形遮罩，将其大小设置成与火星相吻合的大小。使用选择工具修改遮罩的形状，使其保留上半部分的圆，如图5-59所示。

STEP 10 选中光环图层，将其轨道蒙版模式设为"Alpha Inverted [遮罩]"，这样光环图层就被遮罩图层遮挡住一部分了，如图5-60所示。

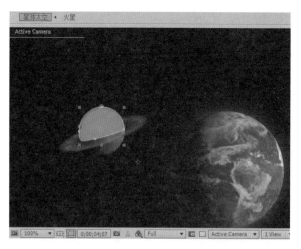

图5-59

图5-60

STEP 11 将月球合成拖入星球太空主合成中，按照之前的方法，将CC Sphere【CC球化】和Glow【辉光】效果复制并粘贴到月球合成之上。展开CC Sphere【CC球化】参数控制面板，将Radius【半径】值设为57；将Offset【偏移】的数值设为（482，168）。展开Glow【辉光】参数控制面板，分别将Color A【颜色A】和Color B【颜色B】的数值改为FFE5D8和717171，并将月球图层的Position【位置】设为（560，228），如图5-61所示。

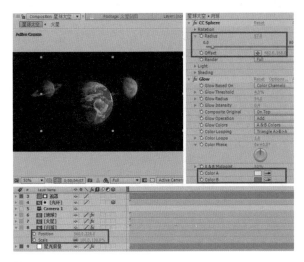

图5-61

STEP 12 星球元素创建完成后,下面来创建一个太阳特效,这里使用Video Copilot出品的Optical Flares【光学耀斑】来模拟太阳特效。新建一个固态层,将其命名为太阳,并置于所有图层之上,如图5-62所示。

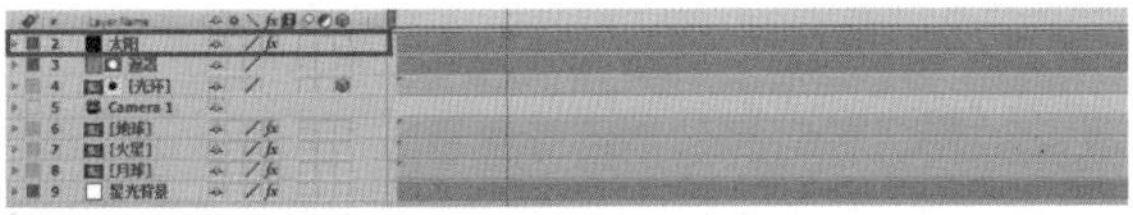

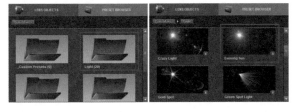

图5-62

STEP 13 选中太阳图层,在Effect【效果】下的Video Copilot【视频素材】中选择Optical Flares【光学耀斑】效果滤镜。单击效果控制面板中的Option【选项】,展开该滤镜的用户界面,打开PRESET BROWSER【预设预览】中的Light【光】文件夹,在该预设文件夹中选择Evening Sun预设类型,并单击"确定"按钮,如图5-63所示。

图5-63

STEP 14 回到Optical Flares【光学耀斑】效果控制面板,将Scale【缩放】值设为150,并给其Position XY【XY轴位置】设置关键帧。将时间线指针移动到动画起始的位置,将Position XY【XY轴位置】的数值设为(860,89);再将时间线指针移动到4s位置,将Position XY【XY轴位置】的数值设为(1100,

-20)。这样就模拟出太阳由内向外移动的动画了,如图5-64所示。

图5-64

STEP 15 为了使整个动画的画面更具电影风格,可以给画面添加调色滤镜。新建一个Adjustment Layer【调节层】,将其命名为调色,并将该层置于所有图层的最上方,在Effect【效果】下的Color Correction【校色】中选择Curves【曲线】滤镜,提高其对比度,如图5-65所示。

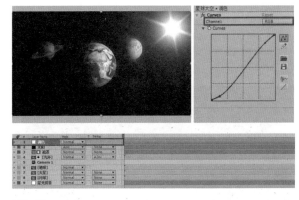

图5-65

至此,星球太空特效的制作已经全部完成了,最终效果如图5-66所示。

图5-66

第 6 章 跟踪与稳定应用

本章内容
- 影视运动追踪技术介绍
- 稳定跟踪创作技法
- 国内外优秀案例赏析
- 运动跟踪技法

本章内容主要介绍跟踪技术的基础知识和其在影视作品中的相关应用,内容包括镜头稳定、动态场景跟踪、After Effect内置跟踪组件以及专业跟踪软件Mocha的讲解,其中重点讲解了实拍素材的跟踪去抖动处理和运动场景的跟踪、合成物体到场景两个案例的制作。

6.1 影视运动追踪技术简介

运动追踪技术又称为跟踪技术,是影视作品后期合成中非常普遍的一项技术。摄像机镜头运动对于影视作品而言是非常重要的,固定的镜头画面很容易使影视作品显得单调。然而,镜头的运动给数字合成带来了困难,因为合成镜头是由几个来源不同的画面组合在一起的,要保证这些画面有完全一致的镜头运动的确是很难完成的任务,影视特效制作者们都在想方设法解决这个问题。到了20世纪70年代,乔治·卢卡斯和其他特技先驱们,在制作电影《星球大战》时设计了一套机械系统,该系统可以记录摄像机的运动方式,并能够准确地重复这种运动,这样便保证了几次的拍摄都有相同的摄像机运动,这种机械系统被称为运动控制系统。后来经过不断的改进,这个系统得以与计算机结合起来,不但可以重复摄像机的机械运动,还可以通过控制三维软件中的虚拟摄像机来模拟这种运动。该系统在好莱坞影片特效的制作中一直发挥着重要作用。但是该系统也有缺陷,它作为机械系统,使用起来相当复杂,而且它对于摄像机的运动也有相当多的限制,数字合成中跟踪技术的出现在很大程度上克服了这个系统的缺陷。跟踪技术在影视作品中的应用如图6-1所示。

图6-1

跟踪技术在影视作品中的应用流程为:首先选择画面(追踪图层)上的某个特征区域作为追踪的对象,将其定义为跟踪点;接着计算机对追踪图层中的一系列图像进行自动分析与识别;最后被选中的特征区域会随着时间的推移发生位置上的改变。整个运动追踪过程所得的分析与运算结果就是跟踪点的运动轨迹,它会以与图片序列相对应的一系列位移偏移数据表现出来。根据这些位移数据,可以追踪人物、图层和粒子特效与绘图工具到追踪图层的目标跟踪点上,使其与目标跟踪点的运动统一起来,如图6-2所示。

图6-2

如今,在高端技术领域业内出现了一项新的运动跟踪技术——运动捕捉,这是一种运用硬件设备来测量运动物体在三维空间内运动状况的高端技术。它通过跟随跟踪器的方式来捕捉演员或其他物体的运动轨迹。在运动捕捉跟踪技术里,运动轨迹是直接通过对跟踪器的数据进行分析与计算所得到的,其中跟踪器的作用类似于合成中的跟踪点。运动捕捉是以硬件设备的技术为基础的,其对于运动的捕捉更加精确,它可以实时处理跟踪点这类的问题而不需要考虑后期修正。相对地说,运动捕捉的成本极高,一套专业的运动捕捉设备通常价值数百万元,所以它一般只应用于高端的影视合成,如图6-3所示。

图6-3

跟踪技术常常用于处理晃动的镜头,如将一条广告"贴"在一辆行驶中的公共汽车的一侧,使之与公共汽车一起运动,让广告看起来好像原本就是漆在公共汽车的外壳上一样,这里通过跟踪公共汽车来取得镜头移动的数据从而完成物体的跟踪。除此之外,还有另一项非常有用的影视后期合成技术——稳定,使用该合成技术,只需在掌握了物体位移的偏移值数据后,把跟踪画面往反方向移动相应的距离,就可以抵消相应的镜头运动,使特征区域保持在画面较为固定的位置上,这样摄像机好像原来就是固定了的一样。运动捕捉跟踪技术和稳定合成技术的原理是相通的,两者在影视作品的后期合成中经常一起使用,如图6-4所示。

图6-4

如今,在数字影视合成中,运动追踪技术更多应用于虚拟CG物体的合成方面、实拍素材的部分区域替换方面及对追踪层的画面进行修饰与补充等细节方面。此外,镜头运动所导致的层与层之间位置关系混乱的问题也可以通过运动追踪技术来解决。

6.2 国内外优秀作品赏析

在好莱坞大作电影《阿凡达》中,绝大多数的镜头都运用到了运动跟踪技术和动作捕捉技术。在影片中担任高级移动镜头捕捉工程师的斯坦梅茨描述了威塔公司(《阿凡达》的主要创作公司之一)的摄像部门在制作《阿凡达》时所面临的一些挑战,他说:"我们为《阿凡达》提供了超过300个立体镜头的跟踪。之前我总是着迷于把CG特效整合到真实的生活片段中,让机器人或其他生物与真实的演员产生互动,并通过CG特效将电影场景进行延伸,从而使城市的规模看起来更大。而在电影《阿凡达》中,我们所采用的方式大部分是相反的,我们必须把真实的演员整合到CG特效场景中。这在立体电影中意味着不止采用一个跟踪点,这要求我们必须要采用多个跟踪点来模仿人类感知,以前我们没有拍摄过这样的立体电影。"电影《阿凡达》中的CG特效场景如图6-5所示。

图6-5

在2011年国内上映的中国文艺剧情片《观音山》中,里面有一组人物卧火车轨的特效镜头,尽管剧中的演员都很大胆敬业,但是由于镜头的拍摄过程实在太危险,出于安全问题的考虑以及拍摄的实际条件限制(如演员的演技和表情可能需要进行多次拍摄,而每次等火车出现需要很多时间),导演最终还是决定通过视觉特效来完成这组关键镜头。该影片中火车飞驰而来的特效镜头如图6-6所示。

图6-6

通过后期特效制作师的讲解可以了解到，这两个镜头都是摄影师肩扛摄像机拍摄所得的。在拍摄的过程中，摄像机的运动幅度很大、抖动程度也很厉害，因此，拍摄最重要的任务是进行有难度的跟踪，并将肩扛摄像机的运动轨迹准确地还原成3D摄像机数据。为了便于跟踪，在拍摄时建议摄影师用升格方式进行拍摄，等完成特效镜头后再抽帧使用。这里使用3D追踪软件和手动跟踪方式来完成镜头跟踪，这样做的原因是尽管使用了升格拍摄方式，跟踪的难度相对降低了，但镜头的晃动和模糊问题还是会使某些镜头无法通过跟踪软件进行自动跟踪，此时就只能靠动画师的耐心了。火车模型完成后需要将其进行绑定，再引入之前已经跟踪好的镜头，最后进行动画设置。由于火车是在铁轨上运行的，动画设置起来比较简单，但是一些细微的动画（如行进过程中的轻微随机抖动）依然需要花时间来进行调整，这样可以增强场景的真实感。影片的实际拍摄场面如图6-7所示。

容，再利用先进的面部跟踪技术将这些面容合成到演员的脸上，如图6-8所示。

图6-8

在电影拍摄时，演员需要头戴一个特制的面部摄像头盔，并在演员脸上点上许多跟踪的关键点，镜头即可记录下这些运动的关键点，从而对脸部肌肉的运动进行模拟计算来还原出复杂的面部表情。然后将处理后的跟踪数据导入CG脸部并设置表情动画，最后把制作好的CG脸部无缝合成到片中演员的脸上，最终的合成制作如图6-9所示。

图6-7

好莱坞电影《创战纪》将面部跟踪替换技术提高到了一个全新的领域。在该电影中，由于在后半部分的影片需要将演员还原到年轻时（大约20多年前）的容貌，这么多年的容貌差异显然不可能用特效化妆来完成，因此这里必须使用数字虚拟技术来创造出演员年轻时的面

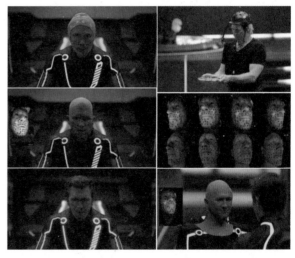

图6-9

6.3 稳定跟踪创作技法

本章内容先对After Effects自带的跟踪和稳定组件进行解析，After Effects内置的跟踪功能主要包括一点追踪（仅用于处理物体的二维移动）、两点跟踪（指跟踪物体的旋转属性）、多点跟踪（一般用于处理物体透视变化、三维运动等）和运动稳定（用于处理因前期摄像不稳定而造成的画面晃动问题），稳定跟踪创作技法的应用如图6-10所示。

该案例将介绍如何使用After Effects内置的跟踪组件来把一个晃动的镜头进行运动稳定处理，并用多点跟踪来追踪一部手机的屏幕后将手机屏幕替换为其他的素材。在进行案例的具体制作前,下面先对After Effects内置的跟踪面板中的各参数进行简单的了解。打开After Effects界面,在菜单的Window【窗口】下选择Tracker【跟踪器】,如图6-11所示。

图6-10

单击选择Tracker【跟踪器】后,在软件右侧出现了一个跟踪面板,此时可以看到在跟踪面板顶部有两个操作选项:Track Motion【运动跟踪】和Stabilize Motion【运动稳定】,如图6-12所示。

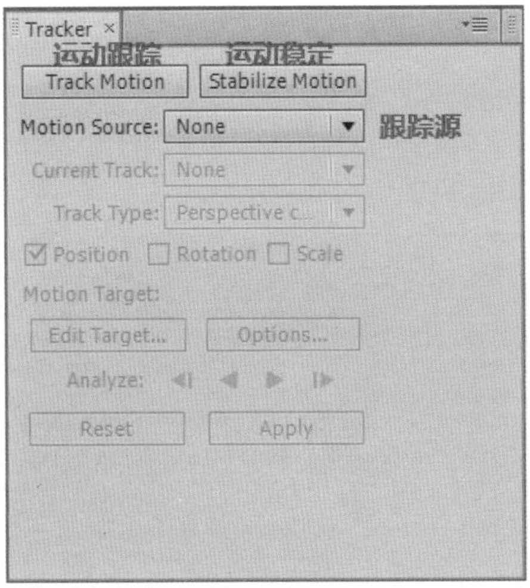

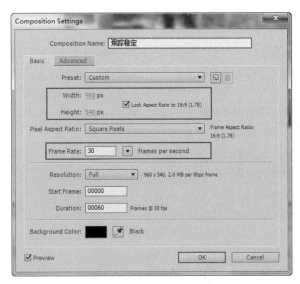

图6-12

STEP 01 新建一个Composition【合成】窗口,将其命名为跟踪稳定,将时长设为60帧,并把宽高尺寸大小设为960x540,将Frame Rate【帧速率】设为30fps,如图6-13所示。

图6-13

STEP 02 将第一节的视频素材导入合成窗口中,拖动时间线指针进行预览,此时可以看到画面晃动得很厉害,所以这里需要将运动稳定。在素材图层上单击右键,在弹出的菜单栏中找到Stabilize Motion【运动稳定】,如图6-14所示。

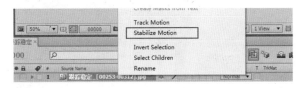

图6-14

STEP 03 单击后会自动弹出跟踪面板,为了便于比较,这里将面板独立出来并将其移动到预览窗口旁边。此时可以看到跟踪类型默认选择了Stabilize Motion【运动稳定】,同时画面中也出现了一个【Track Point】跟

第6章 跟踪与稳定应用 | 85

踪点，如图6-15所示。

图6-15

> **注意：** 画面在默认情况下只会出现一个跟踪点，如果跟踪的物体有缩放和旋转上的属性变化，那么就必须在跟踪面板中勾选Rotation【旋转】和Scale【缩放】这两个选项。

STEP 04 通过观察画面的晃动，可知画面大部分的移动都是上下或左右的抖动（也就是XY轴上的运动），这种情况下需要用一点跟踪来稳定画面。下面选择画面中的一个跟踪点来完成跟踪，这里首先详细说明一下跟踪点的选择问题。

在实例应用中，无论是哪种类型的跟踪，用户都需要在合成软件中指定一个或多个特定的矩形区域来作为特征区域（跟踪点）。为了达到跟踪的目的，这个特征区域应该满足如下条件。

（1）区域内的画面部分要有明显的颜色上或亮度上的差异。

（2）区域内的物体在跟踪的过程中其形状不会发生明显的变化。

（3）区域内的物体没有长时间被其他的物体遮盖。

（4）区域内的物体必须绝大多数时间都保持在镜头内。

综上所述，这里选择汽车的尾灯来作为跟踪点，如图6-16所示。

图6-16

STEP 05 设定好跟踪点的位置后，下面来了解下这个Track Point【跟踪点】的组成结构。从预览画面可知这个跟踪点是由两个矩形和一个十字中心点组成的，拖动十字中心点可以放大移动的区域画面，这样可以更好地观察细节并选择跟踪位置，十字中心点的作用就是确定跟踪区域的中心点。围绕在中心点外围较小的绿色矩形用于确定跟踪区域的大小，这部分区域必须满足上面提到过的跟踪点的条件。最外面较大的红色矩形用于确定搜索区域的大小，可通过观察画面的预判断来确定跟踪搜索区域的大小。在稳定的应用上，如果画面晃动程度越大，就需将搜索区域放大些；反之亦然。恰当地设置搜索区域可以大幅度地加快运算的速度而不影响跟踪的结果，如图6-17所示。

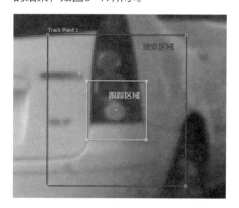

图6-17

STEP 06 根据以上的说明要点，在案例的画面中适当地放大跟踪区域和搜索区域来提高跟踪的精度，调整完跟踪位置和跟踪区域后即可回到跟踪面板来执行自动跟踪了，如图6-18所示。

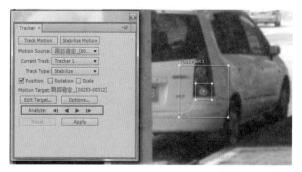

图6-18

跟踪面板红框中的4个箭头从左至右分别表示向前连续自动跟踪、向前跟踪一帧、向后跟踪一帧和向后连续自动跟踪。如果对跟踪结果和准确度都没有把握的话，应当选择先跟踪一帧；如果连续几帧都没问题，可以考虑单击连续跟踪的按钮，在这期间如果出现跟踪错误要立刻手动修正，否则后面的跟踪结果会一错再错。所以这里要先把时间线指针移到起始帧位置，然后单击跟踪一帧的按钮，这样跟踪点就会自动跟踪画面中车尾灯的位置，连续单击几次跟踪一帧的按钮后，跟踪点的位置如图6-19所示。

图6-19

STEP 07 此时可以看到跟踪点的位置还是很准确的。验证了几帧后，我们对跟踪的准确度已经有一定的把握了，那么就可以单击连续自动跟踪的按钮来完成剩下的序列帧，如图6-20所示。

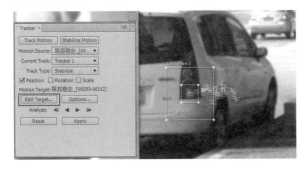

图6-20

注意： 之所以不是一开始就单击连续跟踪的按钮，是因为在很多情况下所选择的跟踪点很难准确无误地完成全部跟踪，一旦跟踪中途出错就会导致后面的结果全部都出错。这样的话就需要回到之前的步骤来手动修复或重新寻找跟踪点，这样往往会耗时更长。

STEP 08 完成所有的跟踪后，往回拖动时间线指针，对每一帧进行检查，看是否会出现有偏差的帧，有的话可以手动进行修复。单击 Edit Target【编辑对象】按钮，在弹出的Motion Target【运动目标】面板中选择一个对象图层（可以是本层或其他图层）来应用跟踪的结果，如图6-21所示。

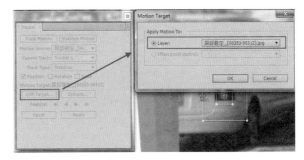

图6-21

注意： 组件默认在每帧都打下了跟踪点的位置关键帧，所以进行手动修复时，只需在出错的这一帧将跟踪点重新拖动到正确的位置即可。

STEP 09 默认情况下选择本层，单击"OK"按钮回到跟踪面板；单击右下方的Apply【应用】按钮，在弹出的对话框中选择X and Y来完成稳定跟踪应用，如图6-22所示。

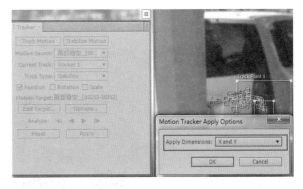

图6-22

STEP 10 单击"OK"按钮，自动回到合成窗口，此时拖动时间线指针可以发现画面稳定了，但是画框在不停地晃动。从另一个角度看，这就是稳定跟踪的原理，让画框晃动但里面的画面却保持着稳定，如图6-23所示。

图6-23

注意：要对画框的黑边进行处理其实很简单，只需要降低合成的尺寸或将本层放大一些即可，为了方便后续的屏幕跟踪可以将边框的问题留到最后再处理。完成跟踪稳定后，下面将进入透视跟踪的学习阶段。

STEP 11 下面要完成跟踪一部手机屏幕并将屏幕替换成其他的图片。从视频中可以看到演员手中拿的手机是在不断地晃动并且伴随着透视移动，这样的话跟踪就无法只靠一两个跟踪点来完成。After Effects内置的跟踪组件中有个四点跟踪，这里可以利用它来处理这种四边形平面的透视追踪问题。在素材层上单击右键，在弹出的菜单中选择Track Motion【运动跟踪】，如图6-24所示。

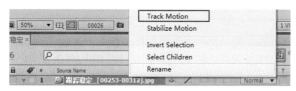

图6-24

STEP 12 回到跟踪面板，此时可以看到跟踪功能已经自动设置为运动跟踪了。在Track Type【跟踪类型】中选择正确的跟踪类型，如图6-25所示。

图6-25

下面对Track Type【跟踪类型】中的各个选项进行简单的介绍。

- Stabilize【稳定】：选择该类型与单击Stabilize Motion【运动稳定】按钮的效果相同，选择该类型后，计算的数据将用于稳定本层的画面。
- Transform【变换】：该类型可对层的位移、旋转和缩放进行追踪。单击跟踪面板上的Track Motion【运动跟踪】按钮后，该类型默认被选中，它能计算结果并将结果传导给目标对象。选择此类型后，跟踪面板下方的

Position【位置】变为已勾选状态，Rotation【旋转】和Scale【缩放】变为可选状态。Position【位置】具有一维属性，即只能控制一个点，也就是说在只勾选Position【位置】选项的情况下，层窗口只会出现一个追踪点，即一点追踪。如果对Position【位置】追踪的同时还需追踪Rotation【旋转】和Scale【缩放】，则可勾选另外两个选项。此时，Layer【图层】窗口将会出现两个追踪点，并且两个追踪区域由箭头相连，追踪器通过两个区域的相对变化来计算追踪特征区的位移、旋转和缩放的变化数值，并将计算所得的数据赋予其他层来完成追踪。

- Parallel Corner Pin【平行边角定位】：此类型主要用于对平面中的倾斜和旋转进行追踪，但不产生透视的变化。追踪点的4个边角中有3个是指定点，用实线表示，追踪器可根据这3个点来推算出第4个点的位置信息（即三点跟踪），第4个点的边角用虚线显示。4个点在追踪过程中的位置信息会被转化为Corner Pin【边角定位】的关键帧，以此来完成倾斜、旋转运动的追踪。
- Perspective Corner Pin【透视边角定位】：该类型与Parallel Corner Pin【平行边角定位】类型相似，也有4个边角形式的追踪点（即四点追踪）。不同的是，此类型追踪点的4个边角全用实线表示，而且四边形可以自由变形，从而模拟出各种透视效果。追踪器进行分析计算后将4个定位点的位置信息转化为Corner Pin【边角定位】的关键帧，以此来完成透视追踪。
- Raw【不处理】：该类型仅对Position【位置】进行追踪，并且计算后所得到的数据信息并不应用于其他层，而只保存在原图像的Tracker【跟踪】属性中，需要使用表达式才能调用该数据。

STEP 13 这里选择第4种类型Perspective Corner Pin【透视边角定位】，选后可以发现画面中多出了3个跟踪点，如图6-26所示。

STEP 14 拖动时间线指针，观察手机屏幕，寻找一个看上去位置相对比较正的帧来作为跟踪的起始帧。移动4个跟踪点的位置，使它们分别对应到屏幕的4个边角位置，跟踪点的位置顺序如图6-27所示。

图6-26

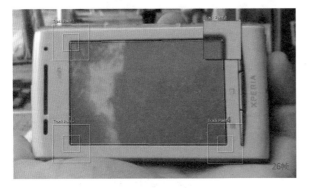

图6-27

注意： 这里可选择从第26帧开始，操作上要尽可能地放大图像，并且利用跟踪点的局部放大功能来将位置仔细确定好。

STEP 15 由于这里是从中间帧开始跟踪的，所以需要向前跟踪完成后再向后跟踪。首先向后跟踪几帧，测试一下跟踪结果是否准确，如图6-28所示。

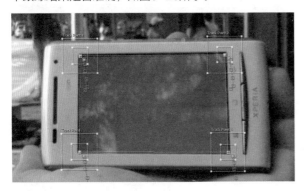

图6-28

STEP 16 连续单击几次单次跟踪按钮后可以发现跟踪结果还是很不错的，这样就可以单击连续跟踪按钮来观察跟踪过程是否顺利，如图6-29所示。

STEP 17 通过观察画面可知向后跟踪完成后，其中的3个跟踪点完美地跟踪到了屏幕的边角，但是有一个点在跟踪中途出错、跟丢了位置，此时就要对其进行手动修复。把时间线指针往回拖动到出错的那一帧，将跟踪出错的跟踪点拖动到屏幕边缘，再重新逐帧向后测试跟踪结果直到起始帧的位置，如图6-30所示。

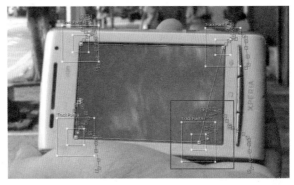

图6-29

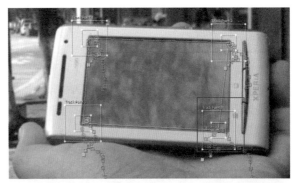

图6-30

STEP 18 回到第26帧位置，准备开始向前跟踪。由于后面的运动没有太大的透视变形和明暗变化，因此跟踪结果没有太大的问题，这样，全部的透视跟踪就已经顺利地完成了。输出跟踪的数据。创建一个新的合成，将其命名为屏幕跟踪，把屏幕跟踪合成导入跟踪稳定合成里，在Edit Target【编辑目标】面板里选择屏幕跟踪合成来应用跟踪结果，如图6-31所示。

注意： 在进入下一步操作前，一定要重新对每一帧进行仔细的检查来检验跟踪点的位置是否精确，避免在接下来的操作中犯同样的错误。

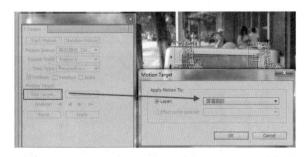

图6-31

STEP 19 完成选择后,单击Apply【应用】按钮,此时可以发现视频中的画面并没有太大的变化。这是因为新建的合成里并没有任何东西,通过观察特效窗口可以发现这个合成中多了一个Cornet Pin【边角定位】特效,并且时间线上的每帧都打上了关键帧,这就是之前跟踪数据输出后的表现形式。下面把4个角的位置数据输出到Cornet Pin【边角定位】的4个点上来模拟三维的移动和透视变换。

STEP 20 了解完透视跟踪的原理后,进入屏幕跟踪合成,在合成中添加其他的图片、视频等素材。创建一个渐变背景,在背景写上"精鹰影视"4个字,给文字添加Hue/Saturation【色相/饱和度】效果器,如图6-32所示。

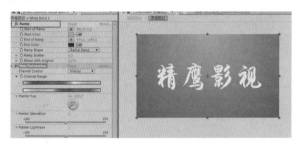

图6-32

STEP 21 回到跟踪稳定合成窗口,此时可以看到屏幕已经被替换成刚才创建的渐变背景了,如图6-33所示。

图6-33

在现实中,屏幕应该是要有反射的,因此这里需要改变图层的混合模式来调整屏幕的效果。下面分别是Screen【屏幕】模式和Hard Light【强光】模式下屏幕的混合效果,两种模式都很好地还原了屏幕的反射,这样看上去效果会更真实,如图6-34所示。

图6-34

STEP 22 下面来解决之前遗留下来的画面边框问题。新建一个空层,把屏幕和原视频与空层建立父子关系,再调整空层的Scale【缩放】值,直到看不见黑边为止,如图6-35所示。

图6-35

STEP 23 简单调节视频画面的色调,将其调整为自己喜欢的颜色风格,如图6-36所示。

图6-36

至此,本节案例的制作已经完成,下节将进入专业追踪软件Mocha的深入学习和3D场景跟踪技法的介绍。本节案例最终的跟踪结果如图6-37所示。

图6-37

6.4 运动跟踪技法

本节内容将介绍如何使用专业追踪软件Mocha来对一个移动的镜头场景进行三维跟踪,其中重点对运动场景和Mocha软件的各项功能进行详解,通过了解其基本操作和工作原理来掌握更加复杂的三维跟踪应用技能。在制作案例前,下面先对Mocha作一个简单的介绍。运动跟踪案例的效果如图6-38所示。

图6-38

Mocha是Imagineer Systems公司开发的一款独立的2D跟踪软件,它是一个基于图形的独特的2.5平面跟踪系统。它具有多种功能,如二维立体跟踪能力,即使是再难拍摄的短片,只要使用Mocha软件都可以节省大量的时间和金钱,因此它在商业、电影和企业影片后期制作中的应用非常广泛。它简单易学,比起传统工具,它的速度要快上3~4倍,而且所得到的影片质量非常的好。

最新版的Mocha V3将其旗下的Mocha、Monet和Mokey 3款软件合并成了一款功能极为强大的影视后期跟踪软件，因为其集成了原来几款软件的功能，所以Mocha Pro具有强大的3D运动视频跟踪功能、视频ROTO抠像功能、清除工具影视和广告特效合成的功能，它是影视后期制作和广告制作中必不可少的软件。初步了解了Mocha软件后，下面开始进行案例的制作。

STEP 01 新建一个Composition【合成】窗口，将其命名为场景运动跟踪；在Basic【基础】面板将宽高像素比设为960x540，Frame Rate【帧速率】设为23.976fps，如图6-39所示。

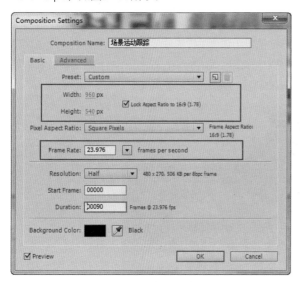

图6-39

STEP 02 将序列素材导入进来，并在导入设置面板中勾选JPEG Sequence【JPEG序列图】项，如图6-40所示。

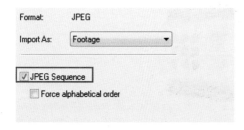

图6-40

STEP 03 导入素材后，打开Mocha软件进行下一步的跟踪。在File【文件】菜单下选择新建工程，或者按快捷键Ctrl + N，在弹出的对话框中将刚才的序列素材重新导入Mocha中，如图6-41所示。

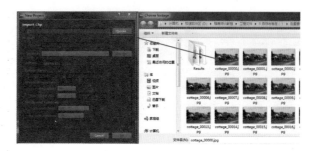

图6-41

STEP 04 导入素材后，根据素材的源属性对参数进行简单的设置，如图6-42所示。

图6-42

STEP 05 导入素材到Mocha后，可以看到图片素材已经出现在预览窗口里了。Mocha的界面区域划分及每个区域的功能如图6-43所示。

图6-43

STEP 06 选定区域来进行跟踪。把时间滑块移到起始帧位置；再到工具栏中单击X钢笔工具，如图6-44所示。

图6-44

STEP 07 在素材视频中选取地面的一块区域作为跟踪区域。这里要尽可能选择大片的地面区域作为跟踪面，但是要保证选中的区域随着镜头的移动不会被同一区域内的其他移动物或不在同一平面内的东西所遮挡。拖动时间滑块向前预览，此时会发现跟踪区域到了最后有大部分的区域已被移出镜头了，如图6-45所示。

图6-45

STEP 08 选取的跟踪区域如果超出镜头的话会造成跟踪出现不稳定甚至出错，因此这里需要手动修复这个问题。首先选定一个合适的时间点；再通过拖动跟踪节点将区域向左扩大，这样软件就会自动在时间线上创建一个关键帧。通过手动扩大跟踪区域，后面的跟踪运算就会稳定很多，如图6-46所示。

图6-46

STEP 09 打开透视面板和网格的显示开关，匹配跟踪区域与地面的透视关系。单击打开工具栏下的定位面板显示开关和网格显示开关，此时可以发现画面中多了一个四边形和一个网格，如图6-47所示。

图6-47

STEP 10 将四边形与地面进行匹配。具体操作和After Effects中的内置特效Cornet pin【边角定位】一样，都是通过拖动4个顶角来改变面板的透视关系，调整后可以看到视频中的地面与网格所在的平面已经基本贴合了，如图6-48所示。

图6-48

STEP 11 设置好跟踪区域后，下面开始进行跟踪操作。和After Effects的跟踪面板一样，Mocha的操作界面也提供了4个跟踪按钮，它们分别是向前的单次跟踪按钮和连续跟踪按钮、向后的单次跟踪按钮和连续跟踪按钮。单击连续跟踪按钮后，软件就会一帧帧地开始往后计算，如图6-49所示。

图6-49

STEP 12 等待一段时间,跟踪完成后拖动时间滑块,观察跟踪结果是否准确。此时可以看到跟踪结果是相当精确的,网格紧紧地贴在地面上,而且随着相机的移动跟踪区域也没有出现明显的偏差,如图6-50所示。

图6-50

STEP 13 完成第一步的跟踪后,下面要将跟踪数据导入After Effects中进行合成操作。单击Export Tracking Data【输出跟踪数据】按钮;在弹出的下拉列表中选择After Effect Cornet Pin【support motion blur】;然后单击Copy to clipboard【复制到剪贴板】,如图6-51所示。

添加了一个Corner Pin【边角定位】特效,而且文字也被固定到地面上了,如图6-53所示。

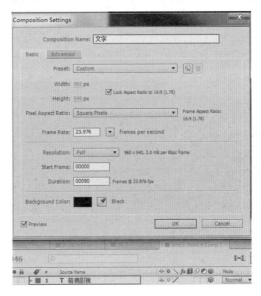

图6-52

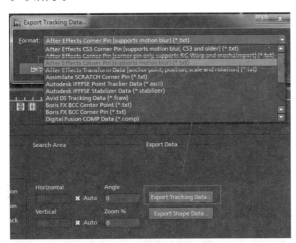

图6-51

STEP 14 回到After Effects中,新建一个合成并将其命名为文字,将其参数设置和源视频的参数一样。再新建一个文字层,并给其添加文本内容"精鹰影视";然后把字体放大些,便于在后面的操作中进行调整,如图6-52所示。

STEP 15 将文字合成导入场景运动跟踪合成中;将时间滑块移到第一帧位置,再把刚才复制到剪贴板的数据粘贴到文字合成里。此时可以看到合成的特效面板中自动

图6-53

STEP 16 拖动时间滑块,可以看到文字很好地跟踪到地面上并与地面保持着相同的透视关系,如图6-54所示。

图6-54

STEP 17 了解完Mocha软件的基础功能后，下面进一步介绍Mocha的3D摄像机反求功能，这是3.0版本中新增的功能。这里同样使用上面的场景来完成摄像机的跟踪，但要精确地完成跟踪，地面区域还需要至少一个跟踪区域作为计算的参考物。再次观察场景，可以发现画面中紧挨的几栋别墅基本上是处于一个平面上的，如图6-55所示。

图6-55

STEP 18 如果这个区域跟踪成功，再加上之前已经跟踪好的地面，那么就可以有足够的数据来反求摄像机的功能。在工具栏中再次单击X钢笔工具，在别墅和街道之间的垂直面描画出跟踪区域，并调整好网格所在平面的透视关系，如图6-56所示。

STEP 19 调整好跟踪区域后，下面开始进行跟踪。在参数面板的设置中勾选Perspective【透视】项，其中Min % pixels Used【最小像素使用】这个参数的设置关系到跟踪的精确度，这里将其设为90，如图6-57所示。

STEP 20 设置完成后，让两个区域同时进行跟踪。如果单击跟踪按钮，默认是让所有区域一起进行跟踪，但由于地面在之前的操作中已经跟踪过了，不需要对其进行重复计算，因此这里要到图层面板中关闭地面层的跟踪开关，如图6-58所示。

图6-56

图6-57

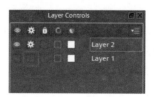

图6-58

注意： 图层面板中间的齿轮符号就是跟踪开关，关闭该开关后，图层将不再被跟踪。

STEP 21 下面开始进行全程自动跟踪。等到软件完成计算后，来回拖动时间滑块，重新检查跟踪区域是否有偏离或抖动等问题。在图层面板中按住Ctrl键并单击选中这两个图层，这样就同时选中这3个跟踪区域了，如图6-59所示。

图6-59

STEP 22 单击参数面板中的Camera Solve【解算摄像机】，如图6-60所示。

图6-60

STEP 23 单击Camera【摄像机】，在其下拉列表中有4个选项，分别是Auto【自动】、Pan Tilt Zoom【旋转及变焦】、Small Parallax Change【小视差变化】和Large Parallax Change【大视差变化】。Auto【自动】指的是自动选择摄像机类型；Pan Tilt Zoom【旋转及变焦】指的是定位机拍摄变化只包含旋转和变焦；Small Parallax Change【小视差变化】指的是小幅度的摄像机运动；Large Parallax Change【大视差变化】指的是大幅度的摄像机运动，如图6-61所示。

图6-61

STEP 24 这里选择默认的Auto【自动】来进行跟踪；单击Solve【解算】按钮并等待一段时间，完成后再将摄像机数据输出；然后将数据导入After Effects中进一步处理跟踪的效果，如图6-62所示。

图6-62

STEP 25 在After Effects的Edit【编辑】菜单栏下选择Paste mocha camera【粘贴Mocha摄像机】，如图6-63所示。

图6-63

STEP 26 此时，在合成窗口中会自动创建出一个摄像机和一些空层，如图6-64所示。

图6-64

STEP 27 从预览图中可以看到空层的位置都位于之前Mocha跟踪区域的4个顶点和中心点上。拖动时间滑块，可以看到每个空层都像是被固定在场景中一样，这说明了此时摄像机很好地还原了拍摄时的运动轨迹。删除其他空层，只留下地面空层来作为后面合成的参考点，如图6-65所示。

STEP 28 导入一个制作好的警示牌到图片中，如图6-66所示。

图6-65

图6-68

STEP 30 拖动时间滑块,此时可以发现警示牌跟随场景一起运动了,但其位置还不够精确,这里需要将警示牌的位置定位到地面的点上。首先缩小图层,再把定位点移到警示牌的最底部,如图6-68所示。

STEP 31 为了准确定位,找到刚才跟踪保留下来的空层;再把空层的位置属性复制给警示牌,如图6-69所示。

图6-69

图6-66

STEP 29 将警示牌移到合成窗口中并打开其三维开关,如图6-67所示。

图6-67

STEP 32 此时,警示牌就如同固定在地面上一样并和场景完全匹配了。使用同样的方法,复制出多个警示牌并将它们放置于不同的位置上。最后,打开动态模糊开关,如图6-70所示。

STEP 33 给每个警示牌都加上阴影,使合成效果更加真实。先将图层复制一层,再给其添加Fill【填充】效果和Fast blur【快速模糊】效果,如图6-71所示。

图6-70

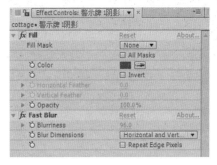

图6-71

STEP 34 根据画面中阴影的角度将该层的X Rotation【X轴旋转】设为90°，Z Rotation【Z轴旋转】设为70°。这样，场景中的阴影角度就基本匹配了，如图6-72所示。

图6-72

STEP 35 使用同样的方法，给剩下的两个警示牌也添加阴影效果，如图6-73所示。

图6-73

至此，跟踪部分案例的学习就结束了，最终得到的跟踪效果如图6-74所示。

图6-74

第7章 场景氛围光效

本章内容
- 神秘光影的表现
- 光线汇聚动画的制作
- 场景的光感控制
- 场景氛围的表现

7.1 场景氛围光效的分析

　　随着新的数字技术的发展，数字技术能够承载较多信息，且能够弥补传统动画绘制和制作中表现不出来的场景氛围效果，用来表现场景氛围的要素非常多，主要是从空间和景深关系、光线和光效的设计、烟雾云层和浮尘的表现及多种特效的综合设计表现运用角度来解决动画场景中的气氛氛围，从而达到画面效果的视觉冲击力和心理感官的享受。光效和色彩是本章内容重点要表现的要素。下面的这条宣传片中就很充分地利用了烟、火、光、尘和粒子等元素来烘托整个场景氛围，如图7-1所示。

图7-1

　　光效营造一直被视为摄影造型、后期动画中的首要表现手段，任何光效只要应用得当，都可以起到很好的烘托氛围的效果，使画面产生出丰富多彩的光影效果及色彩变化，营造出更为贴切和梦幻的氛围。场景氛围的表现是影视包装中很重要的一个环节，再好的设计，再漂亮的色彩，如果不能融入到场景中，那么它们都是孤立的。同样的道理，如果光效不能很好地融入到场景中，而只是单一的附加在场景中毫不相干的地方，这样的光效也是不能起到渲染场景氛围的作用的。

因此，光效对环境的烘托极为重要，除了要考虑一个画面内简单的光影动荡、后景光效的控制，以及在真实可信的基础上进行光影的流动感营造，还要考虑较为单一的照明状态下的光线的强度、质感、光色、反差和影调等方面的追求和表现；尤其是人物与光的配合时，需要考虑模拟特定光源下所产生的人物照明强度的简单变化，以及一个场景中出现人物照明光源的角度、光强和反差的视觉表现。当然，在现今数字技术如此发达的情况下，已经可以"极尽所想"地完成场景气氛中对光影氛围营造的需要了。下图是一个在绚丽光影照射下，尽情展现人物形象的宣传片，人物在光影中既融合，又突显，如图7-2所示。

图7-2

7.2 国内外优秀作品赏析

自然界的气候元素，在场景中的气氛营造中的作用是最明显、最直接的。它源自于人在自然界进化的过程中所产生的：人的生存对自然界的依赖性、对自然气候的情绪敏感性和与自然界的对立统一性。从自然界气候的角度来讲，它的视觉构成元素包括：春夏秋冬、日夜昏晨、阴晴雨雪、雷电冰雹、云雾风尘、水火沙石和温寒冷热等。这些元素，无论是对内容、情感的表现，还是对气氛的烘托都起到了至关重要的作用，它们使场面中的视觉元素的组合浑然一体。

在这个"料理铁人"的宣传片中，充分地利用了自然气候元素来突显主题和宣传的气势感，这些元素包括阴天、雷电、烟火和火花等。阴天是整个片子中大环境背景，营造一种神秘的氛围，再配合雷电来体现一种紧张的效果，然后通过火焰来展示主体元素（文字、LOGO）。火焰的出现是紧接在雷电过后，像鹰一般以一种快速扩张的动势，带出一个极具视觉冲击的三维立体文字，火焰以鹰的形态包围在三维文字的后面，让画面变得更有气势感，最后火焰汇聚成LOGO，在画面中时刻漂浮着一些火花元素，增添了场景的真实感。整个片子完全靠这些自然气候元素来烘托气氛，营造一种强烈的视觉效果，如图7-3所示。

在突显氛围感的元素中，飞尘也是最为常见的，也是最容易让画面突显效果的。在该片中，通过一个低视角特写镜头，展现斧头砸入地面的效果，地面飞裂缝中飞散出碎石和飞尘，后面所有的画面中都充斥着飞尘元素，并且飞尘产生虚实的变化，使画面变得更有意境感，如图7-4所示。

图7-3

图7-4

下面这条啤酒广告片中,利用了自然界中最常见水元素来渲染画面。水元素的表现形式有很多种,但要用水元素来营造氛围,最有效的方法是利用飘浮在空中飞散的小水花来烘托这种水润、冰爽的感觉,这种细水花比大水花更沁入人心。注意,在这些充满水花的画面中,还有一个重要的、容易忽略的元素对氛围的营造起了很大的作用,那就是逆光元素。正因为有了逆光的照明,才让水花如此冰晶,如此闪亮。虽然光是一种很常用的元素,似乎也是万能元素,但却不是随意能使用的,使用不当只会适得其反,使用得当才会锦上添花,如图7-5所示。

图7-5

7.3 光线的汇聚和幻化表现

用来表现场景氛围的光效效果非常多,任何光效只要应用得当,都可以起到很好的烘托氛围的效果。场景氛围的表现是影视包装中很重要的一个环节,再好的设计,再漂亮的色彩,如果不能融入到场景中,那么它们都是孤立的。同样的道理,如果光效不能很好地融入到场景中,而只是单一的附加在场景中毫不相干的地方,这样的光效也是不能起到渲染场景氛围的作用的。本节内容介绍的神秘光影效果是一种在场景中穿梭、并产生汇聚和幻化效果的彩色光线,通过它们在场景中的动画表现可以烘托场景的氛围感。

光线的汇聚和幻化效果主要是由灯光的汇聚来控制的,当灯光汇聚到一点并落到地面上产生一个爆闪效果后,它会快速地冲向镜头,并产生一个幻化消失的视觉效果。光线的拖尾效果是由两组灯光控制的,而灯光的运动则分别是由两个空对象来控制。因此,要表现好光效的汇聚和幻化效果,就首先要制作好空对象和灯光的动画,然后在光线汇聚、幻化的过程中,添加几个辉光特效,以加强光效的视觉效果和场景的神秘感。本案例

的最终效果如图7-6所示。

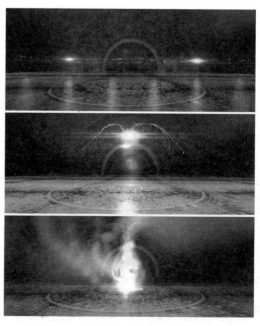

图7-6

7.3.1 准备场景

本案例的场景是由一个具有花纹效果的地面和背景组成的，它是一个简单的三维场景，如图7-7所示。

图7-7

STEP 01 新建一个尺寸为1920×1080的Comp合成窗口，并将场景素材导入窗口中，这些素材包括地面、地面花纹和花纹背景素材，另外再新建一个黑色固态层。将地面花纹叠加到地面中，将花纹背景融入到黑色背景中，并分别将它们的图层模式设为Screen【屏幕】和Add【加】模式，如图7-8所示。

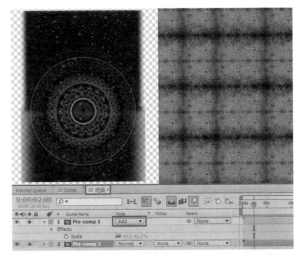

图7-9

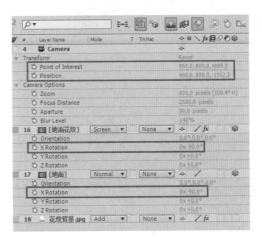

图7-10

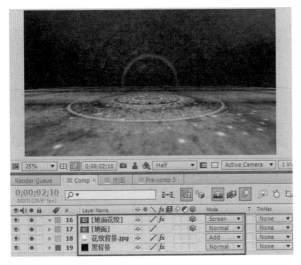

图7-8

STEP 02 这里的地面分别是由一张较大的地面贴图和一个圆形纹理组成的，地面的组成如图7-9所示。

STEP 03 新建一个摄像机，并调整摄像机的位置；开启地面和地面花纹层的三维开关；然后将它们X轴的Rotation【旋转】值设为-90°，让它们与背景垂直，如图7-10所示。

STEP 04 场景的基本效果如图7-11所示。

图7-11

7.3.2 准备灯光元素

本节内容开始制作场景的光影效果。首先给场景添加灯光元素，这些灯光将作为拖尾光线的发射源；再给场景中的3盏灯光设置一个位移动画，让3盏灯光汇聚到一起；然后给灯光设置一个具有先后顺序的入画动画，即依次让灯光在画面中出现。

STEP 01 新建一盏点光源，并将其名称命名为"Emitter"；调整好灯光的位置；将其Intensity【强度】设为300，Color【颜色】设为橙色，Falloff【衰减】方式设为None【无】。此时，在窗口中可以看到地面整体变成橙红色调了，而且在灯光的下面还产生了一个较强的光影投射效果，如图7-12所示。

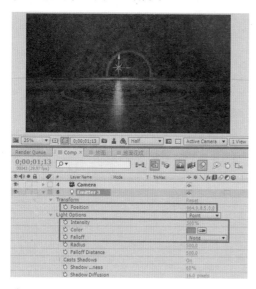

图7-12

技巧提示： 如果将Falloff【衰减】项设为Smooth【平滑】，那么就会看到地面变得一片漆黑，只有灯下面的一小部分范围有光照效果，如图7-13所示。

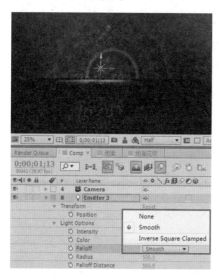

图7-13

STEP 02 用同样的方法，再添加两盏点光源，将它们依次排列在第一盏灯光的左边位置，并分别将它们的颜色设为紫色和黄色，如图7-14所示。

图7-14

STEP 03 给灯光设置一个汇聚动画，该汇聚动画决定了光线的汇聚效果。选择两端的紫色灯光和橙色灯光，从第1s～第4s，将这两盏灯光向中间的黄色灯光靠拢，如图7-15所示。

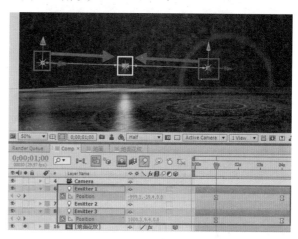

图7-15

技巧提示： 将两端的灯光向中间靠拢后，不要让它们与中间的灯光重合，要稍微保留一点距离。

STEP 04 设置3盏灯光的出现时间。选择紫色灯光，在第10帧位置将其Intensity【强度】设为0；在第13帧时间，让灯光的强度快速闪烁到300；然后在第1s5帧，让灯光的强度慢慢地降低到120，如图7-16所示。

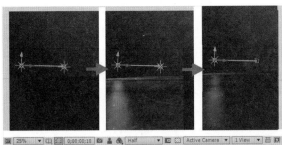

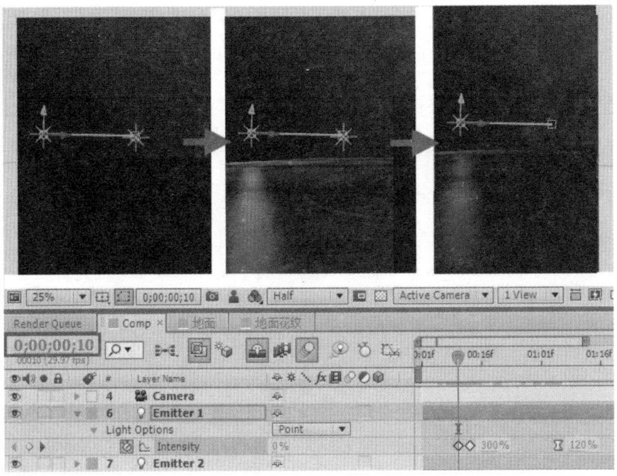

图7-16

STEP 05 给其他的两盏灯光也设置一个相同的出现动画。设置方法是：先复制紫色灯光的强度关键帧；再选择其他两盏灯光，将强度关键帧复制给它们；然后分别调整它们出现的先后顺序，如图7-17所示。

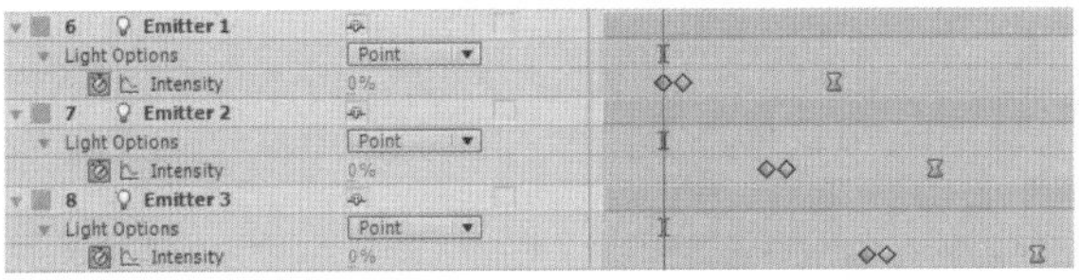

图7-17

至此，场景左半部分的3盏灯光便设置完成了。另外，在场景的右半部分也有3盏相同的灯光，这里暂时不作介绍。

7.3.3 制作光线的汇聚和幻化效果

光线的制作并不复杂，主要是利用Particular【粒子】特效制作而成，光线是一种简单的彩色线条效果，其尾部带有自然飘动的动画。本案例的光线是灯光的粒子拖尾效果，虽然光线的动画是由灯光牵引运动的，但灯光的运动却是由一个空对象来牵动的，因此下面首先需要制作一个空对象的运动。

STEP 01 新建一个Null【空】对象，并开启它的三维图层开关，然后将空对象放置在3盏灯光的中间那盏灯光的位置上，如图7-18所示。

技巧提示： 在设置动画前，需要将3盏灯光连接到空对象上，让空对象来牵动灯光进行运动，连接的设置方法是：在时间线面板的Parent【父对象】面板中，将3盏灯光的父级对象都设为空对象层。

图7-18

STEP 02 给空对象的位置和旋转设置动画。从第2s13帧到第4s5帧，让空对象缓缓地飞上空中；在第4s20帧，让空对象快速地落到地面；然后在第5s8帧，让空对象快速地冲向镜头，在冲向镜头的同时，给空对象的Z轴设置一个从0～2x+200°的旋转动画（即旋转2周），如图7-19所示。

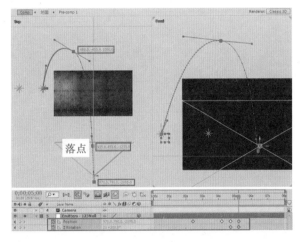

图7-19

STEP 03 空对象牵引灯光的运动轨迹如图7-20所示。

图7-20

STEP 04 制作拖尾的粒子光线。新建一个名为"光线组1"的固态层，并将其图层模式设为Add【加】模式，如图7-21所示。

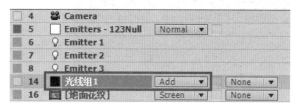

图7-21

STEP 05 给光线组层添加一个Particular【粒子】滤镜，并在该滤镜的Options【选项】面板中将灯光名指定为Emitter【发射器】，如图7-22所示。

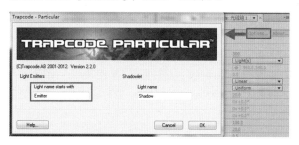

图7-22

技巧提示： 此时的场景中有3盏灯光，名称均以"Emitter"开头，因此这里只需在Options【选项】面板中指定灯光发射器的名称为"Emitter"即可将3盏灯光都指定为发射器。

STEP 06 调整发射器的发射效果。在Emitter【发射器】参数栏下将Particles/sec【每秒粒子数】值加大到300，将Velocity from Motion【速度跟上运动】值设为20，将其他3个与Velocity【速率】相关的参数值都设为0，将3个轴向的Emitter Size【发射器尺寸】的大小值也设为0，让粒子的拖尾效果呈一条线状，如图7-23所示。

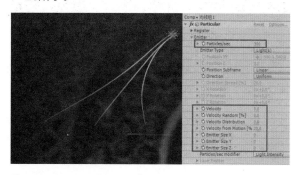

图7-23

STEP 07 在Particle【粒子】参数栏下调整粒子的显示效果。将Life【寿命】值加大到4，将Size【大小】值设为9；然后调整Size Over Life【大小随生命】和Opacity Ove Life【不透明度随生命】的曲线效果，并将Opacity【不透明度】设为40，如图7-24所示。

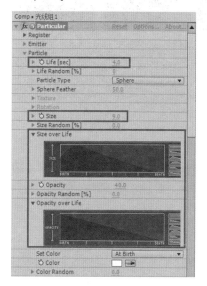

图7-24

STEP 08 设置线条的颜色。将Set Color【设置颜色】项设为From Light Emitter【从灯光发射器】，这样，线条的颜色便会与灯光的颜色相同；再将Transfer Mode【叠加模式】设为Add【加】模式。此时的光线效果如图7-25所示。

图7-25

技巧提示： 如果将Set Color【设置颜色】项设为其他的两种方式，那么得到的线条颜色就不会那么丰富了，如图7-26所示。

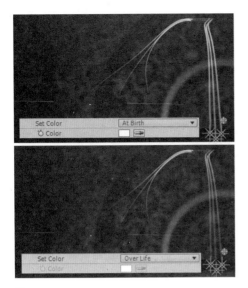

图7-26

2s和第4s10帧时，保持粒子数为300；在第5s10帧时，让粒子停止发射，如图7-30所示。

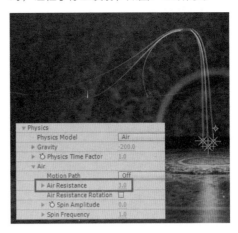

图7-28

STEP 09 调整线条的动态效果，让线条产生一个随风摆动的拖尾效果。在Physics【物理学】参数栏中，将Gravity【重力】值设为-200。此时，可以看到线条产生一个向上飞舞的动画了，不过此时线条向上飞舞的力度过于大了，如图7-27所示。

图7-27

STEP 10 在Air【空气】参数栏下将Air Resistance【空气阻力】加大到3，此时可以看到线条飞舞的高度降低了，如图7-28所示。

STEP 11 给线条设置一个紊乱效果。在Turbulence Field【紊乱场】参数栏下，将Affect Position【影响位置】加大到50，并将Complexity【复杂度】减小到1。这样，便会得到一个尾部产生扭动效果的线条了，如图7-29所示。

STEP 12 给光线设置一个入画和消失的动画效果。首先给Particles/sec【每秒粒子数量】设置一个从无到有、再到无的动画，光线是从第1s10帧进入画面的，在第

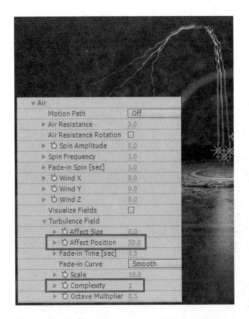

图7-29

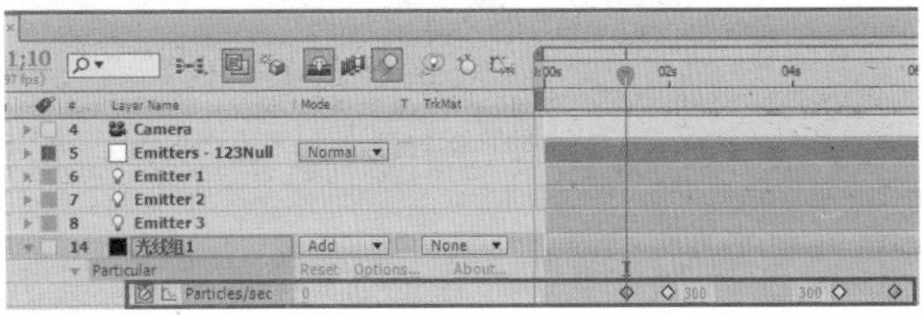

图7-30

技巧提示： 在前面的1s10帧时，主要是表现地面光影的淡入动画，让光影带出光线，这样的画面会更有意境感。

第7章 场景氛围光效 | 107

STEP 13 拖动时间滑块，会发现光线到最后还没消失掉，因此接下来要给它的Life【寿命】和Size【大小】值也设置一个动画，让它完全消失掉。从第4s23帧到第8s，给寿命值设置一个从4~1.5的变化，给大小值设置一个从9~2的变化，如图7-31所示。

图7-31

STEP 14 这样，光线的动画便制作完成了，此时的光线效果如图7-32所示。

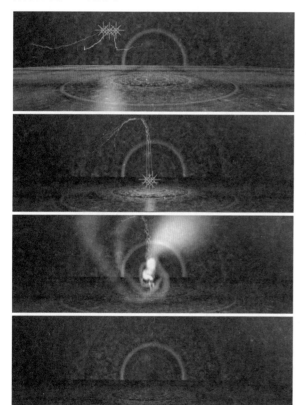

图7-32

STEP 15 制作画面右边的3条光线，并给两组光线添加一个辉光效果。使用制作第一组灯光动画时的方法，制作出第二组灯光的动画。两组灯光动画的区别只是位置的不同，第二组灯光是在画面的右边。右边灯光和空对象的动画设置方法和第一组灯光的设置方法是一模一样的，如图7-33所示。

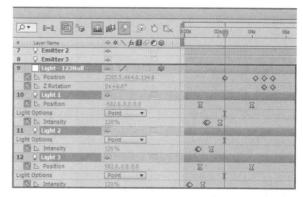

图7-33

技巧提示： 注意，画面右边的3盏灯光的名称都是以"Light"开头的。

STEP 16 制作好了的画面右边的3盏灯光的动画如图7-34所示。

图7-34

STEP 17 两组灯光的运动轨迹如图7-35所示。

图7-35

STEP 18 复制光线组1，得到光线组2。在光线组2图层的粒子特效面板中，单击Options【选项】，进入其选项面板；将"Light"（画面右边的3盏灯光的名称）指定为Light Emitters【灯光发射器】。此时，可以看到窗口中的6盏灯光都拖出光线效果了，如图7-36所示。

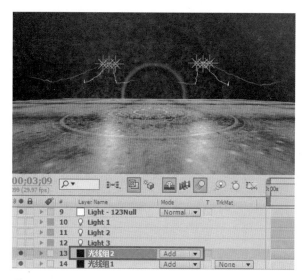

图7-36

7.3.4 添加辉光特效

该辉光效果分为两个部分，首先是一种牵引光线运动的辉光效果，它是绑定在空对象上的，添加该辉光的目的是为了让光线的视觉效果更加绚丽。其次是光线落到地面后，产生一种辉光爆闪的效果，加强光效的视觉冲击力。

STEP 01 给光线添加一个辉光效果。新建一个名为"辉光1"的固态层，并将其图层模式设为Add【加】模式，如图7-37所示。

图7-37

STEP 02 在辉光的选项窗口中选择一种预置的横向光效，给辉光层添加一个Optical Flares【辉光】特效，如图7-38所示。

STEP 03 给辉光设置一个跟随灯光运动的动画。由于灯光是在一个三维空间内运动的，因此这里需要将辉光的Source Type【光源类型】设为3D方式。这样，辉光才会在一个3D空间内产生有纵深感的运动，如图7-39所示。

图7-38

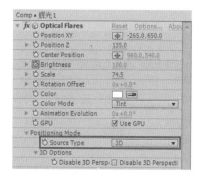

图7-39

STEP 04 将辉光的位置绑定到空对象上。按住Alt键，同时用鼠标左键单击辉光特效面板中的Position XY【XY轴位置】参数和Position Z【Z轴位置】参数左边的码表，这样，在时间线面板中就会出现这两个参数的表达式选项。然后选择第一个空对象层，按P键，展开其Position【位置】属性；再单击辉光两个表达式参数中的螺旋线，分别将它们连接到空对象层的Position【位置】属性上和其Z轴的位置数值上。这样，辉光便被绑定到空对象层上并与其一起运动了，如图7-40所示。

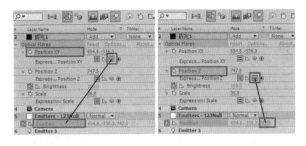

图7-40

STEP 05 利用表达式给辉光设置一个大小的随机变化。激活辉光的Scale【缩放】参数的表达式选项,在其表达式输入框中输入wiggle(5,60),如图7-41所示。

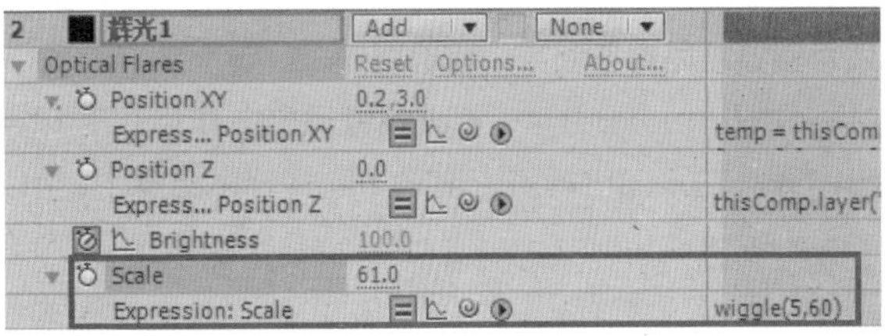

图7-41

技巧提示: 辉光的大小变化不仅可以通过Scale【缩放】参数来控制,还可以通过其Brightness【亮度】值来进行控制。

STEP 06 复制辉光1图层,得到辉光2图层;然后用同样的方法,将其位置绑定到第二个空对象层上,如图7-42所示。

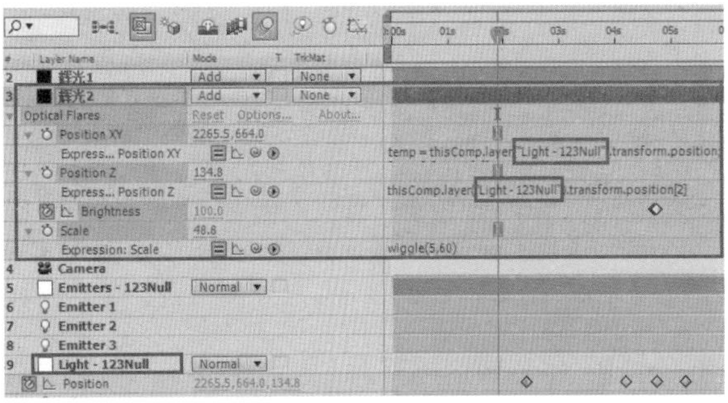

图7-42

STEP 07 这样,两个辉光便分别被绑定到两组灯光的空对象上了。此时拖动时间滑块,可以看到辉光在跟随灯光进行运动的过程中,产生了闪烁的动画,这样便加强了光线的神秘感,如图7-43所示。

STEP 08 在光线快速落到地面后,制作一个辉光突然变亮的动画,模拟一种光爆的效果。将辉光层再复制一层,取消其位置的表达式和大小的表达式;将其起始帧移到第4s20帧,从第4s20帧~第4s21帧,给Brightness【亮度】值设置一个从0~220的快速爆闪效果;从第5s8帧~第6s16帧,给辉光的亮度值设置一个从100~50的变化,让其亮度逐渐变小;然后激活该亮度参数的表达式,并输入表达式wiggle(5,100);给辉光的Scale【缩放】也设置一个从小到大的变化,并给其Rotation Offset【旋转偏移】值也设置一个旋转一周的动画,让辉光在爆闪的过程中有一个自身旋转的动感效果,如图7-44所示。

图7-43

图7-44

STEP 09 最后,给背景添加一个暗角效果,其作用是将背景与地面相接的部分压暗一点。新建一个名为"暗角"的黑色固态层,并在固态层上画两个椭圆的Mask【遮罩】;设置大遮罩的Mask Feather【遮罩羽化】值为150,设置小遮罩的遮罩模式为Subtract【相减】,并设置其羽化值为215,如图7-45所示。

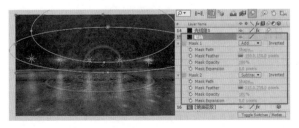

图7-45

至此，整个光线的汇聚和幻化效果便制作完成了，最终的效果如图7-46所示。

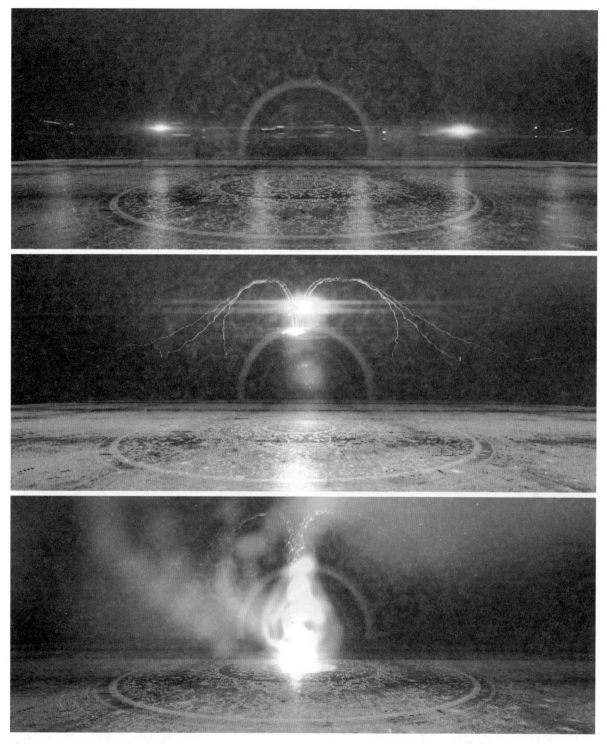

图7-46

第 8 章 内置破碎特效

本章内容
- 破碎特效介绍
- 国内外优秀案例赏析
- Shatter破碎的介绍
- 文字的破碎
- 墙壁的爆炸

本章内容主要介绍破碎和爆炸特效的基础知识和其在影视合成中的相关应用，内容包括After Effect内置的Shatter【碎片】内置破碎特效详解和案例分析。实例上我们用Shatter特效来完成破碎文字特效和墙壁爆炸两个案例的制作。

8.1 破碎特效介绍

破碎特效是影视后期制作中一个重要的知识点，在很多电影、电视作品中经常可以看到类似的特效镜头，如高楼大厦的爆裂倒塌、飞机的解体和子弹穿过杯子后所产生的破碎效果等。破碎特效可以增强影视作品画面的震撼力，使影视画面更具有视觉冲击力。制作破碎特效的方法有很多，3ds Max、Maya和Cinema 4D等3D软件都可以利用其软件本身的功能来制作破碎特效，也可以借助上述软件的Rayfire、Thrausi等插件来制作破碎特效。利用3D软件制作出来的破碎效果很逼真很立体，而且可控性强。After Effects也可以模拟制作破碎效果，虽然其效果不及3D软件所制作出来的效果好，但通过巧妙的设置和合成，一样可以制作很出众的破碎效果。在After Effects中制作破碎效果一般使用Shatter插件，它是After Effects的内置插件。Shatter插件可以模拟出真实的物体破碎特效，且模拟出的特效同样具有3D立体效果。除此之外，Shatter插件还可以模拟制作出3D文字，并可以给3D文字的表面赋予不同的材质贴图。模拟真实的反射效果是Shatter插件的另一个巧妙应用，利用Shatter插件模拟出的破碎特效如图8-1所示。

图8-1

8.2 国内外优秀作品赏析

下图是一个LOGO破碎效果演绎动画，该动画展示了碎片快速运动后慢慢汇聚成一个LOGO的形状。该动画特效主要利用Shatter插件制作而成。Shatter插件不能直接制作碎片汇聚成一个物体的动画，它只能制作出物体破碎后四处散开的效果。如果要制作汇聚效果，必须先制作好LOGO破碎分散的效果，然后使用After Effects中的Time【时间】参数项中的Time-Reverse layer【图层时间反转】功能来反转整个动画图层（即让动画反过来运动），从而制作出碎片汇聚成LOGO的效果，如图8-2所示。

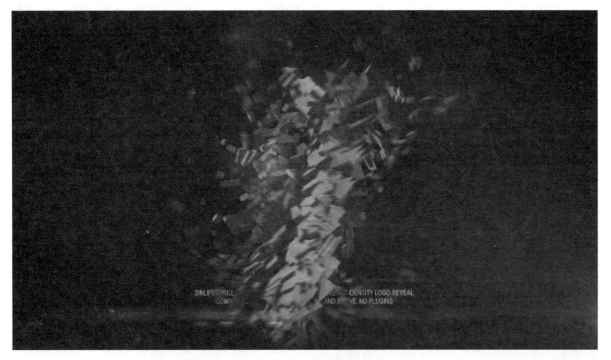

图8-2

通过观察该动画的分镜头可发现，物体破碎后的碎片细节非常丰富，有大碎片也有小碎片、有厚碎片也有薄碎片，且碎片的位置错落有致，运动速度也有快有慢。在制作破碎效果的时候，将Shatter【破碎】层复制多层，再分别给Shatter滤镜设置不同的参数，如改变碎片的厚度、重力、半径和力度等，使每个碎片的效果都与众不同，从而制作出多样化的破碎效果。这样，合成的破碎效果就会更加逼真、细节也会更加丰富，当然，视觉效果也会更吸引人。

为了使该动画的视觉效果更丰富，在本案例中，给破碎特效添加一层烟雾效果，该烟雾效果可以利用著名的Particular插件来制作。添加烟雾元素不仅可以丰富画面元素，还可以凸显破碎动画的剧烈程度，增强画面的震撼力和冲击力。除此之外，还可以在碎片汇聚成LOGO的一瞬间创建一个耀斑效果，该效果可以利用由Videocopilot出品的Optical Flares插件来制作，Optical Flares插件预设了上百个逼真的光学耀斑效果。在破碎特效上添加一个耀斑效果可以增加画面的真实感，起到画龙点睛的作用。LOGO破碎效果的演绎动画如图8-3所示。

下面是另一个利用了Shatter插件来制作破碎效果的优秀案例，该案例是LOGO破碎后变成文字的演绎动画，整个演绎动画动感十足。该演绎动画可以分为两部分，第一部分是LOGO破碎；第二部分是破碎后的碎片汇聚成文字。演绎动画的第二部分动画也是先制作破碎动画，然后通过反转图层将动画反方向进行操作，最终得到文字汇聚的动画。该动画制作的难点是Shatter滤镜中破碎贴图的巧妙使用，在Shatter参数的控制面板中，可以自定义破碎的形状，如可以使物体以砖块、玻璃和方形等各种形状产生破碎，也可以使用自定义图层来作为破碎的形状贴图

（即以指定的贴图形状将物体破碎），如图8-4所示。

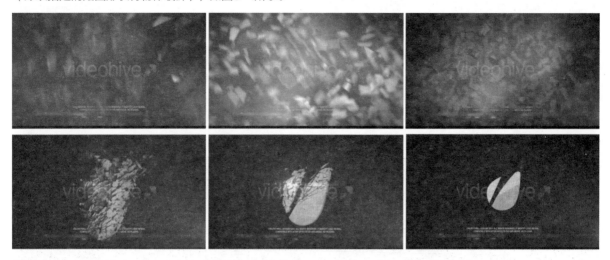

图8-3

图8-4

在本案例第一部分的破碎扩散动画中，通过给基础厚度设置关键帧动画来使厚度由小变大，并通过给破碎半径设置关键帧动画来使破碎的半径由小到大，这样，便得到一个由内向外破碎扩散的效果了。与此同时，本案例也给摄像机设置了关键帧动画。在第一部分的动画中，摄像机镜头慢慢地向LOGO推进；在破碎的过程中，摄像机旋转了180°；LOGO转变成文字后，摄像机再慢慢抽离文字，离文字越来越远。这里同样也应用到了Optical Flares【光学耀斑】来增强整个动画画面的美感。LOGO破碎后变成文字的演绎动画的效果如图8-5所示。

上面介绍的两个案例都是在After Effects中完成的，虽然制作出来的破碎效果很好，但是3D立体感还不是很强，下面介绍一个在3D软件中完成的破碎效果。

该破碎效果是一个App广告中的几个镜头，主要利用Videocopilot的Andrew Kramer插件制作而成。从视觉效果上看，该破碎效果非常绚丽且富有质感。该广告所展示的是玻璃球被摔到地上后，瞬间破碎为成千上万的玻璃碎片。由于玻璃的材质特性，使其具有了反射和折射的物理属性，因此当光线照射到玻璃表面上的时候，众多的玻璃碎片相互反射、相互折射，产生了一种光怪陆离的光线效果。尤其是在广告动画的最后开启了摄像机的景深功能，使光线产生了强烈的虚化效果，同时碎片不断地向着摄像机的方向运动，整个广告画面就产生了亦真亦幻的透视效果，从而增强了画面的立体感和可观赏性。

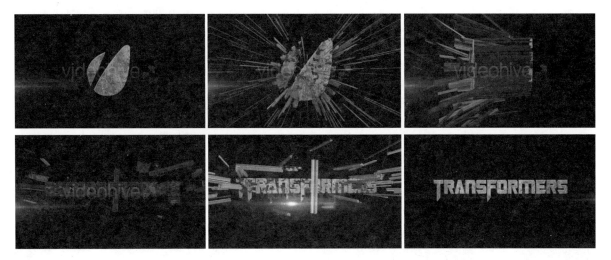

图8-5

本案例与前两个案例相比，制作的步骤相对复杂一些。首先要在3ds Max中创建一个玻璃材质的球体，然后借助第三方插件Rayfire对球体进行破碎处理，形成初步的破碎。为了增加破碎效果的细节，需要对初步形成的碎片进行再破碎处理，这里主要利用3ds Max中的Particle Flow【粒子流】来完成。对初步形成的碎片进行再破碎处理后，重新定义碎片的大小，这样，产生出的碎片数量就会更多、形状也会更加变化多端，最终效果自然就会更逼真。完成破碎动画后，在3ds Max中对带有景深通道的动画序列进行渲染。将这些动画序列导入After Effects中，使用frischulft出品的Depth of Field插件读取序列动画的景深信息，使其产生虚实结合的动态效果，这是整个破碎效果制作过程中很关键的一步，如图8-6所示。

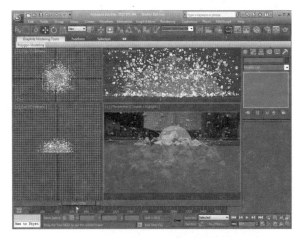

图8-6

最后，需要对广告动画进行润色处理，如对破碎场景进行调色，使之与实拍场景更好地相匹配，使实拍素材与计算机CG动画高度统一。在玻璃球落地的一瞬间，给玻璃球添加一个Optical Flares【光学耀斑】特效，从而增强画面的美感，使玻璃球的破碎效果更动感、更绚丽，如图8-7所示。

图8-7

8.3 Shatter破碎的介绍

Shatter插件可以模拟出物体的破碎、扩散和解体等效果，而且模拟出来的效果3D立体感和可操控性都很强，因此Shatter插件在影视后期制作中用途广泛，使用频率高。除此之外，Shatter插件还可以模拟制作3D文字，并且可以给3D文字的表面赋予不同的材质贴图。其中模拟真实的反射效果是Shatter插件的一个巧妙用法。

Shatter【破碎】滤镜是一种用于制作破碎特效的滤镜，其可操作性强，只需设置简单的几个参数就能完成绚丽的破碎效果。本节内容系统地讲解了Shatter破碎的制作方法，其中包括了Shatter插件的全面介绍以及重要参数的设置与调节，并根据Shatter【破碎】滤镜的一些特性来详解文字破碎效果与墙壁爆炸特效这两个案例的制作。文字破碎效果与墙壁爆炸效果如图8-8所示。

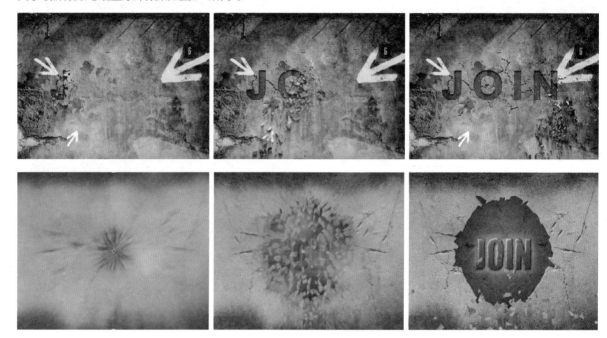

图8-8

在进行案例的具体制作前，先对Shatter【破碎】滤镜的各项参数进行简单的了解。下面具体对其参数面板中的各项参数进行介绍。

STEP 01 新建一个Composition【合成】窗口，将其命名为破碎，并将时长设为5s。导入一张带LOGO的图片到新建的合成窗口中，如图8-9所示。

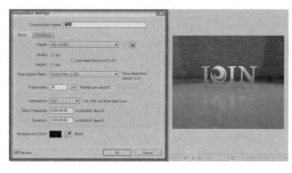

图8-9

STEP 02 选中导入的LOGO图层，在Effect【效果】下的Simulation【模拟】中选择Shatter【破碎】滤镜，拖动时间线指针即可得到一个破碎的效果，如图8-10所示。

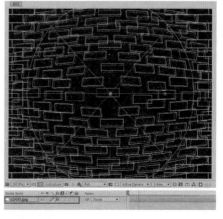

图8-10

STEP 03 此时不能看到LOGO图层的破碎形态，这是因为默认的视图是网格模式。如果要清楚地预览LOGO图层的破碎形态，需要将Shatter【破碎】参数项中的View【视图】改为Rendered【已渲染】，如图8-11所示。

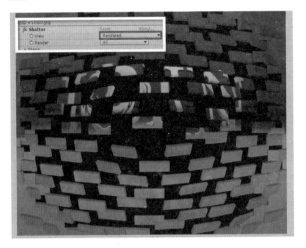

图8-11

STEP 04 展开Shatter【破碎】参数下的Pattern【图案】选项，这里预设了多种图案形状可供选择，如Glass【玻璃】、Hexagon【六边形】和Puzzle【拼图】等图案形状，默认的碎片形状是Bricks【砖块】。这里也可以自定义图案形状，将Pattern【图案】设为Custom【自定义】，便可在Custom Shatter Map【自定义破碎贴图】选项里选择自定义贴图，如图8-12所示。

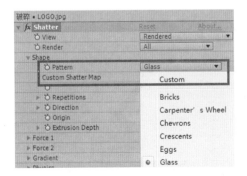

图8-12

STEP 05 Repetition【重复】参数项表示破碎重复的次数，数值越大，重复次数则越大，碎片数量也越多，但渲染速度也越慢。Origin【原点】参数表示破碎的中心点；Extrusion Depth【挤出厚度】参数项表示碎片的厚度。这里尝试将Repetition【重复】设为20，Extrusion Depth【挤出厚度】设为1，如图8-13所示。

图8-13

STEP 06 Force 1【力】参数选项用于控制破碎力度、破碎半径和破碎厚度等参数。Depth【厚度】控制的是从破碎原点到离原点最远的一个碎片的距离，如果厚度值为负数，碎片则往反方向运动。Radius【半径】控制的是破碎区域的半径值。Strength【力度】控制的是物体破碎后碎片向外散开的趋势，力度值越大，碎片向外扩散的趋势就越明显。这里可把Strength【力度】设为30，如图8-14所示。

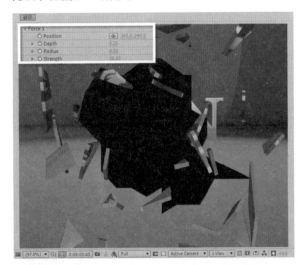

图8-14

STEP 07 Physics【物理学】参数选项可用于控制碎片的物理属性。展开Physics【物理学】参数项，该参数项下的Rotation Speed【旋转速度】用于控制碎片的旋转速度；Tumble Axis【翻转轴向】用于控制碎片向外扩散时沿着旋转的轴向，一般选择Free【自由】；Randomness【随机性】用于调节碎片的速度、旋转等参数的随机性；Viscosity【黏性】用于控制碎片的黏度，黏性值越高，说明碎片的黏性越强、越集中；Gravity【重力】的数值越大，表示碎片受重力的影响越大，碎片向下运动的趋势也越明显，这里将重力值设为70，如图8-15所示。

图8-15

STEP 08 将Camera System【摄像机系统】设置为Camera Position【摄像机位置】或Comp Camera【合成摄像机】，则可以对Shatter【破碎】滤镜的摄像机效果进行控制，即可以选择滤镜自带的摄像机位置或主合成的摄像机。如果选择Camera Position【摄像机位置】，就可以在该滤镜中控制其摄像机的X、Y、Z轴旋转和X、Y、Z轴位置等参数，这里将Y Rotation【Y轴旋转】设为58°，如图8-16所示。

STEP 09 Shatter【破碎】滤镜内置了灯光的控制。展开Lighting【灯光】参数选项，通过该选项可以控制Light Source【光源】、Light Intensity【灯光强度】和Light Color【灯光颜色】等参数来制作出丰富的视觉效果。将Light Color【灯光颜色】设为橘黄色，Light Intensity【灯光强度】设为3，如图8-17所示。

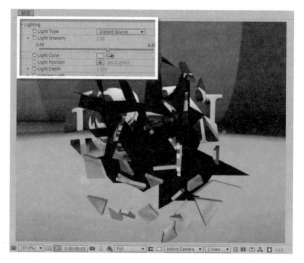

图8-17

STEP 10 此外，还可以对碎片的Material【材质】（如Diffusion Reflection【漫反射】、specular Reflection【高光反射】和Highlight Sharpness【高光锐度】等参数）进行设置，如图8-18所示。

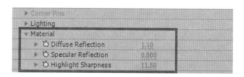

图8-18

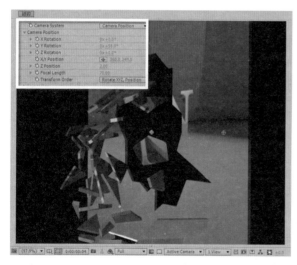

图8-16

8.4 文字的破碎

本节内容主要介绍文字破碎案例的制作。在本案例中，碎片在墙上从左向右依次脱落，最后慢慢显示出文字的形状，整个动画的效果立体逼真且动感十足。本案例涉及了Shatter【破碎】滤镜的全面运用以及滤镜的各类参数设置，动画制作的难点在于如何使碎片刚好沿着文字区域脱落并恰好显示出文字的形状。此外，本节内容还讲解了如何制作碎片的灯光与阴影效果来使整个动画效果更具美感。文字的破碎效果如图8-19所示。

图8-19

8.4.1 制作文字破碎动画

破碎动画可完全由Shatter插件来制作完成,但该动画的制作步骤较多,因此需要理清每一个合成之间的关系,并将相关的合成置于另一个不相关的合成中进行合并。

STEP 01 新建一个合成,将其命名为背景墙,将宽高像素设为720×576,并将时长设为100帧。将本书附赠资源中的"墙"图片文件导入新建的合成窗口中,将Scale【缩放】值设为80,如图8-20所示。

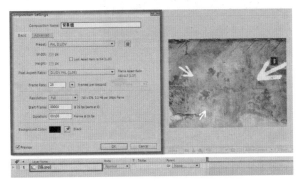

图8-20

STEP 02 继续新建一个合成,将其命名为裂纹字组合,将宽高像素设为720×576,并将时长设为100帧。选择文字工具,在合成窗口中输入文字内容"JOIN",如图8-21所示。

STEP 03 将本书附赠资源中的"裂纹"图片文件拖入到时间线中,并将其置于所有文字图层的上方位置,如图8-22所示。

STEP 04 对合成中的两个元素进行着色。新建一个Adjustment Layer【调节层】,将其置于所有图层的最上方位置。选中新建的调节层,在Effect【效果】下

的Generate【生成】中选择Fill【填充】。在效果控制面板中,展开Fill【填充】参数项下的Color【颜色】参数,将Color【颜色】的RGB数值设为(138,138,138),这样所有位于调节层下方的图层都被填充为灰色了,如图8-23所示。

图8-21

图8-22

图8-23

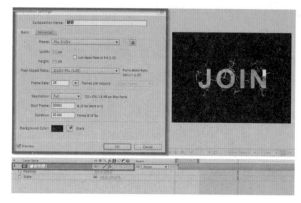

图8-25

STEP 05 继续新建一个合成，将其命名为破碎纹理，设置宽高像素为720×576，并将时长设为100帧。将之前创建的背景墙合成和裂纹字组合合成拖入到新建合成中，并将背景墙合成置于底部。为了使文字具有背景墙的纹理效果，选中背景墙图层，将其轨道蒙版设为Alpha Matte"裂纹字组合"，这样文字就有了背景墙的纹理效果了，同时背景墙图层会作为蒙版消失掉，如图8-24所示。

STEP 07 选中破碎纹理图层，在Effect【效果】下的Simulation【模拟】中选择Shatter【破碎】滤镜效果，将该效果添加给破碎纹理图层，默认效果如图8-26所示。

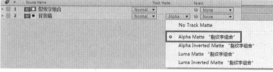

图8-24

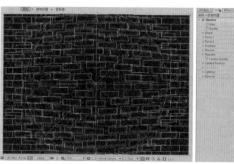

图8-26

STEP 06 下面开始制作文字的破碎效果，文字的破碎效果由多个破碎合成组成，这样可以使破碎效果的细节更加丰富。新建一个Composition【合成】，将其命名为破碎，将Preset【预设】设为PAL/D1/DV（即标准的电视格式）。将Frame Rate【帧速率】设为25 Frames Per Second【25帧/每秒】，宽高像素设为720×576；并将时长设为100帧，合成的背景颜色设为黑色。将之前创建的破碎纹理合成导入新建的合成窗口中，此层将作为破碎的主合成，如图8-25所示。

STEP 08 由于Shatter插件渲染时占用的内存较多，预览时并不流畅，因此默认的视图方式为Wireframe + Force【线框+力】，这样可以加快渲染速度与预览速度。为了便于观察，这里将视图方式设为Rendered【渲染】，这样就可以直观地观察文字破碎的动画效果了。展开Shape【形状】参数项，将Pattern【图案】设为Glass【玻璃】，这样碎片的效果就更加随机化和多样化了。此时，碎片的数量明显偏少且差异化不够明显，将Repetitions【重复】设为60，该数值越大，碎片的重复次数就越明显，碎片数目也越多，碎片的差异化也就越明显。将Extrusion Depth【挤出厚度】设为0.1，展开Force 1【力1】参数项，将Depth【厚度】设为0.05，Radius【半径】值设为0.2。由于要制作的是破碎脱落的效果，故将Strength【力度】设为0.5，如图8-27所示。

图8-27

STEP 09 展开Force 1【力1】参数项，将时间线指针移动到10帧位置，将Position【位置】设为（-30，283）；再将时间线指针移动到83帧位置，将Position【位置】设为（650，283），如图8-28所示。

图8-28

STEP 10 继续调节碎片参数。展开Physics【动力学】参数项，将Rotation Speed【旋转速度】设为1，Randomness【随机性】设为1，Mass Variance【最大变化】设为25%，并将Render【渲染】设为Pieces【片状】，如图8-29所示。

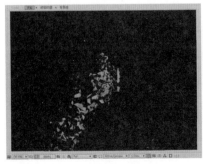

图8-29

STEP 11 在工程面板选择破碎合成，按快捷键Ctrl+D将其复制一层，并将复制所得的合成重命名为破碎遮罩，如图8-30所示。

STEP 12 展开Force 1【力1】参数项，将Strength【力度】设为0。展开Physics【物理学】参数项，分别将Rotation Speed【旋转速度】、Randomness【随机】和Viscosity【黏度】都设为0，这样就得到一个文字的显示动画了，如图8-31所示。

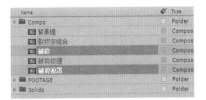

图8-30

图8-31

STEP 13 继续新建一个合成，将其命名为镂空LOGO，将宽高像素设为720×576。将裂纹字组合和破碎遮罩两个合成导入新建的合成窗口中，如图8-32所示。

图8-32

STEP 14 选中裂纹字组合图层，将其轨道蒙版设为Alpha Matte "破碎遮罩"，如图8-33所示。

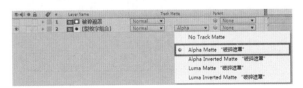

图8-33

STEP 15 继续新建一个合成，将其命名为主合成，并将该合成作为最终合成。将之前创建的背景墙合成、镂空LOGO合成和破碎合成导入主合成的合成窗口中，并将镂空LOGO合成的图层混合模式设为Multiply【正片叠底】，如图8-34所示。

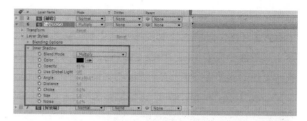

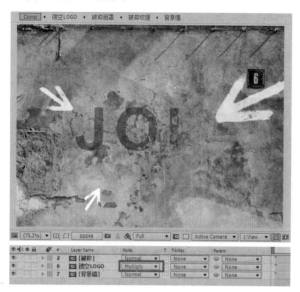

图8-34

STEP 16 为了使文字更具有立体感，使其看起来像是雕刻在墙壁上一样，这里给文字添加图层样式。选中镂空LOGO图层，在Layer【图层】的Layer Style【图层样式】参数项中选择Inner Shadow【内投影】。展开Inner Shadow【内投影】参数，将Blend Mode【混合模式】设为Multiply【正片叠底】，Color【颜色】设为黑色，Opacity【不透明度】设为85%，Angle【角度】设为90°，Distance【距离】设为4，Choke【堵塞】设为0，Size【大小】值设为5，Noise【噪波】设为0，如图8-35所示。

STEP 17 此时可以看到文字已经具有一定的立体效果了，但其看起来没有光泽，因此需要给文字继续添加其他的图层样式。选中镂空LOGO图层，在Layer【图层】的Layer Style【图层样式】参数项中选择Bevel and Emboss【斜面与浮雕】。展开该样式参数，将Style【样式】设为Outer Bevel【外部倒角】，Depth【厚度】设为126，Direction【方向】设为Down【向下】，Size【大小】值设为0，Angle【角度】设为90°，Highlight Mode【高光模式】设为Color Dodge【颜色减淡】，如图8-36所示。

图8-35

图8-36

至此，文字破碎的初步动画效果已经完成了。

8.4.2 优化文字破碎动画的效果

文字破碎动画效果初步完成后，通过观察可发现此时的碎片比较平淡无奇。为了使碎片的效果更逼真、更具有立体感，可以在原来的文字破碎动画基础上给文字添加灯光、投影等效果。

STEP 01 给碎片添加投影效果。回到主合成的工程面板，选择破碎图层，按快捷键Ctrl+D将其复制一层，将复制所得的图层重命名为投影1，如图8-37所示。

图8-37

STEP 02 选择投影 1图层，在Effect【效果】下的Generate【生成】中选择Fill【填充】。展开Fill【填充】参数项，将Color【颜色】设置为纯黑色。接着在Effect【效果】下的Blur & Sharpen【模糊&锐化】中选择CC Radial Blur【CC径向模糊】，展开该参数项，将Type【类型】设为Fading Zoom【衰减缩放】，Amount【数量】值设为3；将Center【中心】设为（360，-950），并将投影 1图层的Opacity【不透明度】设为74%，这样碎片的下面就产生一层阴影效果了，如图8-38所示。

图8-38

STEP 03 为了使文字的投影效果更加逼真和丰富，选中投影 1图层，按快捷键Ctrl+D将其复制一层，将复制所得的图层重命名为投影 2。稍微修改该图层的CC Radial Blur【CC径向模糊】参数，将Amount【数量】值设为20，这样碎片就得到两层丰富的投影效果了，如图8-39所示。

图8-39

STEP 04 给碎片添加灯光效果。双击破碎合成，进入该合成，展开Shatter【破碎】滤镜的参数项，将Lighting【灯光】参数下的Light Type【灯光类型】设为First Comp Light【第一合成灯光】，如图8-40所示。

STEP 05 在该合成窗口中新建一个灯光，将其命名为Light 1。在灯光设置面板中将Light Type【灯光类型】设为Point【点光源】，Intensity【强度】设为200%，如图8-41所示。

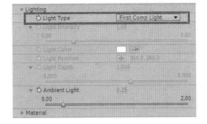

图8-40

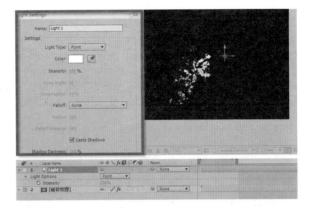

图8-41

STEP 06 将灯光置于碎片的最上方，模拟光线垂直从上方照射下来的效果。将Light 1图层的Position【位置】设为（390，-210，-270），如图8-42所示。

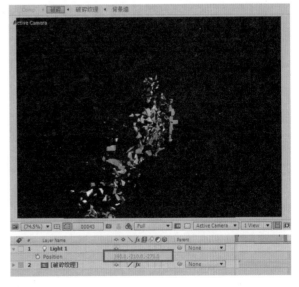

图8-42

STEP 07 回到主合成的合成窗口，仔细观察后可以发现合成窗口中只有一层的碎片，碎片的效果不是很丰富。为了增加破碎细节的复杂度，可以继续创建一层碎片，不过新创建的碎片的大小必须和原碎片的大小有所区

第8章 内置破碎特效 | 123

别。在工程面板中，选中破碎合成，按快捷键Ctrl+D将其复制一层，将复制所得的合成重命名为破碎粒子。双击该合成，进入该合成中，对破碎纹理图层的Shatter【破碎】滤镜的参数作一些修改。在调节Shatter【破碎】滤镜参数前，先对破碎的区域作一些修改。这一层碎片产生的区域是在文字的边缘区域，所以需要先定义出文字的边缘区域。将Shatter【破碎】效果暂时关闭，选中破碎纹理图层，在Effect【效果】下的Matte【遮罩】中选择Simple Choker【简单堵塞】。展开Simple Choker【简单堵塞】参数项，将Choke Matte【堵塞遮罩】设为4，如图8-43所示。

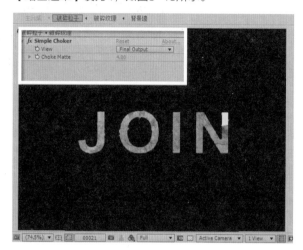

图8-43

STEP 08 在Effect【效果】下的Channel【通道】中选择Invert【反转】，将Invert【反转】参数项下的Channel【通道】设为Alpha，如图8-44所示。

图8-44

STEP 09 继续在Effect【效果】下的Channel【通道】中选择Set Matte【设置遮罩】，展开Set Matte【设置遮罩】参数项，取消勾选Stretch Matte to Fit【拉伸遮罩以适应】选项。这样便得到了一个文字的描边效果，此时文字将作为破碎粒子产生的区域，如图8-45所示。

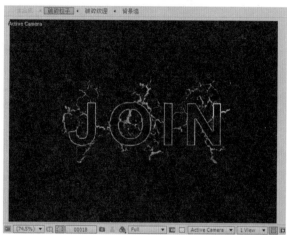

图8-45

STEP 10 对Shatter【破碎】参数进行调节。展开Shape【形状】参数栏，将该栏下的Pattern【图案】设为Crescents【月牙】；将Repetition【重复】设为200，Extrusion Depth【基础厚度】设为0.05；将Force 1【力1】设为1.75，如图8-46所示。

图8-46

STEP 11 回到主合成的工程面板，将刚刚创建的破碎粒子合成导入主合成中，并将其置于投影1图层和破碎图层之间，如图8-47所示。

STEP 12 对破碎粒子的颜色作调节。选择破碎粒子图层，给其添加Effect【效果】下的Color Correction【校色】中的Curves【曲线】效果器。通过调节曲线来提高一点粒子的亮度，如图8-48所示。

图8-47

图8-49

 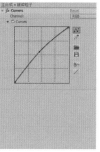

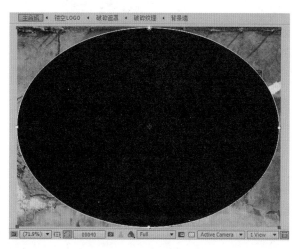

图8-48

图8-50

STEP 13 为了使破碎粒子更加接近真实粒子的运动效果，可以给破碎粒子图层添加Motion Blur【运动模糊】效果。但是Shatter插件没有内置的运动模糊效果，打开图层的运动模糊开关也没有用，此时可以借用CC Force Motion Blur【CC强制运动模糊】效果器来模拟运动模糊效果。选中破碎粒子图层，在Effect【效果】下的Time【时间】中选择CC Force Motion Blur【CC强制运动模糊】，如图8-49所示。

STEP 14 为了使整个画面看起来具有电影效果，可以给画面添加一个暗角元素，使观众的注意点聚焦在画面的中心位置。新建一个黑色的固态层，将其命名为暗角，使用工具栏中的Ellipse Tools【椭圆工具】在该固态层上绘制一个椭圆，如图8-50所示。

STEP 15 选中暗角固态层，双击快捷键M来展开遮罩参数项，将Mask 1【遮罩1】设为Subject【减去】；将Mask Feather【遮罩羽化】值设为200。单击快捷键T，展开图层的Opacity【不透明度】参数，将其数值设为45%，如图8-51所示。

STEP 16 至此，文字破碎的效果已经全部制作完成了。从整体上来看，该文字动画的效果动感十足，且具有逼真的立体感，再加上暗角的点缀，使其看起来颇有电影片头标题的风格。文字破碎的最终效果如图8-52所示。

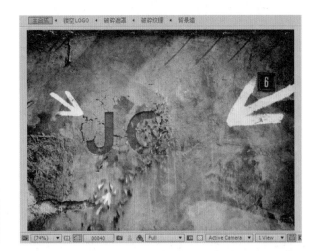

图8-51

图8-52

8.5 墙壁的爆炸

本节内容主要介绍墙壁爆炸破碎后显示出LOGO文字的动画的制作，重点讲解了Shatter【破碎】滤镜的参数的设置与调节，以及如何使用Particular插件来制作灰尘和烟雾效果。墙壁爆炸破碎后显示出LOGO文字的动画效果如图8-53所示。

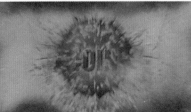

图8-53

8.5.1 制作墙壁破碎动画

要制作墙壁破碎动画，首先要对背景墙壁进行简单的设置与调节，并给墙壁添加Shatter【破碎】效果来制作出爆炸破碎特效，最后再制作出在墙壁的破碎区域显示出LOGO文字的动画效果。

STEP 01 新建一个合成，将其命名为墙壁破碎，将宽高像素设为1024×576，将本书附赠资源中的"BG_Cracked"贴图文件导入新建的合成窗口中，如图8-54所示。

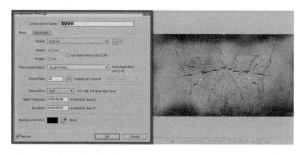

图8-54

STEP 02 选中BG_cracked图层，给其添加Effect【效果】下的Simulation【模拟】中的Shatter【破碎】滤镜。展开Shatter【破碎】参数项，将View【视图】设为Rendered【渲染】；将Shape【形状】参数下的Pattern【图案】设为Glass【玻璃】，如图8-55所示。

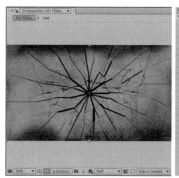

图8-55

STEP 03 展开Force 1【力1】参数项，在Radius【半径】参数上设置关键帧。将时间线指针移动到1s02帧位置，将Radius【半径】值设为0；再将时间线指针移动到1s10帧位置，将Radius【半径】值设为0.2，如图8-56所示。

STEP 04 展开Force 1【力1】参数项，将Strength【力度】设为2。展开Physics【物理学】参数项，将Rotation Speed【旋转速度】设为0.5。展开Shape【形状】参数项，将Repetition【重复】设为68，如图8-57所示。

STEP 05 给BG_cracked图层添加破碎效果后，破碎区域变成了一块透明区域，现在需要在其背后添加一个背景层。将同样的BG_cracked图层导入合成中并将图层置于最底部，这样BG_cracked图层就成了透明区域背后的背景层了。但此时的BG_cracked背景层与上一图层完全是一样的，为了进行区别，下面对该背景层进行调节。选中BG_cracked背景层，在Effect【效果】下的Color Correction【校色】中选择Hue/Saturation【色相/饱和度】效果器。展开该效果器的参数面板，将Master Hue【主色相】设为38°；将Master Lightness【主亮度】设为-42，如图8-58所示。

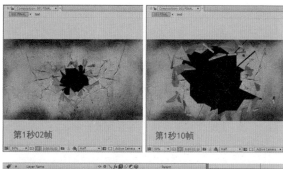

图8-56

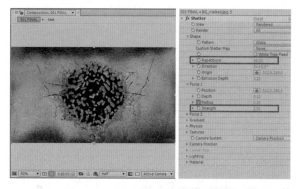

图8-57

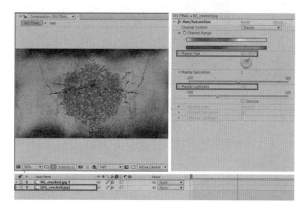

图8-58

STEP 06 为了使破碎的墙壁看起来更具3D立体感，给BG_cracked图层添加一些其他的效果。选中BG_cracked图层，在Effect【效果】下的Perspective【透视】中选择Bevel Alpha【Alpha倒角】。展开Bevel Alpha【Alpha倒角】参数项，将Edge Thickness【边缘厚度】设为3，Light Angle【灯光角度】设为-70°，如图8-59所示。

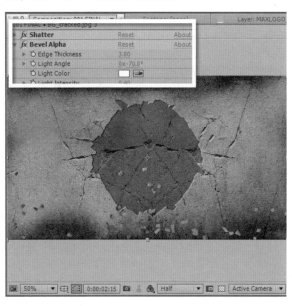

图8-59

STEP 07 选中BG_cracked图层，继续在Effect【效果】下的Perspective【透视】中选择Drop Shadow【投影】。展开Drop Shadow【投影】参数项，将Opacity【不透明度】设为100%，Distance【距离】设为0，Softness【柔和】设为460，如图8-60所示。

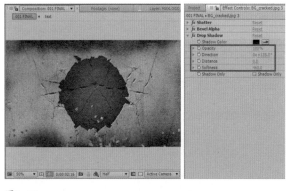

图8-60

STEP 08 观察动画效果，可以发现此时碎片的运动速度较大，根据物体真实的运动属性，此时的碎片应该出现运动模糊效果。一般情况下，在Time【时间】中选择CC Force Motion Blur【CC 强制运动模糊】滤

镜，但该滤镜的渲染耗时较长，不利于进行预览观察。这里使用另一种方法来模拟运动模糊效果，选中BG_cracked图层，在Effect【效果】下的Blur & Sharpen【模糊&锐化】中选择CC Radial Fast Blur【CC径向快速模糊】滤镜，并在该滤镜上设置关键帧动画。将时间线指针移动到1s12帧位置，将Amount【数量】值设为65；再将时间线指针移动到2s位置，将Amount【数量】值设为0，如图8-61所示。

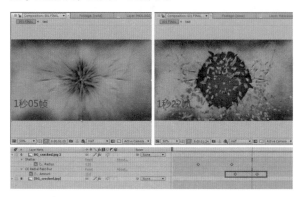

图8-61

STEP 09 通过观察可发现，在受到CC Radial Fast Blur【CC径向快速模糊】滤镜的影响后，BG_cracked图层在0帧位置也具有模糊效果了，这样不符合物体真实的运动情况。为了避免这种情况出现，将本书附赠资源中的"BG_smooth"贴图导入该合成中，将其置于BG_cracked图层的上方。按快捷键T，展开Opacity【不透明度】参数项。将时间线指针移动到21帧位置，将Opacity【不透明度】设为100%；再将时间线指针移动到1s01帧位置，将Opacity【不透明度】设为0，这样在破碎动画的起始位置便不会出现模糊效果了，如图8-62所示。

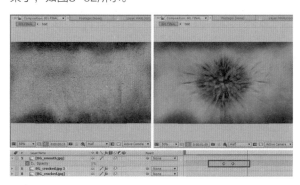

图8-62

STEP 10 创建墙壁破碎后在破碎区域显示出来的LOGO文字。新建一个合成，将其命名为文字，将宽高像素设为1024×576，并将时长设为5s。选择文字工具，

输入"JOIN"文字内容,文字颜色设置为任一颜色即可,如图8-63所示。

图8-63

STEP 11 选中文字图层,在Effect【效果】下的Generate【生成】中选择Ramp【渐变】。展开Ramp【渐变】参数项,将Start Color【起始颜色】的RGB数值设为(114、156、143),End Color【结束颜色】的RGB数值设为(0、0、0),如图8-64所示。

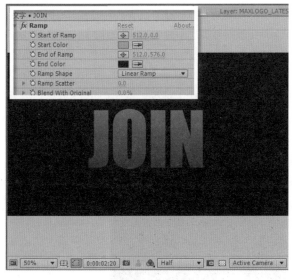

图8-64

STEP 12 在Effect【效果】下的Stylize【风格化】中选择Roughen Edges【粗糙边缘】。展开Roughen Edges【粗糙边缘】效果的控制面板,将Edge Type【边缘类型】的类型设为Rusty Color【生锈颜色】,并将Edge Color【边缘颜色】的RGB数值设为(153、51、0)。将Border【边界】设为5,Edge Sharpness【边缘锐度】设为2.09,Fractal

Influence【分形影响】设为1,Scale【缩放】值设为100,Stretch Width or Height【拉伸宽度和高度】设为0,Offset(Turbulence)【紊乱偏移】设为(0,0),Complexity【复杂度】设为2,Evolution【演变】设为25°。这样,在文字的边缘就形成一个粗糙的边缘效果了,文字效果看起来也更生动、更加有活力了,如图8-65所示。

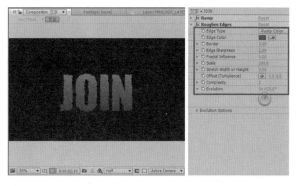

图8-65

STEP 13 继续添加其他的效果,使文字更具立体感。在Effect【效果】下的Perspective【透视】中选择Bevel Alpha【Alpha 倒角】,展开Alpha【Alpha 倒角】参数项,将Edge Thickness【边缘厚度】设为4,其他参数值保持不变,如图8-66所示。

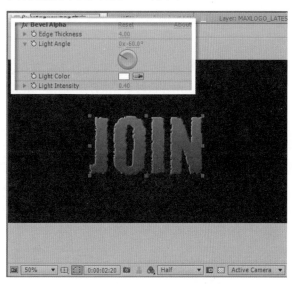

图8-66

STEP 14 回到墙壁破碎主合成,将上面创建好的文字图层导入合成窗口中,如图8-67所示。

STEP 15 此时,文字图层的效果还不够明显,下面继续给文字添加其他效果。选中文字图层,给其添加Effect【效果】下的Stylize【风格化】中的Glow【辉光】效果，并将Glow Threshold【发光阀值】设为50%，如图8-68所示。

图8-67

图8-68

STEP 16 在Effect【效果】下的Perspective【透视】中选择Drop Shadow【投影】，展开Drop Shadow【投影】参数项，将Opacity【不透明度】设为100%，Distance【距离】设为0，Softness【柔和度】设为50，其他参数保持不变。将Drop Shadow【投影】复制一层，修改复制后图层的参数。将Shadow Color【投影颜色】设为白色，Distance【距离】设为0，Softness【柔和度】设为120，如图8-69所示。

图8-69

8.5.2 创建破碎效果的其他附加元素

破碎动画制作完成后，为了使整个动画的视觉效果更丰富，可以给动画效果添加其他的辅助元素，这里主要给破碎动画添加破碎时所产生的烟雾效果。

STEP 01 新建一个固态层，将其命名为烟雾，将宽高像素设为1024×576。将其置于所有图层的最上方位置，并将该图层的起始位置拖到24帧位置，如图8-70所示。

图8-70

STEP 02 选中烟雾图层，在Effect【效果】下的Trapcode中选择Particular，展开Particular效果的控制面板，给Emitter【发射器】选项下的Particles/sec【每秒发射粒子数】设置关键帧动画。将时间线指针移动到24帧位置，将Particles/sec【每秒发射粒子数】设为100；再将时间线指针移动到1s20帧位置，将Particles/sec【每秒发射粒子数】设为0。将Emitter Type【发射器类型】设为Box【方形】；将Direction【方向】设为Outwards【向外】；将Velocity Distribution【速度发散】设为1；将Emitter Size X【X轴发射器轴大小】设为417，Emitter Size Y【Y轴发射器大小】设223，Emitter Size Z【Z轴发射器大小】设为50，并打开烟雾图层的独显开关，如图8-71所示。

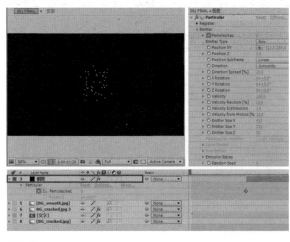

图8-71

STEP 03 展开Particle【粒子】参数项，将Life【生命】值设为1，Particle Type【粒子类型】设为Cloudlet【云朵】，Size【大小】值设为70，Opacity【不透明度】设为15，Opacity Random【不透明度随机】设为100%。将Set Color【设置颜色】设为Over Life【贯穿生命】；将Transfer Mode【变化模式】设为Screen【屏幕】，如图8-72所示。

STEP 05 给整个合成进行着色。新建一个Adjustment Layer【调节层】，将其重命名为着色，如图8-74所示。

图8-74

STEP 06 选中着色图层，在Effect【效果】中的Color Correction【校色】中选择Curves【曲线】。展开Curves【曲线】效果器的控制面板，将整个合成调节为蓝绿色，如图8-75所示。

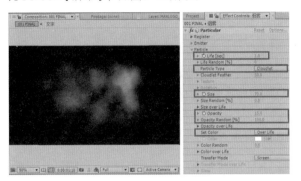

图8-72

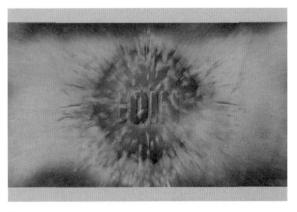

图8-75

STEP 04 关闭烟雾图层的单独显示开关，打开全部图层的显示开关，效果如图8-73所示。

STEP 07 着色完成后，合成的颜色效果如图8-76所示。

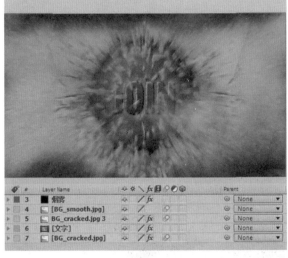

图8-73

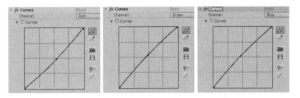

图8-76

至此，墙壁爆炸破碎效果的制作已经全部完成了，最终效果如图8-77所示。

 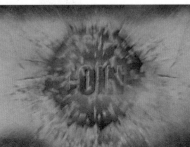 

图8-77

第8章 内置破碎特效 | 131

第9章 高级抠像应用

本章内容
- 抠像技术的介绍与发展
- 抠像技术的应用
- 国内外优秀案例赏析
- KeyLight抠像应用
- PowerMatte高级智能抠像

本章内容主要介绍抠像技术的发展与应用,我们将通过本章的案例来介绍内置抠像插件KeyLight和第三方抠像插件PowerMatte的高级应用,并通过几个实例的制作来充分讲解这两款主流抠像插件的使用技巧。

KeyLight和PowerMatte是目前After Effects后期合成中使用最广泛、抠像效率最高的两款插件,其中KeyLight已经被Adobe公司内置到After Effects里,在实际抠像应用中它们各有所长。学习并掌握这两款抠像插件对于解决各种复杂的抠像任务有很大的帮助。

9.1 抠像技术简介

抠像通俗地说就是利用软件将视频素材中的人物保留下来,把原来的背景替换成其他需要用到的背景。"抠像"一词是从早期的电视制作中得来的,英文称作"Key",意思是吸取画面中的某一种颜色作为透明色,将它从画面中抠去,从而使背景透出来,形成二层画面的叠加合成。这样,在室内拍摄的人物经过抠像处理后便可以与各种景物叠加在一起,最后形成神奇的艺术效果。基于抠像的这种神奇功能,抠像技术很快就被应用到了影视方面。

在早期的影视制作中,抠像技术需要昂贵的硬件作支持,而且对拍摄的背景要求很严格(需在特定的蓝色背景下进行拍摄)。除此之外,抠像技术对拍摄光线的要求也很严格。如今的硬件设备已经能轻松地达到抠像技术所需的拍摄要求,但价格却令人望而生畏,是许多中小单位所不能承受的。如今很多的非线性编辑软件(如After Effects)都具有抠像技术,而且这些软件对抠像的背景颜色的要求也不会十分严格,但这些软件在非线性编辑时往往需要与视频采集压缩和高速硬盘配合起来,操作起来有一定的难度。Premiere是一款通用的非线性编辑软件,它的Key功能与其他的特技配合起来使用能够达到很好的抠像效果。如今,抠像技术已经成为影视后期合成中的一项重要技术,它是将实拍人物与虚拟背景混合在一起的最佳手段,如图9-1所示。

图9-1

9.2 抠像技术的应用

随着影视行业的不断发展,影视作品的后期合成对抠像技术的依赖程度越来越大。如今,抠像技术已经被广泛地应用到各种影视作品和栏目包装项目中。如果没有抠像技术,一些卖座、震撼的3D大片就无法被制作出来了，如《阿凡达》《变形金刚》这些好莱坞大片，都是利用抠像技术将拍摄所得的镜头素材和梦幻、绚丽的背景画面进行合成，从而制作出富有画面感的3D画面。

在影视拍摄过程中，经常会有一些场景无法通过实际拍摄所得或由于经费预算有限而不能进行拍摄，如高空跳落、爆破这些高危险性的镜头及千军万马的行军、战斗场景，这些需要动用到大量人力物力的宏伟镜头都必须利用抠像技术来获得。如果想要得到较好的抠像效果，通常会采用蓝幕或绿幕作为背景来进行拍摄，拍摄完成后再对镜头画面进行后期抠像、合成等处理。

一般来说，影视节目利用抠像技术进行制作的流程大致可以分为前期准备、实际拍摄与素材采集和后期制作3个阶段。其中前期准备阶段指的是脚本策划以及准备好各种镜头拍摄时所涉及的元素和道具。实际拍摄与素材采集阶段是利用摄像机记录画面，并将拍摄好的镜头素材内容上传到后期制作工作站的阶段。而后期制作阶段就是通过综合运用各种抠像软件将实际拍摄好的镜头素材的前景画面从背景中分离出来，再借助合成、跟踪和三维等辅助软件将抠出的前景画面和需要进行拼接的背景画面进行合成，最后通过剪辑形成完整影片的阶段，如图9-2所示。

图9-2

9.3 国内外优秀作品赏析

在一个时尚USB的广告中，就运用了抠像技术来表现出广告画面的炫动感。该广告片分为3个舞蹈秀片段，每个片段都将不同的粒子效果与舞蹈演员的华丽动作巧妙地结合起来。动作表演结束时，画面中优美的粒子效果就会转移到USB上形成USB表面上的装饰图案，如图9-3所示。

限制而不能由拍摄所得到的，必须使用抠像技术将舞蹈演员的动作与各种不同的背景图进行合成，如图9-4所示。

图9-3

图9-4

通过实际的拍摄过程和最终广告效果的对比图可以清晰地看到该广告是利用绿屏抠像技术与动态CG元素再配合演员华丽的舞蹈动作进行合成后制作完成的。但由于广告中所需要的场景过于丰富，或气候、季节的

下图是一个保健药品的广告画面，该广告讲述的是一对夫妻在登山过程中，丈夫不小心滑了一跤，幸亏得妻子及时拉住才免于掉下山崖，最后经过两个人的相互帮助，终于成功地爬上了雪峰的顶端。最后两个人在山顶合影时，摄像机快速拉远使画面切换到药品的产品包装特写上。在短短的广告时间内，画面就交代了一个完整的故事，并把最终画面自然地切换到产品的定版画面上，一方面广告的剧情连续性需要抠像技术的配合，另

第9章 高级抠像应用 | 133

一方面，产品定版画面的切换过程在抠像技术的作用下得以顺畅地进行。该广告的最终定版画面如图9-5所示。

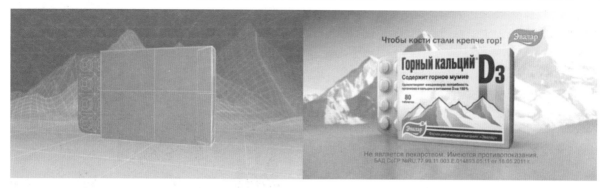

图9-5

从真实的拍摄过程与广告画面的对比图中可以清晰地看到演员实际上是在室内的一个简单搭建的钢架上完成拍摄的。由于攀爬真实的雪峰是非常危险的，而且机位架设非常困难，所以必须借助抠像技术来进行后期制作处理。摄影棚里的蓝屏背景是方便后期抠像而设置的，从镜头上分析，这是一个向上平移摄像机的拍摄过程，而蓝屏上的白点起到的是跟踪作用。总体来说，这个广告不仅用到了蓝绿屏抠像技术，而且还用到了摄像机追踪技术。真实的拍摄过程与广告画面的对比图如图9-6所示。

图9-6

下图是一个国外的航空公司广告，摄像机跟随着演员从办公室走到街区再到住宅，最后登上飞机飞到自己想去的地方。整个广告以简洁的步骤和操作来展示该航空公司在服务和工作上的高效率。在广告中，观众所看到的是一气呵成的地点转移的连续镜头，但在实际拍摄过程中这些镜头都是在同一摄影棚内通过分镜拍摄完成的，最后再通过后期的抠像处理与合成将拍摄所得的镜头组接起来，如图9-7所示。

通过对比图可以看到这个案例不同于以上两个案例，在本案例的广告实际拍摄过程中，除了人物以外，其他的大部分物件都得以保留下来，只有墙和地板用绿屏抠像作后期处理。这是由于在实际拍摄中，真实的元素越多，最终的广告画面效果看起来就会越真实。广告的实际拍摄场景与最终经过抠像合成后所得的广告效果对比图如图9-8所示。

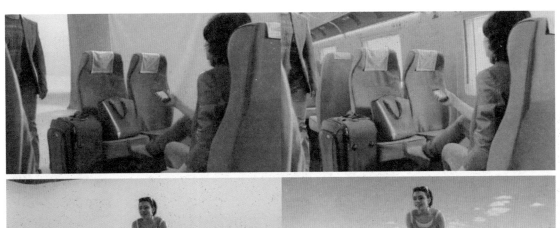

图9-7

图9-8

目前KeyLight和PowerMatte是After Effects后期合成中使用最广泛、抠像效率最高的两款插件,其中KeyLight已经被Adobe公司内置到After Effects里,在实例抠像中它们各有所长。学习并掌握这两款抠像插件基本上能够解决各种复杂的抠像任务。

本章内容重点对KeyLight和PowerMatte插件的参数和功能进行了讲解,并结合案例来完成复杂的抠像,其中KeyLight主要用于绿屏或者蓝屏的动态抠像,这个插件的优秀算法使视频中的阴影和反射都能被很好地保留。而PowerMatte擅长处理复杂背景和带有毛发边缘的前景抠像,在操作上不需要复杂的设置就能得出很好的效果。本章用3个不同类型的实例应用演示来展示它们各自的优势和使用技巧,如图9-9所示。

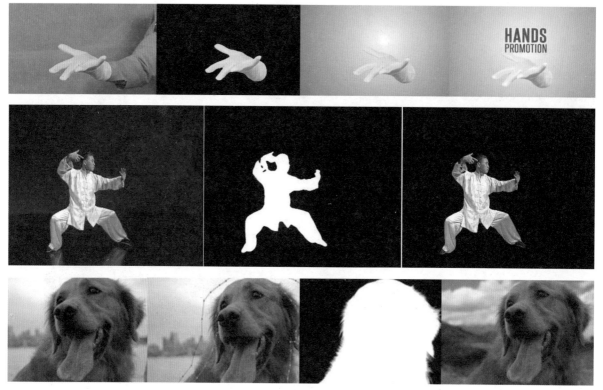

图9-9

9.4 KeyLight抠像应用

在进行案例的具体制作前,我们先对KeyLight这个插件作简单的介绍。它是业界领先的视觉特效软件开发商The Foundry公司旗下的一款优秀抠像工具,目前推出了获得过学院奖的蓝屏和绿屏抠像软件 Keylight for Autodesk Combustion和Adobe After Effects标准版桌面软件。Keylight支持广泛的先进平台,包括Autodesk Inferno、Flame、Flint、Fire和Smoke系统,以及Shake、Avid DS 和专业版本的Adobe After Effects,是一个屡获殊荣并经过产品验证的蓝绿屏幕抠像插件。KeyLight容易操作,并且非常擅长处理反射、半透明区域和毛发边缘。由于抑制颜色溢出是内置的,因此抠像效果看起来更加像是照片,而不是合成的。

早在After Effect 还是7.0版本时Adobe公司就已经把KeyLight内置到软件里,并通过几年的研发和更新,现在集成在最新版的After Effect CS6里。

9.4.1 蓝绿屏抠像技法

KeyLight的抠像应用可分为蓝绿屏抠像技法和综合抠像技法,下面将用两个典型的案例来详细讲解这个插件的使用技巧。首先对蓝绿屏抠像技法作介绍,如图9-10所示。

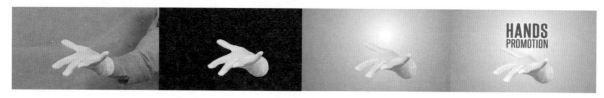

图9-10

STEP 01 新建一个Composition【合成】窗口,将其命名为手。根据素材的属性对分辨率和帧速率进行设置,再把抠像素材拖入到合成窗口中,如图9-11所示。

图9-11

这是一个只有3s的手势运动,从视频素材中可以看到背景和演员的手臂部分都被绿布包裹着,但是画面右边有一部分却没有被包裹。此时观察画面的运动,发现从开始到结束时手的位置都没有和肩膀部分重合,因此可以用垃圾蒙版来直接去掉被绿布包裹的这些部分,如图9-12所示。

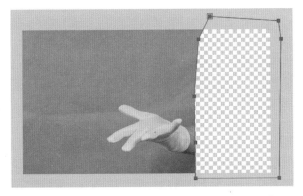

图9-12

STEP 02 排除了干扰元素后,在Effect【效果】菜单目录下找到Keying【键控】,在分类中选择Key Light(1.2)并将其加入到视频素材上。并单击选择插件参数Screen Color【屏幕颜色】右边的吸管工具,移动鼠标到素材背景的绿布上取样,如图9-13所示。

取样后可以发现绿色的背景已经被自动抠除了,但是仔细观察后可以发现画面中仍然有一些瑕疵没有处理好。此时就要用插件自带的参数选项来进一步调整抠像的效果。

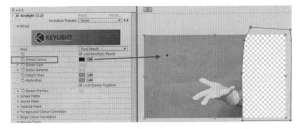

图9-13

STEP 03 Screen Color【屏幕颜色】参数下有两个专门控制抠像输出的参数,它们分别是Screen Gain【屏幕增益】和Screen Balance【屏幕平衡】,通过调整这两个参数的数值可以观察到合成窗口中的变化。为了更仔细地观察细节,可以在View【预览】模式中选择Screen Matte【屏幕蒙版】或者Combined Matte【合并蒙版】来以黑白图像区分前景和背景,如图9-14所示。

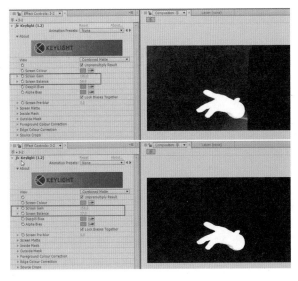

图9-14

通过观察可以看出,提高Screen Gain【屏幕增益】的数值和降低Screen Balance【屏幕平衡】的数值可以使抠像效果进一步提高。

STEP 04 调节Screen Matte【屏幕蒙版】的参数来优化合成窗口中的前景元素,如图9-15所示。

从效果图中可以看到降低Screen Matte【屏幕蒙版】下的Clip White【修剪白色】后,手下方的像素重新被找回了。

STEP 05 将View【预览】模式重新调回到Final Result【最终效果】模式,此时可以看到前景的边缘被一圈黑边包围住。要解决这个问题需要找到Screen Matte【屏幕蒙版】下的Screen Shrink/Grow【屏幕收缩/增益】，并将该数值设定在-1.5左右，如图9-16所示。

察，如图9-18所示。

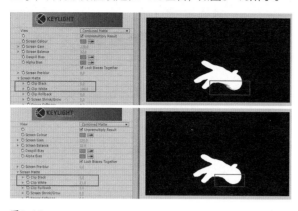

图9-15

图9-18

此时，不难发现当前景存在运动模糊时，并不能很好地还原原视频的边缘模糊效果，这是因为插件只能计算并移除相应的颜色而不能计算前景的运动状况。后来在Adobe After Effects CS5版本后新增了一个叫Refine Matte【修正蒙版】的插件，它与KeyLight的配合使用可以很好地解决运动模糊时的抠像问题，如图9-19所示。

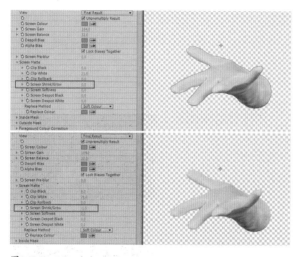

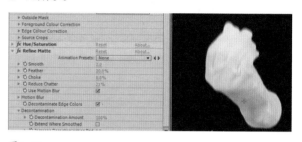

图9-19

图9-16

在Effect【效果】菜单的Matte【蒙版】分类中找到Refine Matte【修正蒙版】插件，可以发现加上该插件特效后，不需要调节任何参数，运动模糊的效果就已经出来了。当然也可以通过这个插件来修正边缘的一些细节问题如收缩、羽化和色溢等。

此时可以看见前景边缘的黑边已经消除了，这样基本上就干净地抠出了前景元素。为了解决手的偏色问题，可以给其添加Hue/Saturation【色相位/饱和度】特效并调节Master Saturation【整体饱和度】到-85以下，同时适当地提高Master Lightness【整体亮度】，这样手的颜色就还原为灰白色了，如图9-17所示。

STEP 07 将抠出的前景进行简单的合成，完成最终的效果。新建一个固态层并将其命名为背景层，给其添加Ramp【渐变】特效，再调节各项属性，如图9-20所示。

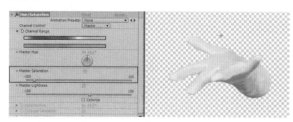

图9-20

图9-17

STEP 06 为了保证视频中的每一帧都不出问题，需要逐帧进行检查，从各个时间点中随机地截几张图进行观

STEP 08 继续新建一个文字层并导入"Hands Promotion"文字内容，这里可以给文字添加轻微的描边来增强文字的效果，具体设置如图9-21所示。

图9-21

STEP 09 配合手势为文字层添加一个放大的动画。这里只需要在文字层的Scale【缩放】中设置两个简单的关键帧并打开文字层的运动模糊开关即可，如图9-22所示。

图9-22

至此，手势动画的抠像就制作完成了，如图9-23所示。

图9-23

9.4.2 综合抠像技法

上一节内容中讲解了KeyLight蓝绿屏的基本抠像技法，但是在实际案例或项目中所接触到的抠像素材通常都是有瑕疵的，如分辨率低、背景杂乱、前景存在虚焦或运动模糊等，此时就需要用到KeyLight的综合抠像技法。下面将通过一个标清尺寸的视频素材来讲解综合抠像的制作技法，如图9-24所示。

图9-24

STEP 01 新建一个Composition【合成】窗口，将其命名为武术。根据素材的属性对分辨率和帧速率进行设置，再把抠像素材拖入到合成窗口中，如图9-25所示。

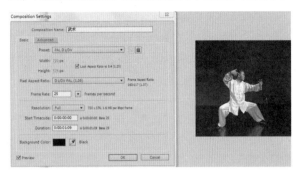

图9-25

拖动时间线指针可以看到这是一个仅有三十几帧的武术动作视频，其中背景的蓝色部分可以用KeyLight抠出人物的上半身，但是地板部分由于颜色太深且与鞋子颜色过于相近，所以这里可以考虑使用CS5新增的Roto Brush Tool【逐帧抠像笔刷工具】来抠出人物的下半身。综上所得，此案例必须分成若干个部分来完成。

注意：抠像前要先观察后思考最后再动手，做到心里有数。弄清哪些是要抠出的部分，哪些部分与背景相似，最后再选择合适的抠像方法。

STEP 02 以地板为分界线，用钢笔工具将视频分成两个部分来处理，如图9-26所示。

图9-26

第9章 高级抠像应用 | 139

STEP 03 按快捷键Ctrl+J将视频复制一层并设置Mask【遮罩】的属性为Inverted【反向】，如图9-27所示。

图9-27

此时可以看到合成窗口中的素材又恢复到原来的样子，实际上它已经被分成两层了。下面开始使用KeyLight来处理上半部分。

STEP 04 单独显示图像的上半部分。在Effect【效果】菜单目录下找到Keying【键控】，在分类中选择KeyLight(1.2)并将其添加到视频素材上。这里KeyLight的基本使用方法可以参照上一节，具体的参数设置如图9-28所示。

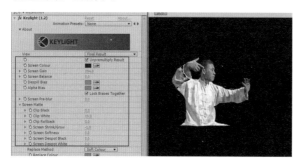

图9-28

注意： 具体参数的设置可以根据最终效果进行调节。设置完成后要留意每一帧的细节，最后会发现无论怎么调节参数人物的上半身都会有一些像素丢失。出现这种情况是因为前景中部分区域（比如颜色较暗的头发部分）的颜色和背景色相近所以被插件一并抠除了；也可能因为色溢关系，人物身上受到背景颜色漫反射的影响导致看上去有些地方会偏蓝，这种问题在室内效果图渲染方面比较常见。

STEP 05 上半身的处理完成后，剩下一些细节的问题最后都可统一解决。下面重点讲解下半身的抠像。通过观察图片可看出下半身鞋子部分的颜色与背景颜色一致，这种情况使用CS5自带的半自动抠像工具Roto Brush Tool【逐帧抠像笔刷工具】来处理最为合适，如图9-29所示。

图9-29

STEP 06 双击图层进入素材窗口，然后把时间线指针拖到素材的第一帧位置，再单击选择工具栏上的Roto Brush Tool工具或按快捷键Alt+W选择笔刷工具，如图9-30所示。

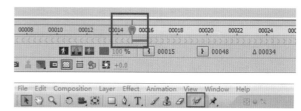

图9-30

STEP 07 此时鼠标指针会变成一个圆形的笔刷，只需要在前景部分像画画一样进行涂抹，默认涂过的区域会自动被标记为绿色，放开鼠标后笔刷工具会根据边缘识别技术自动计算出一个区域并用紫色边框将其标记，如图9-31所示。

图9-31

STEP 08 通过观察可看到鞋子部分并没有被包含进来，此时需要手动将其添加进来。由于原来的笔刷尺寸太大，所以需要将它调小一些才能画，按住Ctrl键的同时单击鼠标左键，再拖动鼠标就能快速调整笔刷大小了。此时就能把两边的鞋子部分也涂上，如图9-32所示。

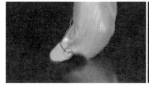

图9-32

此时可以看到涂过的区域被自动添加到选区里了。

注意： 万一操作失误，把不需要的区域也画进来了，只需要按住Alt键就会发现笔刷变成红色了，这样涂过的区域就变成减去运算了，如图9-33所示。

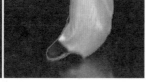

图9-33

掌握了这些基本操作后就可以用Roto Brush Tool【逐帧抠像笔刷工具】对案例中的人物下半身要保留的区域进行细致的选择，如图9-34所示。

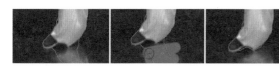

图9-34

STEP 09 由于是对下半身进行抠像，所以上半身的区域就可以先不绘制，这样第一帧的选区就差不多完成了。拖动时间线指针，继续为后面的帧作修饰，这里建议按住PageDown键来逐帧完善后面的选区，如图9-35所示。

从下图可看出当把时间线指针往后拖，之前的选区大部分都能自动跟随着前景区域而进行变化，但是有些和背景颜色过于相似的区域就不行了，此时就需要逐帧进行手动添加，每修改好一帧，工具都会将它自动保存下来，直到最后一帧修改完成为止。按空格键预览一遍，如果还有瑕疵可以随时返回进行修改，直到满意为止。最后确认时，可以把帧序号下面的工作区定义好，如图9-36所示。

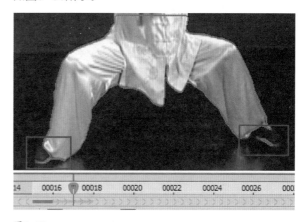

图9-35

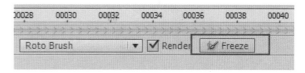

图9-36

STEP 10 一切都没有问题后就可以单击Freeze【冻结】按钮，冻结所有的选区了。这里冻结的意思是把选区中计算出来的结果保存下来，这样在后续的工作中就不需要再每帧重新计算，从而加快运算的速度，如图9-37所示。

图9-37

单击Freeze【冻结】按钮后，计算机会自动运算一段时间，运算时间的长短具体取决于抠像素材的时间长短，结束后素材窗口会自动切换回合成窗口并提示：Roto Brush segmentation is frozen。Unfreeze to update segmentation，如图9-38所示。

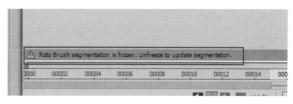

图9-38

该提示的意思是选区已经冻结成功，并可以随时解冻进行重新调节。此时回到合成特效面板可以看到素材上自动添加了一个Roto Brush【逐帧抠像笔刷】特效，如图9-39所示。

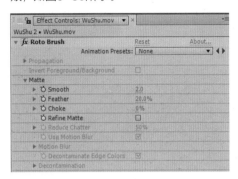

图9-39

此时可以对刚才抠出的部分进行有针对性的修正，如边缘羽化、边缘模糊、收缩和扩展等，甚至连上一节用到的Refine Matte【修正蒙版】插件的功能也涵盖在里面。由此可见这个CS5版本自带的抠像工具的功能是十分强大的，再配合人工操作和半自动计算功能基本能够抠出任何素材的前景元素。

至此，下半身的抠像任务就完成了，剩下的一些边缘细节问题可以在接下来的步骤中和上半身的抠像问题一起解决。单击透明背景的显示开关，可以看见人物抠像已经基本完成，如图9-40所示。

图9-40

STEP 11 接下来开始修正各种细节的问题。拖动时间线指针，逐帧观察。此时，可以明显看到人物边缘还有一圈黑边没有清除，这个问题之所以留到最后来解决是因为案例的抠像是分两部分完成的，如果分开设置边缘属性容易造成上下两个部分的不统一，所以将它留到最后才来解决能使制作流程更有效率。新建一个调节层并给其添加Refine Matte【修正蒙版】特效，具体参数设置根据案例的实际情况进行调节。此时可以看到人物边缘的黑边已经消除了，同时各个细节基本上都得以保留了，如图9-41所示。

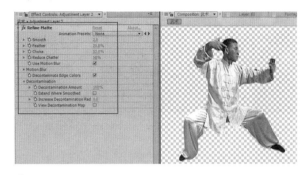

图9-41

STEP 12 继续观察视频其他时间点的运动模糊情况，可以看见运动模糊情况已经被Refine Matte【修正蒙版】处理得很到位了，如图9-42所示。

图9-42

STEP 13 完善细节部分，如上文中提到的头发细节问题。此时将人物头部放大并对比原素材可发现由于头发颜色和背景颜色相近，所以很自然地被抠除了一小部分，如图9-43所示。

图9-43

STEP 14 将原素材层复制一层，继续使用Roto Brush Tool【逐帧抠像笔刷工具】来为人物头部重新抠像，如图9-44所示。

图9-44

注意： 本节抠像的重点区域是人物头部，所以其他区域可以适当降低要求。逐帧边缘修正实际操作起来比较烦琐，一定要细心操作，这样出来的最终效果才会令人满意。

STEP 15 完成头部的重新抠像后记得单击Freeze【冻结】按钮把选区保存下来，否则接下来的运算会比较慢，如图9-45所示。

图9-45

注意： 这一步的目的是还原头发和头部边缘的一些细节，所以选区中如果包含有头部以外的身体及其他区域也没有关系，因为这些区域都是最终要保留下来的。

STEP 16 解决了头部边缘的细节问题后，还发现人物右手袖子部分在某些时间点上被抠除了部分像素，这是由于这部分像素和背景色有些接近，所以被KeyLight识别成背景自动抠除了，拖动时间线指针观察可发现这个问题是从第八帧开始就存在了的，并随着手臂的移动而移动，如图9-46所示。

图9-46

STEP 17 在瑕疵部分画一个Mask【遮罩】并设置遮罩的类型为None【无】，如图9-47所示。

在该时间点创建一个关键帧后移动时间线指针，让遮罩随着手的移动而移动，经过三四个关键帧后就差不多可以跟踪到位了。这里有一点要注意的是这个遮罩是在第八帧时才需要出现的，这样就必须让它不要出现在第七帧之前的合成窗口里，如图9-48所示。

图9-47

图9-48

设置好遮罩动画后，下面将遮罩信息导入KeyLight里，如图9-49所示。

图9-49

至此，这个问题就被轻松解决了，本节的抠像教程也随之结束。

9.5 PowerMatte高级智能抠像

在介绍完KeyLight这个插件后,接下来将介绍另一款优秀的抠像插件PowerMatte,作为一款第三方插件,它同样拥有快速和高效的抠像能力。下面是对这个插件进行的一个简单介绍。

PowerMatte是Digital公司开发的新一代智能After Effects抠像插件,它的特点是方便快捷。除此之外,它还能解决一些视频抠像过程中的不足问题,弥补了常规抠像插件的不足。和KeyLight有所不同的是它并不仅仅局限于蓝绿屏的抠像,即使是复杂的场景如烟雾、毛发和噪点等细节,它也能轻松处理,而且不需要复杂的操作就能达到很好的效果。下面是具体案例的操作步骤。

9.5.1 PowerMatte抠像的应用

下面以一只狗的特写作为素材的前景,利用PowerMatte抠像技法将它从背景里分离出来,再把抠像所得的狗合成到另一张图像上,如图9-50所示。

图9-50

新建一个Composition【合成】窗口,将其命名为dog。由于该案例是对静态帧进行抠像处理,因此时间和帧速率可以任意设置。在合成窗口的参数设置面板,将Pixel Aspect Ratio【像素高宽比】设为Square Pixels【方形像素】,再把抠像素材拖到合成窗口中,如图9-51所示。

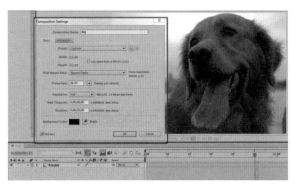

图9-51

选中素材图层,在菜单栏中找到Effect【效果】并在其下拉列表中选择Digital Film Tool【数字影像工具】分类下的PowerMatte V2(由于这是第三方插件需要另行安装,其具体操作参照本书第一章第五节,这里就不再复述),展开该项后可以看到插件可调的参数并不多。下面结合案例对插件的参数进行具体的介绍,如图9-52所示。

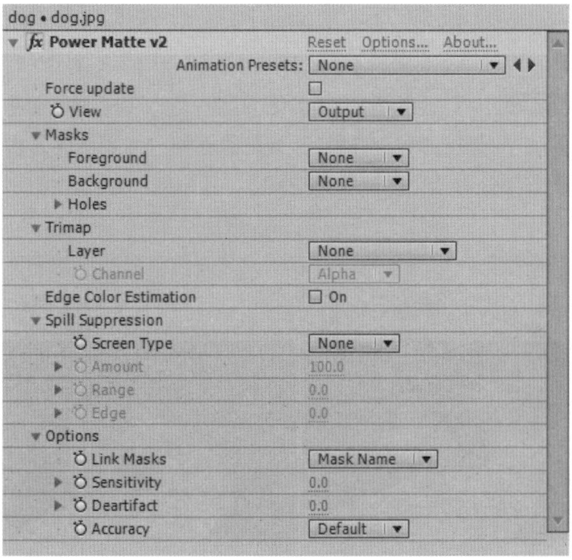

图9-52

先对这个插件的抠像原理进行介绍。使用前要根据图像的内容自定义两个Mask【遮罩】,一个对应前景、一个对应背景,然后在插件里选择相应的遮罩。此时软件会自动进行计算并把前景分离出来,之后只需要再调整一下其他参数使抠像的细节更加完美即可。

按快捷键G，用钢笔工具将前景和背景的边缘分别绘制出来，如图9-53所示。

图9-55

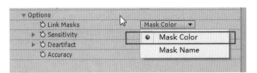

图9-56

图9-53

这里使用的是两个开放的路径，有时如果素材的前景超过了画框那就需用到多条路径来绘制。这里就以这张素材为例重新用另一种画法来绘制，如图9-54所示。

注意： 上面提到的两种绘制方式都可以使用，具体可根据项目素材来选择。如果素材前景超出画框较多的话，那么使用后面这种分条来绘制遮罩的方式会使软件运算得快一些。

此时把画好的遮罩输入到插件来进行抠像运算。这里注意选择好前景和背景的遮罩，再对号入座将它们输入到参数Masks【遮罩路径】中，如图9-57所示。

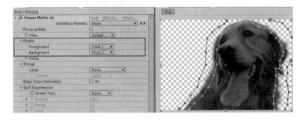

图9-57

图9-54

从图中可以很清楚地看到分离背景的那条路径依然是围绕着前景，但它变成了3条，这种绘制方式同样也能被插件识别到，但需要自行统一路径的颜色或者名字，如图中的前景路径只有绿色这一条，而定义背景的路径却有3条，此时就必须把这3条路径统一为一种颜色或者名字（两种统一方式选择其中一种即可），如图9-55所示。

此时把定义背景的3条路径统一用红色显示，当然这样做插件还不能立即识别到，需要在插件的参数Options【选项】里选择Mask Color【路径颜色】才能生效，如图9-56所示。

将路径输入到插件后，可以马上看到图中的小狗已经被分离出来了，直接观察就可以看到边缘部分的毛发保留得非常好。如果需要更精确地监视抠像效果，可以在参数View【预览】模式中观察各种不同的输出效果，如图9-58所示。

这个插件提供了4种不同的输出模式，它们分别是Output【输出】、Matte【蒙版】、Trimap【过渡图像】和Original【原始图像】。

Output【输出】模式输出的是抠像的最终结果；Matte【蒙版】模式所输出的结果是用黑白图像的显示

方式来区分前景和背景内容；Trimap【过渡图像】是插件自定义的一种显示方式，里面的白色代表前景，黑色代表背景，灰色区域则是插件运算的部分；Original【原始图像】输出的就是运算前素材的原始图像。

敏感度信息；Deartifact【反锯齿】则是用来设置输出图像的抗锯齿等级。以本案例中的素材为例，将Deartifact【反锯齿】的参数值调至50并和默认的效果作对比，如图9-62所示。

图9-58

这个插件支持主动导入Trimap【过渡图像】贴图来代替遮罩提供抠像区域，只需在参数Trimap【过渡图像】的Layer【图层】中选择贴图即可，如图9-59所示。

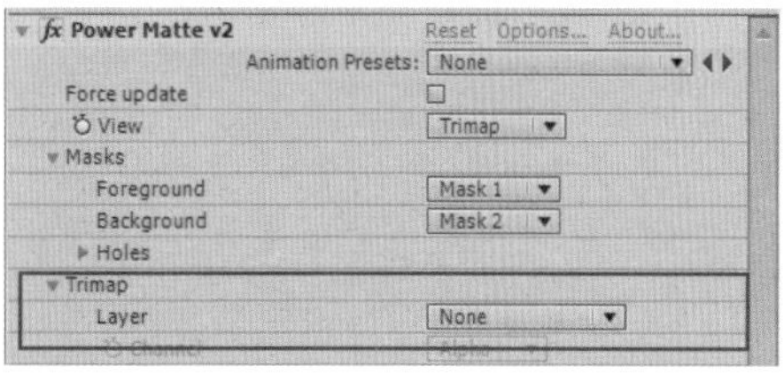

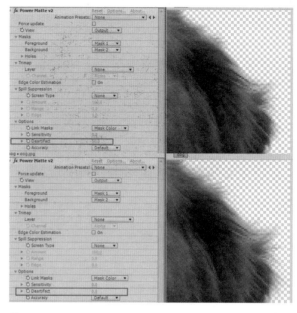

图9-62

注意观察毛发边缘，可以看到提高反锯齿参数值后的输出效果比默认的效果要更精确一些，但同时也丢失了一部分的细节，具体还是要根据不同的项目素材来进行调节。

这里选择默认并继续下一步的合成，前景元素已经初步完成了，此时可以导入需要合成的背景图像并将其加入到事件窗口中，如图9-63所示。

图9-59

为了更清楚地观察抠像的效果，选择Matte【蒙版】输出模式来观看，效果如图9-60所示。

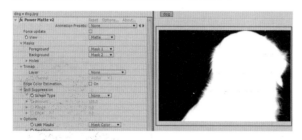

图9-60

此时可以看到抠像的效果已经非常完美了，背景已经完全抠除干净，没有多余的部分，前景的毛发边缘也得到了保留。如果是处理某些像素低的或者前景和背景难以区分的图片素材，插件提供了两个参数供用户调节，如图9-61所示。

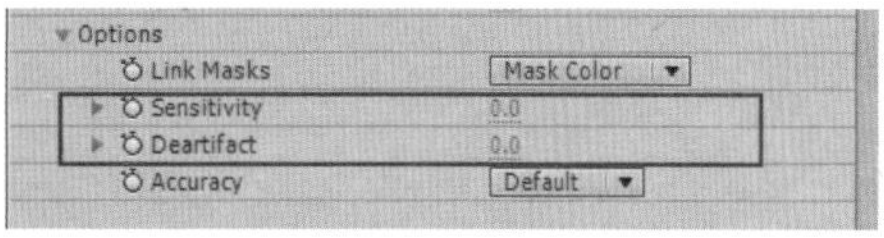

图9-63

图9-61

这里的Sensitivity【敏感度】可用来设置抠像的

通过观察可以看见合成的效果已经很自然了，不过边缘还是有点瑕疵，此时放大边缘部分的截图来看看，如图9-64所示。

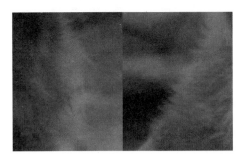

图9-64

此时可以明显看到边缘部分的色调还是没有和背景融为一体，这里可使用参数中的Edge Color Estimation【修正边缘颜色】来解决这个问题，如图9-65所示。

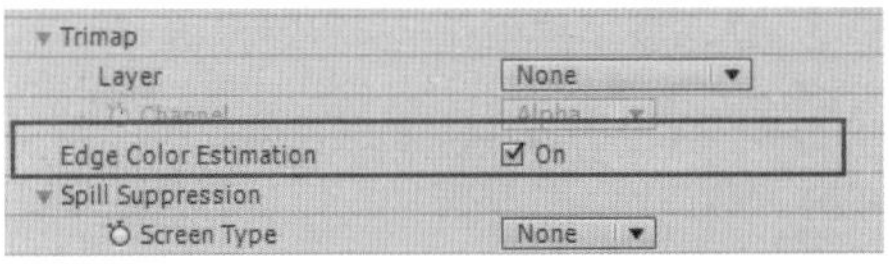

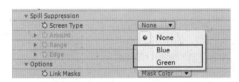

图9-65

Edge Color Estimation【修正边缘颜色】这个参数就是专门用于修正抠像后前景的边缘颜色的遗留问题的，这个参数可以对前景的边缘像素颜色作出综合判断并自动进行修正。勾选这个参数后再观察合成图像，如图9-66所示。

图9-66

通过观察可明显看到开启这个选项后，边缘颜色得到了很自然的修正，这样前景元素就完全与背景融合在一起了。至此，利用PowerMatte插件来抠图的案例就讲解完毕了。

9.5.2 使用心得

案例结束后，在这里再补充几点使用插件时的使用心得。

STEP 01 插件的参数Masks【遮罩】下有个Hole【空洞】参数，它是用在一些比较复杂的前景的抠像上的，主要用于定义前景中的内外路径，如图9-67所示。

图9-67

STEP 02 如果案例中的抠像是动态视频，只需要对路径设置关键帧动画即可，PowerMatte插件本身就支持动态抠像。

STEP 03 如果换成使用PowerMatte来完成蓝绿屏的抠像，那么在参数Spill Suppression【溢出控制】下就有专门用于蓝绿屏抠像的选项，如图9-68所示。

图9-68

STEP 04 在具体操作中，蓝绿屏抠像必须使用开放的路径，先定义好屏幕内外的路径，然后在Spill Suppression【溢出控制】参数中选择素材的背景颜色，如图9-69所示。

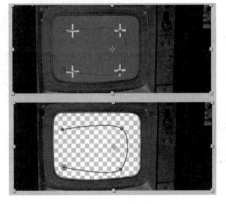

图9-69

通过这几个案例的剖析可以了解到好的抠像作品都是在应用多种技巧和方法的同时，再加上对细节的不断完善才得以造就的，所以在学好各种插件的基础上，更要多动脑、多练习才会不断提高抠像方面的技能。

第10章 冲击波光

本章内容
- 星空的表现
- 旋彩粒子效果的制作
- 爆炸粒子的制作
- 冲击波的制作
- 辅助光效的表现

10.1 冲击波光的介绍

冲击波是一个并不陌生的效果，它是一种在强压或在高温、高密度等物理性质下所产生的一种急剧的、跳跃式的物理现象。常见的冲击波一般都会伴随有爆炸的现象，该爆炸现象通常是指爆炸中心压力急剧升高，使周围空气猛烈震荡而形成的波动，该波动会以超音速的速度从爆炸中心向周围冲击，具有很大的破坏力。因此，这种冲击波效果被广泛地应用于各种影视、广告、游戏和动漫等视觉表现中。常见的冲击波效果在各个领域中的表现如图10-1所示。

图10-1

如果想让冲击波更有视觉冲击力，可以给冲击波添加一个冲击波光效果。不同的冲击波现象所得到的冲击波光效果也会不一样。本章内容介绍的冲击波光效果是一种比较写实的宇宙冲击波效果。它是一种通过粒子爆炸而产生的具有视觉冲击力的、比较真实的冲击波效果，它同样是利用粒子特效来实现的，通过粒子特效来实现多种绚丽的爆炸、扩散的粒子冲击效果，冲击波效果如图10-2所示。

图10-2

10.2 国内外优秀作品赏析

在影视作品中,最常见的冲击波应该是有枪火放射出的冲击波、爆炸所产生的冲击波,这些冲击波在现实生活中是用肉眼看不到的,因此在影视作品中为了加强这种时间冲击感,会通过后期的手法来虚拟冲击波的形态。下图是一种激光枪所射出来的激光效果,激光是一种极其高温、高压的电质流体,由于它的速度超快,它从枪眼射出的一瞬间,会与外界的气体产生一种冲击感,并伴随有一种强烈的声波,声波是产生冲击波的另一重要因素,如图10-3所示。

在激光射出枪口的一瞬间,这种冲击感会导致枪口附近的气体产生向外急速膨胀、扩散的现象。因此,在后期中为了让这种气体扩散的现象能展现出来,则通过了各种处理手法,把枪口附近的画面进行扭曲、置换等,模拟一种气体扰动的效果,为了让这种气体膨胀、扩散的现象更强烈,则会添加一些烟雾伴随气体向外扩散,如图10-4所示。

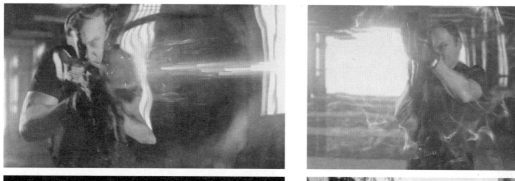

图10-3

图10-4

由于冲击波本来是一种无形的现象，因此需要通过后期来让它变得有形、自然，不同的处理手法便会得到不同的冲击波效果。下图中的冲击波更清晰地展示了它的冲击与流动效果。可以看到图中的冲击波不仅产生一个平面化的二维扩散、流动的效果，还有一种沿一个轴向前流动的效果，冲击波向前流动的过程中，同样会与气体产生更为强力的碰撞与摩擦，这样在该轴向上所产生的气体膨胀和扩散效果会有更多细节，如图10-5所示。

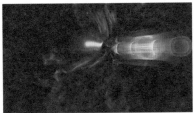

图10-5

10.3 宇宙冲击波的表现

本节内容所介绍的宇宙冲击波是一个综合的光效表现，它包括的光效比较多，主要有星空的星光表现、冲击波爆炸前的旋彩粒子光效的表现、冲击波扩散前的爆炸粒子的制作、主体冲击波元素的表现以及最后辅助冲击波效果的辉光效果的制作。这些光效的制作并不复杂，冲击波的表现重点是如何将这些光效融合在一起，使其效果更真实、自然，本案例的最终效果如图10-6所示。

10.3.1 制作星空背景

星空背景主要包括两个部分：星光和云雾，这两种效果都是利用Particular【粒子】滤镜来制作的。星光是一种静止的粒子效果，而云雾则是具有略微动态的随机效果，星空的效果如图10-7所示。

图10-6

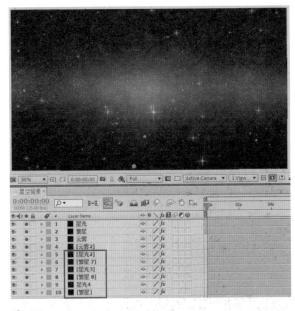

图10-7

STEP 01 新建一个尺寸为1280×720的星空背景合成窗口，并新建一个名为"繁星"的固态层，如图10-8所示。

图10-8

STEP 02 制作一个星空的效果。给繁星层添加一个Particular【粒子】滤镜；在Emitter【发射器】参数栏下，将Particle/sec【每秒粒子数】加大到7600，将Emitter Type【发射器类型】设为Box【立方体】；然后将Emitter Size X【x轴发射器尺寸】的值设为3000。这样，就可以得到一个很长的立方体发射器了，如图10-9所示。

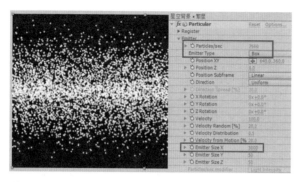

图10-9

STEP 03 调整粒子的显示状态。在Particle【粒子】参数栏下，将Particle Type【粒子类型】设为Star【星光】；再将粒子的Size【尺寸】大小减小到0.5，Size Random【大小随机】值设为100；然后调整粒子的Size Over Life【大小随生命】和Opacity Over Life【不透明度随生命】曲线框中的曲线效果，并将Opacity【不透明度】设为45。这样，便得到一个基本的星空效果了，如图10-10所示。

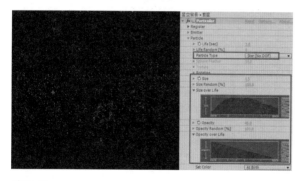

图10-10

STEP 04 此时拖动时间滑块，可以看到星光有一个向外扩散的动画，这里要将星光设置为静止不动的。在物理学参数栏下，从第0帧到第1帧，给Physics Time Factor【物理时间因素】设置一个从1~0的动画。这样，繁星在第1帧后便静止不动了，但是星光依然还是有一帧的动画存在，下面就来解决该问题，如图10-11所示。

STEP 05 将繁星图层往前移动一点，即可解决第1帧的动画问题。接下来再制作一个星光效果，这是一种近景星光的效果，前面制作的繁星是一种远景的星空效果，新建一个名为"星光"的固态层，如图10-12所示。

图10-11

图10-12

STEP 06 给星光层添加一个Particular【粒子】滤镜，并将其Velocity【速率】加大到20000，这是一个非常大的扩散效果，即让星光的间距大一点；再将Velocity Random【速率随机】值设为5，Velocity Distribution【速率分布】值设为1，如图10-13所示。

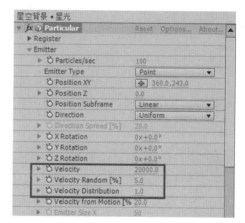

图10-13

STEP 07 调整星光的显示效果。在Particle【粒子】参数栏下将Particle Type【粒子类型】设为Star【星光】，Size【尺寸】大小设为0.4，将大小随机值设为100，并将Opacity【不透明度】设为40，如图10-14所示。

STEP 08 给星光添加一个紊乱效果。在物理学的Air【空气】参数栏下，将Turbulence Field【紊乱场】参数栏中的Affect Size【影响尺寸】设为180，如图10-15所示。

STEP 09 从第0帧到第1帧，分别给发射器的粒子数量和物理时间因素设置一个从20000~0和从1~0的变化动画，并将它们的图层往前移动几秒钟，让星光处于静止状态，如图10-16所示。

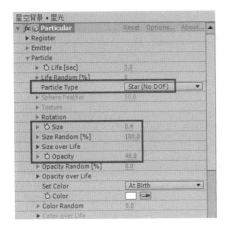

图10-14

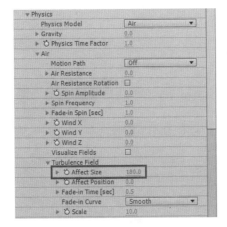

图10-15

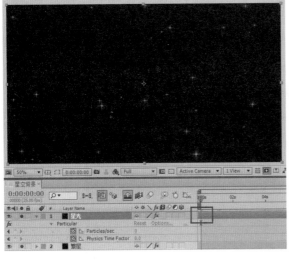

图10-16

STEP 10 制作星空中的云雾效果，首先新建一个名为"云雾"的固态层，如图10-17所示。

图10-17

STEP 11 给云雾层添加一个Particular【粒子】滤镜；将Particles/sec【每秒粒子数】加大到1500，并将Emitter Type【发射器类型】设为Sphere【球体】；然后调整发射器的速率和发射器的尺寸，让其形成一个比较狭长的发射器，如图10-18所示。

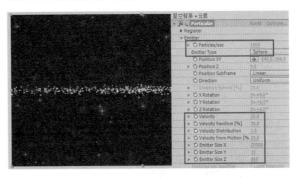

图10-18

STEP 12 调整粒子的显示，让其具有云雾的效果。在Particle【粒子】参数栏下，将Life【寿命】值设为1，寿命随机值设为50；再将Particle Type【粒子类型】设为Cloudlet【薄云】，将Cloudlet Feather【薄云虚化】值设为100，让其边缘更柔和；将Size【尺寸】大小加大到200，设置大小随机值为50，将Opacity【不透明度】减小到1，不透明度随机值设为100，让其有一种淡淡的显示效果；然后将Color【颜色】设为蓝色调，如图10-19所示。

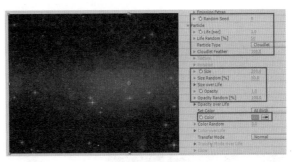

图10-19

STEP 13 在薄云的Size Over Life【大小随生命】和Opacity Over Life【不透明度随生命】曲线框中调整曲线的效果，让云雾的中间部分比较明显，周围逐渐淡化，如图10-20所示。

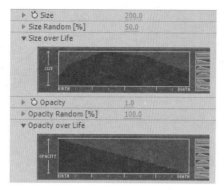

图10-20

STEP 14 第一个云雾的效果制作完成后,接下来再制作一个云雾效果,该云雾用于加强第一个云雾的局部显示效果。将第一个云雾层复制一层;再调整复制层的云雾效果,在Emitter【发射器】参数栏下,将Particles/sec【每秒粒子数】设为400,将发射器类型设为球体,再将Y轴的发射器尺寸大小设为0,如图10-21所示。

图10-21

STEP 15 在Particle【粒子】参数栏下调整粒子的显示效果。将Size【尺寸】大小设为125,将Opacity【不透明度】稍微加大到2,让其比第一层云雾稍亮一点。这样,第二个云雾效果便制作完成了,如图10-22所示。

图10-22

STEP 16 此时,场景中的星光和繁星效果显得比较暗淡,不够明显,这里选择星光层和繁星层,将它们复制3次,以加强它们的显示效果,如图10-23所示。

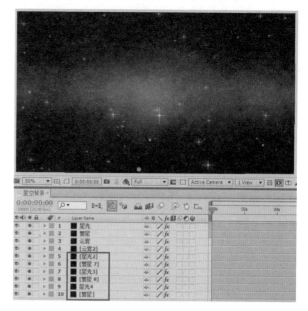

图10-23

至此,整个星空背景的效果便制作完成了。

10.3.2 制作旋彩粒子效果

旋彩粒子效果是一种具有螺旋运动的粒子效果,它是利用CC Particle World【粒子仿真世界】滤镜来制作的。该种粒子的发射是具有纵深感的,最终呈现的粒子发射视角是螺旋的顶面视角,而且粒子的颜色会随着螺旋的运动而产生变化。该粒子动画是一种从中心扩散出来的效果,而这里的宇宙冲击波是一种汇聚后产生爆炸的效果,因此还需要将最终的旋彩粒子动画反转过来。

STEP 01 新建一个旋彩粒子合成窗口,再新建一个名为"旋彩粒子"的固态层,如图10-24所示。

图10-24

STEP 02 给旋彩粒子层添加一个CC Particle World【粒子仿真世界】滤镜;再将Longevity(sec)【每

秒寿命】值设为1.5；然后在Producer【发生器】参数栏下将Radius Y【Y轴半径】设为0.5。这样，发生器便会呈现为一条竖直的线状，粒子便是从这条直线向四周发射出粒子的，如图10-25所示。

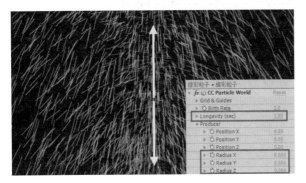

图10-25

STEP 03 改变粒子的发射效果。在Physics【物理学】参数栏下，将Animation【动画】设为Twirl【旋转】，将Velocity【速率】设为0.5，并将Gravity【重力】值设为0，将Extra Angle【旋转角度】设为250°，即让粒子以250°的螺旋角度发射粒子。此时得到的粒子旋转效果如图10-26所示。

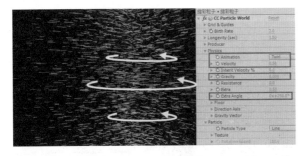

图10-26

STEP 04 调整粒子的颜色。在Opacity Map【不透明度贴图】参数栏下，将Color Map【色彩贴图】设为Custom【自定义】；再到自定义颜色贴图参数栏下，分别将网格的颜色设为黄色、橙色、红色、紫色和蓝色，如图10-27所示。

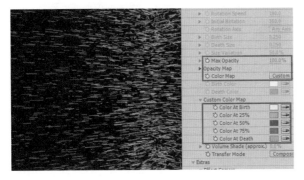

图10-27

STEP 05 调整粒子的发射视角。在Extras【附加】参数栏下，将Effect Camera【摄像机效果】参数栏下的Rotation X【X轴旋转】设为90°，让此时场景中的竖直粒子发射器沿X轴旋转90°。这样，便可以得到一个粒子螺旋发射的顶视角效果了，如图10-28所示。

图10-28

STEP 06 给粒子的出生率设置一个动画，让其从无到有，再消失。从第0帧到第1帧，给Birth Rate【出生率】设置一个从0~0.3的变化，得到一个粒子数量比较少的发射效果，如图10-29所示。

图10-29

STEP 07 从第2秒到第2秒1帧，给出生率设置一个从0.3~0的数值变化。这样，旋彩粒子的动画效果便制作完成了，如图10-30所示。

图10-30

STEP 08 将星空背景和旋彩粒子合成层导入新的Comp合成窗口中；选择旋彩粒子层，将其图层模式设为Add【加】模式；再按快捷键Ctrl+Alt+R，将该层的动画反转过来。反转后的图层如图10-31所示。

图10-31

第10章 冲击波光 | 155

10.3.3 制作爆炸粒子

在制作冲击波之前,需要先制作一组爆炸粒子动画,它们是先于冲击波爆炸开的。该爆炸粒子组包括3个部分,首先是一个爆炸碎片比较大的主爆炸粒子,该爆炸粒子的视觉冲击感比较强烈;其次是一个辅助冲击波爆炸开的粒子效果,它是一种呈水平圆形扩散开的粒子爆炸效果;最后是一个辅助主爆炸粒子的爆炸效果,该爆炸的粒子碎片比较细小,用来丰富爆炸的细节。这3种爆炸粒子的效果如图10-32所示。

图10-33

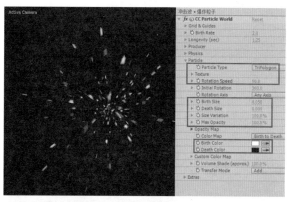

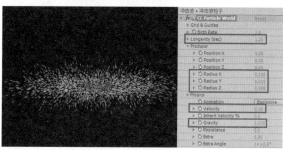

图10-34

STEP 03 调整粒子的发射状态。由于此时的粒子具有一个重力作用,因此发射出来的粒子会有一个向下坠落的效果。在Physics【物理学】参数栏下,将其Gravity【重力】值设为0,让其呈一个发散的放射效果,并将Velocity【速率】设为0.4,如图10-35所示。

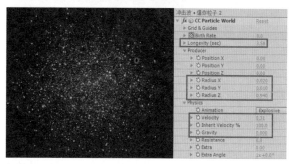

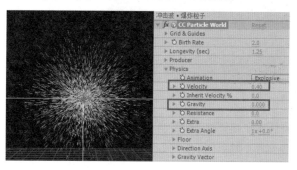

图10-35

图10-32

STEP 01 新建一个冲击波合成窗口,再新建一个爆炸粒子固态层,如图10-33所示。

STEP 02 给爆炸粒子层添加一个CC Particle World【粒子仿真世界】滤镜,将Longevity(sec)【每秒寿命】值稍微加大到1.25,并对粒子发射的半径范围进行调整,如图10-34所示。

STEP 04 调整粒子的显示效果。在Particle【粒子】参数栏下,将Particle Type【粒子类型】设为TriPolygon【三角多边形】,将Rotation Speed【旋转速度】设为90,让其产生一个自身旋转的动画;再将Birth Size【出生尺寸】大小设为0.05,Death Size【死亡尺寸】大小设为0,Size Variation【大小变化】值设为100,Max Opacity【最大透明度】设为100。此时,粒子便有一种碎片飞散开的效果了,然后分别将其出生粒子和死亡粒子的颜色设为白色和黑色,如图10-36所示。

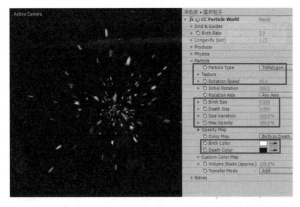

图10-36

STEP 05 给爆炸粒子的出生率也设置一个动画。从第0帧到第1帧,给Birth Rate【出生率】设置一个从0~22的变化;再到第10帧,设置出生率为0,让粒子在迅速爆炸开后,迅速停止粒子的发射,如图10-37所示。

图10-37

STEP 06 给爆炸开的粒子添加一个Glow【光晕】滤镜,让粒子有一些光感。将粒子的Glow Threshold【光晕阈值】加大到67.5,将Glow Radius【光晕半径】加大到23,如图10-38所示。

图10-38

STEP 07 此时,爆炸粒子还不够明显。将爆炸粒子层复制一层,加强粒子的显示效果。接着制作一个冲击波粒子,新建一个名为"冲击波粒子"的固态层,如图10-39所示。

图10-39

STEP 08 给冲击波粒子层添加一个CC Particle World【粒子仿真世界】滤镜,将Longevity(sec)【每秒寿命】值稍微加大到1.25;对粒子发射的半径范围进行调整,让粒子有一个横向扩散的效果;在Physics【物理学】参数栏下,将Velocity【速率】设为0.1,将Gravity【重力】值也设为0,如图10-40所示。

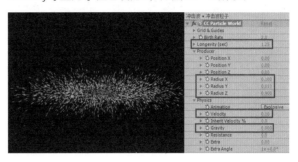

图10-40

STEP 09 调整粒子的显示效果。在Particle【粒子】参数栏下,将Particle Type【粒子类型】设为Faded Sphere【透明球】,将粒子的Birth Size【出生尺寸】大小设为0.015,将Max Opacity【最大透明度】设为100,这是一种非常小的粒子效果;然后分别将其出生颜色和死亡颜色设为淡蓝色和黑色,如图10-41所示。

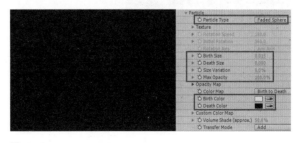

图10-41

STEP 10 给冲击波粒子的出生率也设置一个动画。从第2帧到第3帧,给其Birth Rate【出生率】设置一个从0~200的数值变化,即迅速发射出大量的粒子;再到第12帧,将出生率设为0,让发射器在第12帧停止发射粒子;然后将冲击波粒子的起始帧时间调整到第2帧位置,即让爆炸粒子爆开后,再出现冲击波粒子。这样,一个简单的冲击波粒子动画便制作完成了,如图10-42所示。

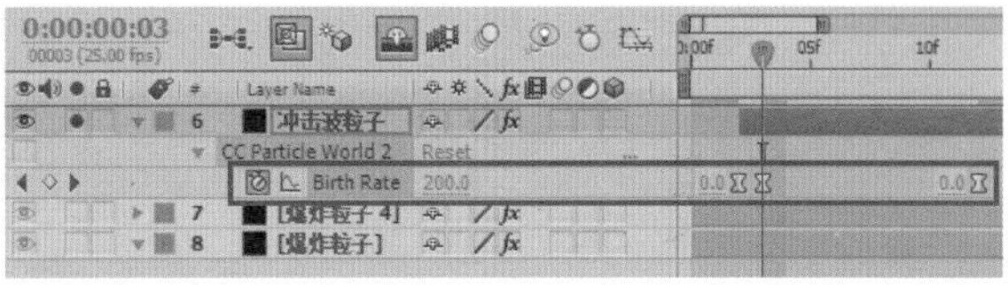

图10-42

STEP 11 再添加一个爆炸粒子，这是一个非常碎的粒子效果。将冲击波粒子层复制一层，得到爆炸粒子2图层，并将其出生率的第二个关键帧值设为300，增加出生的粒子数量，如图10-43所示。

图10-43

STEP 12 在其粒子参数面板中调整粒子的发射效果。将Longevity【寿命】值加大到3.58，让其在画面中存活的时间长一点；在其Producer【发生器】参数栏下调整发射的半径，让其呈一个圆形发射；然后在物理学参数栏下，将速率稍微加大到0.31，加快其发射速度，并将Inherit Velocity%【继承速率】设为100。这样，一个粒子数量较多、扩散范围较大的爆炸效果也制作完成了，如图10-44所示。

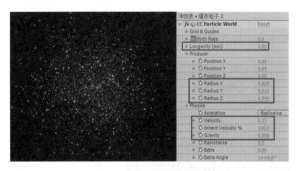

图10-44

10.3.4 制作冲击波的效果

冲击波是一种粒子爆炸开后的冲击粒子波效果。该冲击波是整个粒子爆炸中的一个重要元素，它更能体现出整个爆炸粒子的冲击力和气势感，它是一种呈环形放射的粒子效果。冲击波的效果如图10-45所示。

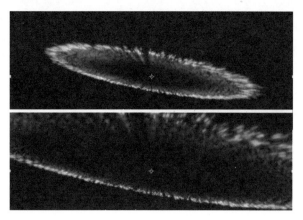

图10-45

STEP 01 新建一个名为"冲击波"的固态层，如图10-46所示。

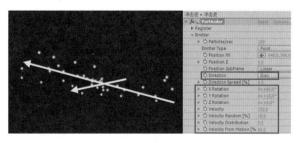

图10-46

STEP 02 给冲击波粒子添加一个Particular【粒子】滤镜；在Emitter【发射器】参数栏下将Direction【方向】设为Disc【圆盘】；再分别调整其Rotation【旋转】的3个轴向，让其呈一个略倾斜的发射效果；然后将Velocity【速率】加大到720，如图10-47所示。

图10-47

STEP 03 调整粒子的显示效果。在Particle【粒子】参数栏下，将Life【寿命】值设为2，将寿命随机值设为12，并将Particle Type【粒子类型】设为Glow Sphere【发光球体】；再将Size【尺寸】大小设为3，大小随机值设为50，并调整其Size Over Life【大小随生命】和Opacity Over Life【不透明度随生命】曲线框中的曲线效果，如图10-48所示。

STEP 04 给粒子添加一个风力影响。在物理学参数栏下，将Air【空气】参数栏中的Wind Z【Z轴风力】值设为-600，如图10-49所示。

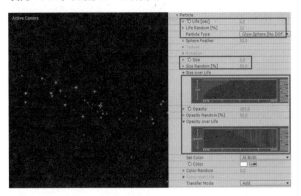

图10-48

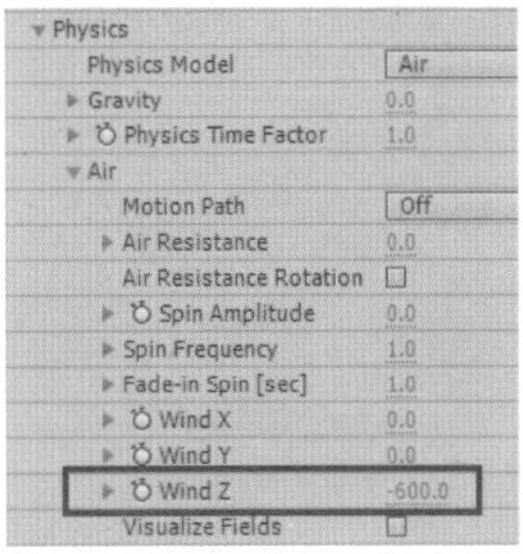

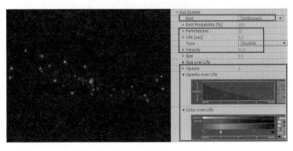

图10-49

STEP 05 给粒子添加一个粒子拖尾效果。在Aux System【辅助系统】参数栏下，将Emit【发射】项设为Continously【持续】，将Particles/sec【每秒粒子数】设为22，Life【寿命】值设为0.3，并将Type【类型】项设为Cloudlet【薄云】，将Velocity【速率】设为12；再将其Opacity Over Life【不透明度随生命】曲线框中的曲线设成一个倾斜的曲线效果，并将其Color Over Life【颜色随生命】曲线框中的颜色设为一个从蓝色过渡到淡蓝色、再过渡到黑色的渐变色，并将Opacity【不透明度】设为5，如图10-50所示。

图10-50

STEP 06 给粒子设置一个运动模糊效果。在Rendering【渲染】参数栏下，将Motion Blur【运动模糊】项设为On【开启】状态，并设置Shutter Angle【快门角度】为180。此时，在窗口中可以看到粒子产生了一个动态的模糊效果，使得粒子的飞散变得更有速度感，如图10-51所示。

图10-51

STEP 07 将冲击波的起始帧移到第5帧，即在粒子爆炸开后再出现冲击波效果；然后给冲击波的粒子设置一个数量的变化，从第5帧到第6帧，给Particles/sec【每秒粒子数】设置一个从32000～0的变化，让发射器在第5帧后便停止发射粒子，如图10-52所示。

图10-52

STEP 08 这样，一个冲击波的效果就基本制作完成了，效果如图10-53所示。

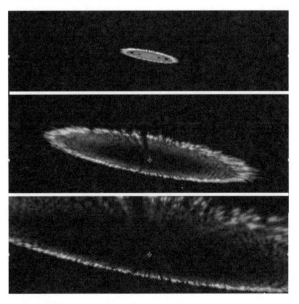

图10-53

STEP 09 此时，将所有效果都显示出来，会看到冲击波的位置是在爆炸粒子的前面，冲击波没有一种包裹爆炸粒子的效果，这不符合视觉规律，因此这里要调整冲击波的效果。将冲击波固态层嵌套为冲击波合成层，在该层上画一个Mask【遮罩】，设置Mask Feather【遮罩羽化】值为75，再给遮罩设置一个动画，让遮罩遮住冲击波圆环的后面一部分，这部分是被爆炸粒子给遮住的，这样就可以让遮罩的大小跟随着爆炸范围一起扩大。此时得到的冲击波效果如图10-54所示。

STEP 04 回到Comp总合成窗口中，将制作好的冲击波合成层导入Comp合成窗口中来，并将其起始帧移到第3秒6帧位置；再新建一个名为"辉光"的固态层，给其添加一个辉光特效，并给其Brightness【亮度】设置一个从0~30的闪烁动画，如图10-58所示。

图10-54

至此，一个漂亮的且非常有气势感的冲击波效果便制作完成了。

10.3.5 制作辅助冲击光效

本节内容要给冲击波添加两个冲击的光效，以加强冲击波的气势感。这些光效是利用辉光特效制作而成的，其中第一个光效是放在爆炸的最前面，通过光效的闪烁来引出汇聚爆炸的效果；第二个光效是放置在爆炸的中心，即旋彩粒子汇聚到一点后，光效闪出，再通过快速爆闪而引出爆炸的冲击波效果。

STEP 01 新建一个名为"爆炸辉光"的固态层，给固态层添加一个辉光特效，在辉光的选项面板中选择一个预置的辉光效果，如图10-55所示。

STEP 02 给辉光的Brightness【亮度】设置一个动画，并将辉光的颜色设为蓝色，如图10-56所示。

STEP 03 下图是辉光Brightness【亮度】的动画效果，这是一个连续闪烁的辉光效果，图中的红色曲线代表辉光亮度的波动大小，如图10-57所示。

图10-55

图10-56

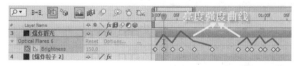

图10-57

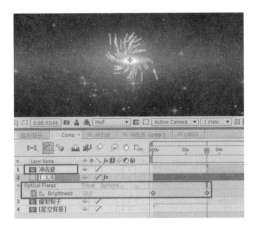

图10-58

STEP 05 该辉光层的辉光效果是一个预置的横向光效，如图10-59所示。

图10-59

STEP 06 给其Brightness【亮度】设置一个抖动表达式动画，让其产生随机闪烁的动画效果，该表达式为wiggle(5,20)，如图10-60所示。

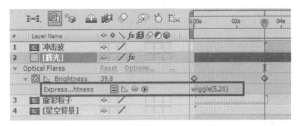

图10-60

至此，整个宇宙的冲击波效果便制作完成了，最终的效果如图10-61所示。

图10-61

第11章 火焰特效应用

本章内容
- 火焰特效在影视中的应用与制作
- 燃烧的LOGO
- 国内外优秀案例赏析
- 坠落的火星

本章内容主要介绍3种火焰燃烧效果的制作，下面将介绍如何利用Trapcode Mir、Jawset Turbulence2D和Trapcode Particular这3种不同的插件来制作火焰燃烧的效果，其中重点讲解燃烧的LOGO及坠落的火星两个小案例的制作。

11.1 火焰特效在影视中的应用与制作

火焰特效在影视特效中非常常见，好莱坞大片中的火焰爆炸镜头比比皆是，尤其是动作电影中经常会出现因爆炸而产生的火焰。由于现实中火焰爆炸场面的拍摄具有一定的危险性，且拍摄现场难以进行掌控，火焰爆炸场面的拍摄涉及片场多个工种，如爆破师、烟火师和特技师等的相互配合，当中任何一个工种的疏忽都会导致严重的后果，轻则影响镜头的拍摄效果，重则导致现场工作人员的伤亡。随着科技的发展，影视后期特效技术有了长足的进步，影视作品中经常会使用到计算机CG技术在后期制作过程中创建和合成火焰特效，尤其是借助3D软件来创造出接近现实的火焰特效，达到以假乱真的效果。除此之外，后期特效技术的可控性强，可反复进行修改和调节，这是在前期拍摄中所无法做到的。影视作品中的火焰特效如图11-1所示。

在影视后期中，火焰效果的制作方法有很多，在3D软件如Maya、3ds Max和Cinema 4D中均可以制作出真实的火焰效果，且制作出来的火焰效果具有真实的3D立体感和质感。在After Effects中同样可以制作出真实的火焰效果，也可以通过借助第三方插件来达到目的。本章内容将讲解如何使用Trapcode出品的Particular、Mir以及Turbulence2D这3种不同类型的插件来制作火焰效果，其中Particular是读者比较熟悉的一款插件，其用途非常广泛。Particular插件是一个3D粒子的发射系统，它除了可以创建形态绚丽的粒子外，还可以模拟现实生活中的烟雾、爆炸和火焰等特效。该插件可调节的参数众多、可操作性强且用途广泛，许多影视作品中的后期特效都可以用Particular插件进行制作。Mir是Trapcode公司新推出的一款插件，它可以借助强大的Open GL来创建并快速渲染3D形状，从而实现变形分散等效果。Turbulence2D是一款流体模拟插件，可以模拟出烟雾、火焰和水墨效果。本章内容将通过讲解燃烧的LOGO和坠落的火星两个案例的制作来介绍这3个插件的使用方法。

图11-1

11.2　国内外优秀作品赏析

下图是墨西哥著名的快餐店Taco bell的一款产品广告。Taco bell（塔可钟）是目前世界上规模最大的提供墨西哥式食品的连锁餐饮品牌，隶属于百胜全球餐饮集团。该快餐店的食品特色是运用墨西哥传统的小麦制成的面饼、墨西哥辣椒以及鳄梨酱、莎莎酱等特制调料，再配合牛肉、鸡肉和生菜等原料，制成世界上独一无二的美墨美食，如图11-2所示。

图11-2

为了使广告与食品的热辣风味相吻合，该广告使用了火山岩浆以及火焰作为整体的创意元素。镜头从火山口喷发的熔浆开始，一开场就让观众从视觉上感受什么是热。从意义层面上分析，从火山喷发出来的熔浆温度高达几千摄氏度，奇热无比，非常符合该款食品的热烫风味特色。仔细观察广告的画面可看出，熬煮玉米粉的火焰元素是实拍素材，这是因为实拍的火焰燃烧动画比较真实且具有不规则的动态变化；而CG元素的饱和度相对较低，色彩明暗对比也较明显，采用实拍素材与CG元素合成的方法可以使场景的层次更加丰富，使其更加接近现实世界中的火焰形态。纵观整个动画的画面，火焰元素贯穿了整个镜头，无论是火山喷发而出的岩浆、还是地面上岩浆燃烧时所产生的火焰、又或是CG元素上燃烧的火焰，都给人在视觉效果上带来了强大的冲击力。这样的画面效果不仅可以调动观众的食欲，更重要的是可以激起观众的购买欲望。

在该广告中，绝大部分场景包括火山场景、岩浆元素以及火焰元素等都是由计算机创建绘制完成的CG动画，而火山、地面和天空的场景则可以在3D软件中借助Vue来完成制作。Vue是E-on software公司开发的一款用于创建自然景观的软件，它可以在动画画面中添加植物、山水和天空等元素，还可以与3ds Max、Cinema 4D、Maya以及Blender等三维软件配合起来使用，如图11-3所示。

图11-3

11.3 燃烧的LOGO

下图是一个火焰燃烧LOGO的演绎动画，整个动画的画面视觉元素全部由火焰和火星组成。人的肉眼容易对暖色调或是鲜艳的东西感兴趣，而该广告整体暖色调的设计给人以强烈的视觉冲击力，使用火焰作为LOGO演绎动画的设计元素更容易给观众留下印象，而且可以更好地与观众产生共鸣，如图11-4所示。

图11-4

该火焰动画采取了实拍素材与CG元素相结合的方式来呈现动画效果，动画背景中燃烧的火焰为实拍素材，因为实拍火焰的运动形态与CG元素相比，实拍火焰的不规则特性更强。任何真实世界中的自然元素都具有不可控性，元素的不可控性越强，其运动变化就越真实。除了实拍素材外，其他元素如火焰燃烧时所产生的火星和烟雾则都是CG元素，这是因为火星和烟雾元素从运动规则以及颜色差异方面看都与真实世界中的实物有所区别。

本动画中一个更显著的特点是采用了虚实结合的方法。在该动画中，背景的火焰和前景火焰都做了虚化处理，而且地板上产生的火焰倒影也具有虚化的效果。从摄影学角度进行分析，焦点前后能产生清晰的图像，这一前一后的距离叫作景深，景深以外的区域或距离会由于聚焦不清而产生虚化的效果。将主体聚焦，虚化其他次要的元素可以更好地凸显主体效果，使观众的兴趣点集中到聚焦清晰的物体上来，这样可以更好的达到摄影的意图。在计算机的后期特效制作过程中，可以随心所欲地控制景深的大小和虚实效果。

在本动画中，火焰和文字都是主体，两者之间相互呼应、相互配合。如果两者都被聚焦，在画面中都被清晰显示出来的话，那么二者的主体地位就会相互冲突，因为这样并没有一个相对重要的主体，此时就需要通过虚化一个物体来凸显另一个物体。在本动画的开始阶段，要突出的是文字，故将背景的火焰元素进行了虚化处理，此时的火焰元素只起到陪衬作用。到了后面的镜头，文字出现后被火焰掩盖而消失，此时就要将注意力转向火焰元素，让火焰成为整个画面的主体元素，因此不能对火焰进行虚化处理。为了使整个动画画面的视觉效果更强烈，这里还需要创建一个地板，并使其具有反光特性。除此之外，还要对地板做虚化处理，这样是为了强调火焰的主体地位。在动画的最后镜头中，主体火焰与地板火焰倒影相互映衬，产生了绚丽的动态光影效果。

此动画的制作相对简单，由于动画中的火焰是实拍素材，所以需要对其做一些修饰设置，如提高火焰的对比度和饱和度、对其进行虚化处理等；而火焰燃烧时所产生的火星可以利用After Effects中的CC Particle World【三维粒子运动】或Particular插件进行制作。火焰燃烧LOGO最终的动画效果如图11-5所示。

火焰特效在影视作品中非常常见，好莱坞大片中的火焰爆炸等镜头比比皆是，掌握火焰的制作方法对于从事影视特效行业的工作者来说显得尤为重要。

本章内容将讲解如何使用3个不同类型的插件来制作火焰效果，其中包括Trapcode出品的Particular插件和Mir插件。Particular插件是读者比较熟悉的，它是一个3D粒子发射系统，除了可以创建绚丽多姿的粒子之外，还可以模拟现实生活中的烟雾、火焰等特效；而Mir作为新推出的一款插件，它可以借助强大的Open GL来创建快速渲染的3D效果，并可以实现变形、分散等效果。Turbulence2D是流体模拟插件，可以实现烟雾、火焰和水墨效果。本章内容将通过讲解燃烧的LOGO和坠落的火星两个案例的制作来介绍这3个插件的使用方法。燃烧的LOGO及坠落的火星效果如图11-6所示。

图 11-5

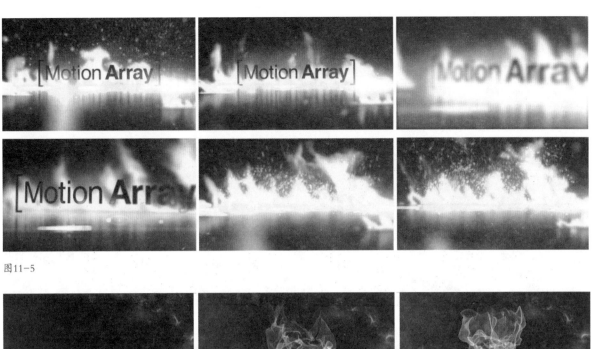

图 11-6

11.4 燃烧LOGO的制作

本节内容将介绍如何使用两种不同的第三方插件来制作燃烧的火焰效果，这两种插件分别是Trapcode 的Mir和Jawset 出品的Turbulence 2D，二者都可以模拟真实的烟雾、火焰等效果，且功能强大。燃烧的LOGO的效果如图11-7所示。

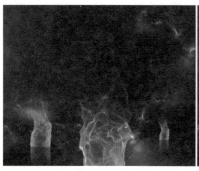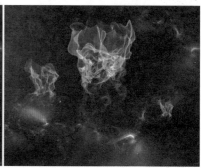

图11-7

11.4.1 使用Trapcode Mir制作燃烧的火焰效果

Trapcode Mir是Red Giant软件公司最新出品的一款插件，它借助Open GL强大的功能来创建快速渲染的3D效果，并且在设计的同时能够实时预览效果。燃烧的火焰效果可以运用3D功能中的简单多边形网格，像是分形噪波、贴图映射和复制集合体与After Effects的灯光交互来制作而成。Mir还可以生成平滑带阴影的物体或者游动的有机元素，如抽象的地形和星云结构。

STEP 01 新建一个Composition【合成】窗口，将其命名为LOGO，设置宽高像素为720×576，时长为6秒。打开新建的合成，新建一个固态层，将其命名为渐变，设置颜色为黄色，并将RGB数值设为（255,180,0），如图11-8所示。

STEP 02 选择主工具栏中的Rectangle Tool【矩形工具】，选中新建的渐变层，在该层上绘制矩形遮罩，上下分别留一些空间即可。同时选中时间线上的渐变图层，双击快捷键M，此时会弹出该图层的所有遮罩调节参数，找到之前绘制的遮罩形状Mask 1，展开其参数面板，该面板包含Mask Path【遮罩路径】、Mask Feather【遮罩羽化】、Mask Opacity【遮罩不透明度】和Mask Expansion【遮罩扩展】等参数项。展开Mask Path【遮罩路径】，单击宽高参数前面的小锁标志，取消锁定宽高缩放比，这样就可以单独控制水平和垂直方向上的羽化了。保持第一个参数不变，将第二个参数设为197.0 pixels，这样就只在水平方向也就是X轴上产生羽化，而在Y轴上没有羽化，如图11-9所示。

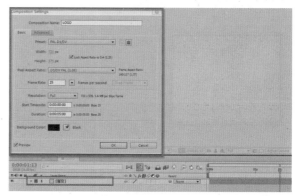

图11-8

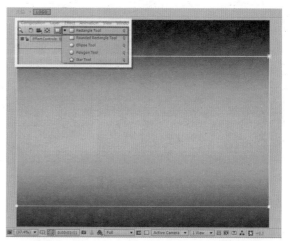

图11-9

STEP 03 给Mask Path【遮罩路径】设置动画，分别在0帧、20帧、3s和4s位置上设置一个关键帧，得到一个渐变图层由下往上运动的动画，如图11-10所示。

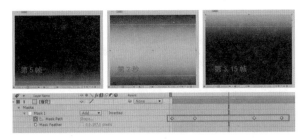

图11-10

STEP 04 将LOGO图层作为Mir插件的Amplitude Layer【振幅图层】来实现变形、分散和置换等效果。继续新建一个Composition【合成】，将其命名为火焰，设置宽高像素为720×576，并将时长设为6s。打开该合成，将之前新建的LOGO合成拖入到该合成中，如图11-11所示。

图11-11

STEP 05 继续新建一个图层作为Mir的Amplitude Layer【振幅图层】。选择主工具栏中的Rectangle Tool【矩形工具】，不要选择任何图层，直接在合成中绘制一个与合成同样大小的矩形，如图11-12所示。

STEP 06 将新建的Shape Layer图层重命名为灰色渐变，依次展开该图层的Contents【目录】菜单下的Rectangle1【矩形1】中的Gradient Fill 1【渐变填充1】，单击Color【颜色】参数项中的Edit Gradient【编辑渐变】，此时会弹出颜色拾取窗口，在合成窗口中拾取纯白色和纯黑色作为线性渐变，如图11-13所示。

STEP 07 这样作为Mir的Amplitude Layer【振幅图层】的两个图层灰色渐变图层和LOGO图层便已经制作完成了。将灰色渐变图层和LOGO图层分别设置为Amplitude Layer【振幅图层】，此时会得到两种不同的火焰效果。在制作Mir效果之前，先将灰色渐变图层

和LOGO图层隐藏起来，这样二者将不会在合成窗口中出现，要隐藏图层只需将时间线窗口的眼睛小图标关闭既可，如图11-14所示。

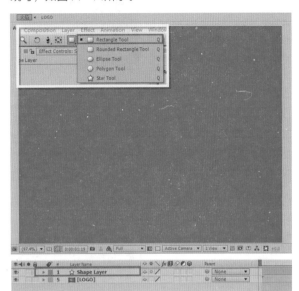

图11-12

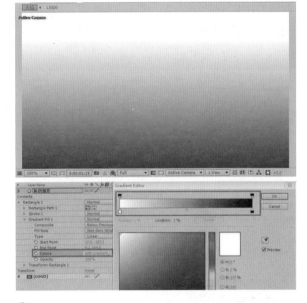

图11-13

图11-14

STEP 08 开始制作Mir火焰效果。新建一个固态层，将其命名为燃烧，设置图层颜色为黑色，如图11-15所示。

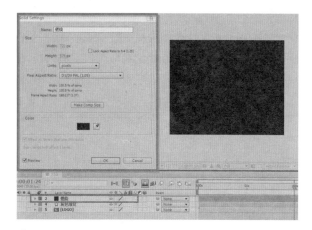

图11-15

STEP 09 选中燃烧图层，在Effect【效果】菜单下的Trapcode中选择Mir，默认的效果如图11-16所示。

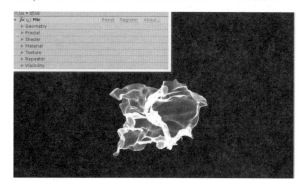

图11-16

STEP 10 默认的Mir状态是一团多边形网格，继续对Mir参数进行调节。展开Geometry【几何形状】，将Vertices X【X轴上顶点】的数值设为100，Vertices Y【Y轴上顶点】的数值设为100，顶点越多则多边形网格越精细。将Size X【X轴大小】值设为210，Size Y【Y轴大小】值设为250，这里调节的是整个网格的大小。本例中Y轴的大小比X轴的稍大且Y轴要保持默认的数值不变，如图11-17所示。

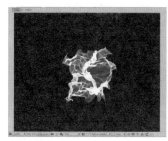

图11-17

STEP 11 为了使Mir的形状更接近火焰的形状，也就是圆柱形的形状，需要调节一下网格的弯曲参数。展开

Geometry【几何形状】，将Bend Y【Y轴弯曲】值设为-1.9，这样网格就会以Y轴为中心向后弯曲，形成类似于圆柱的形状，而此时X轴的数值保持不变，如图11-18所示。

图11-18

STEP 12 为了使网格的形状更加生动逼真，必须调节其分形参数。分形就是网格不规则的变形，通过调节分形参数，可以得到活泼生动且无规则的动态变化效果。展开Fractal【分形】参数项，将Amplitude【幅度】设为43，Frequency【频率】设为964，如图11-19所示。

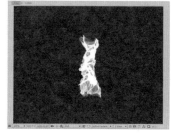 

图11-19

STEP 13 将Offset X【X轴偏移】设为86，X轴偏移是指在X轴上产生的位置移动。这里的y轴偏移和Z轴偏移的数值都保持不变。将Complexity【复杂性】设为3，复杂性控制的是网格的复杂程度，包括点线面等元素。其数值越高，网格越复杂；反之则越简单。将Amplitude Z【Z轴幅度】设为53，由于该网格现在已经变成了圆柱形状，故要将Z轴的幅度值降低，如图11-20所示。

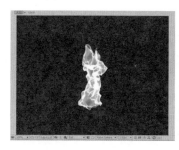 

图11-20

STEP 14 给网格设置动画,这里通过表达式控制动画效果,而表达式可以通过Expression Control【表达式控制】实现。选择燃烧图层,将其重命名为Progression,在Effect【效果】菜单下的Expression Control【表达式控制】中选择Slide Control【滑动控制】。将时间线指针移动到合成起始位置,将Slide【滑动】设为0;再将指针移动到1s的位置,将Slide【滑动】设为3;继续将指针移动到3s的位置,将Slide【滑动】设为4;最后将指针移动到4s的位置,将Slide【滑动】设为6,如图11-21所示。

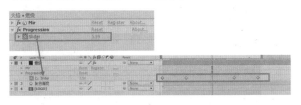

图11-21

STEP 15 按住Alt键的同时单击选择Evolution【演变】,在时间线窗口将该参数链接到之前创建的Slide【滑动】参数,并且输入*20,得到表达式effect("Progression")("Slider")* 20;用同样的方法按住Alt键的同时单击选择Scroll Y【Y轴卷动】,将其链接到之前创建的Slide【滑动】参数,并且输入*-160,得到表达式effect("Progression")("Slider") * -160,这样就得到一个网格上升且形状不断变化的动画,如图11-22所示。

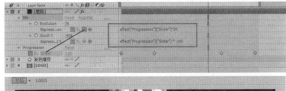

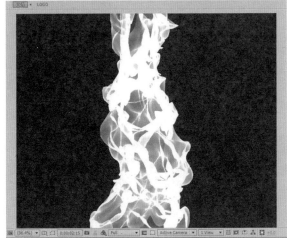

图11-22

STEP 16 此时火焰的密度过大,整体看起来比较稠密,

而且火焰有较大的透明度,这样不符合火焰的真实形状。展开Shader【着色】参数,将Density Affect【密度影响】降低为86;将Normal Affect【常规影响】设为87。此时火焰的密度就降低了,也符合了火焰的真实形状,如图11-23所示。

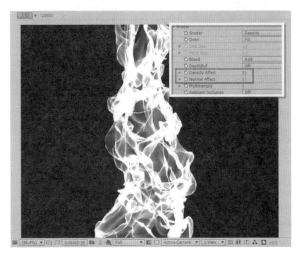

图11-23

STEP 17 给火焰调节颜色。展开Texture【贴图】参数,这里使用之前创建的LOGO图层作为火焰的贴图图层,这样火焰会继承LOGO图层的颜色以及动画,也就是火焰会有一个慢慢上升的动画。将Texture Layer【贴图图层】指定为LOGO图层,这样火焰就变成黄色了,其颜色与LOGO图层的颜色一致,如图11-24所示。

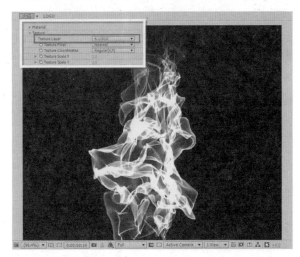

图11-24

STEP 18 此时火焰的颜色有点偏黄,仍不符合现实生活中的火焰形态。展开Material【材质】参数,将Color【颜色】设为橘黄色,并将RGB值设为【255,108,0】,这样火焰的颜色就偏暖黄色了,如图11-25所示。

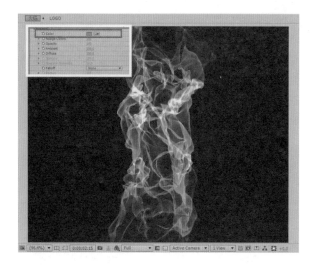

图11-25

STEP 19 此时火焰的底部还不够平滑，再次展开Fractal【分形】参数面板，单击选择Amplitude Layer【幅度图层】，此时Mir会根据所选择图层的灰度来决定分形或者置换的大小和强度。颜色越黑或越深，则分形强度越小，也就是火焰底部越平滑；颜色越白或越浅，则分形强度越大。这里将Amplitude Layer【幅度图层】指定为之前创建的灰色渐变图层，这样火焰的下半部分会变得平滑，如图11-26所示。

图11-26

STEP 20 至此，使用Mir制作火焰效果的方法已经介绍完毕了，用户可以通过调节其他参数来调整火焰的效果，最后的效果如图11-27所示。

图11-27

11.4.2 使用Turbulence 2D制作燃烧的LOGO

Turbulence 2D是一款流体模拟插件，可以用来制作烟雾、水墨和火焰等特效，其制作出来的效果逼真且渲染速度快。本节内容主要介绍如何使用Turbulence 2D插件来制作一个绚丽的LOGO燃烧的动画。LOGO燃烧的动画效果如图11-28所示。

  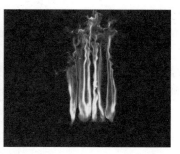

图11-28

STEP 01 新建一个Composition【合成】,将其命名为LOGO,设置宽高像素为720×576,并将时长设为20s。将本书配套的源文件"LOGO"导入该合成中,如图11-29所示。

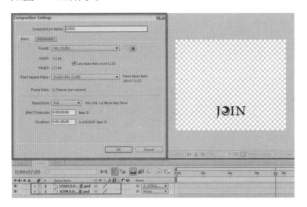

图11-29

STEP 02 为了让LOGO文字更清楚,并且使其更符合火焰的颜色,接下来给LOGO着色。新建一个Adjustment Layer【调节层】,将该层置于最顶部,在Effect【效果】菜单下的Generate【生成】中选择Fill【填充】,选择橘红色进行填充,设置颜色的RGB值为(255,168,0),如图11-30所示。

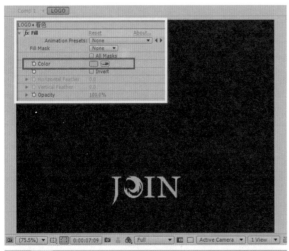

图11-30

STEP 03 为了更好地将LOGO文字与火焰合成起来,这里要将LOGO文字的透明度降低。单击快捷键T打开不透明度设置,将Opacity【不透明度】设为20%,如图11-31所示。

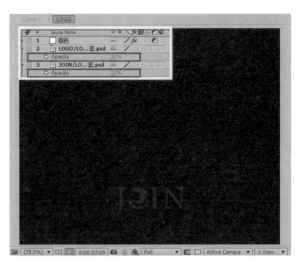

图11-31

STEP 04 制作一个噪波层作备用。首先新建一个Composition【合成】,将其命名为噪波,设置宽高像素为720×576,并将时长设为20s。再新建一个固态层,将其命名为噪波,如图11-32所示。

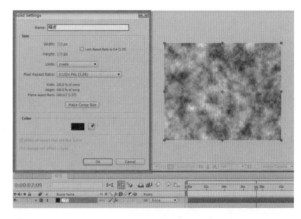

图11-32

STEP 05 为了使噪波图层与火焰的合成效果看起来更佳,将噪波图层的对比度提高。展开Fractal Noise【分形噪波】参数面板,将Contrast【对比度】设为221,Brightness【亮度】设为-6。将Transform【变化】参数下的Scale【缩放】设为20,如图11-33所示。

STEP 06 新建一个Composition【合成】,将其命名为燃烧的火焰,设置宽高像素为720×576,并将时长设为30s。打开该合成,将之前创建的LOGO合成和噪波合成拖入到燃烧的火焰合成中,并关闭其显示开关,如图11-34所示。

图11-33

里进行RAM预览时,After Effects会自动读取渲染完成的缓存文件,所以RAM预览的速度会加快,如图11-36所示。

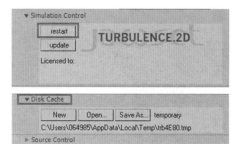

图11-36

注意: Turbulence 2D插件不同于After Effects的自带滤镜或其他插件,它是一款流体模拟插件,因此对插件中的任一参数进行调节,其变化效果不会马上在After Effects的合成窗口中显示出来,必须要使用插件自带的渲染引擎在后台进行流体模拟计算。

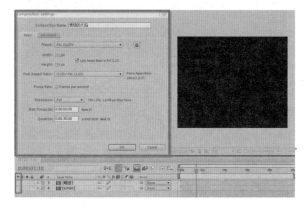

图11-34

STEP 07 新建一个固态层,将其命名为火焰,设置宽高像素为720×576,将固态层颜色设置为黑色,并将其置于合成的最顶部。单击选中该图层,在Effect【效果】菜单下的Jawset中选择Turbulence 2D,此时该滤镜的默认效果是空白的,必须要在效果器中对其进行调节才会在合成窗口中出现想要的效果,如图11-35所示。

STEP 09 下面简单的介绍如何管理缓存文件,也就是Disk Cache。在该参数下,有3个按钮,分别是New【新建】、Open【打开】和Save As【另存为】。单击New【新建】按钮,插件会在默认的路径新建一个缓存文件夹;单击Open【新建】按钮即会打开缓存文件所在的文件夹;单击Save As【另存为】按钮,可以将缓存文件存在指定的位置。这里建议用户将缓存文件另存到合适的文件夹中,方便以后读取和调用,如图11-37所示。

图11-37

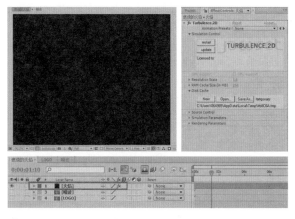

图11-35

STEP 08 单击Simulation Control【模拟控制】参数下的"Restart"按钮,插件会自动在当地硬盘里生成渲染缓存文件。生成完渲染缓存文件后,在After Effects

STEP 10 对Turbulence 2D参数进行调节。要利用该插件制作出火焰的效果,必须要设置一个发射火焰的图层,该图层在Turbulence 2D里被叫做Fuel Layer【燃料层】。展开Source Control【源控制】选项,将Fuel

Layer【燃料层】设置为之前创建的LOGO图层,这样火焰就会在该LOGO图层上生成。单击"Restart"按钮进行流体模拟渲染,如图11-38所示。

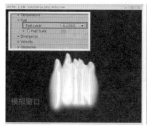

图11-38

STEP 11 此时的渲染模式是全部输出,即包括烟雾、火和贴图等,但这里要的只是火焰,所以要改变渲染模式。展开Rendering Parameters【渲染参数】,将Render Mode【渲染模式】由All Sources【全部源】改为Stylized Fire【风格化火】,这样就只会渲染火焰的形状。其他的模式还有Fire + Smoke【火+烟】、Color【颜色】、Texture【贴图】、Refracted Texture【折射贴图】以及Velocity【速度】,每一种不同的渲染模式都会得到不一样的流体效果。这里将渲染模式设为Stylized Fire【风格化火】,并将Alpha Mode【alpha通道模式】设为Source【源】,记住每一次调节参数都要单击"Restart"按钮进行模拟渲染,这样才能看到渲染效果。单击"Restart"按钮再次进行模拟渲染,如图11-39所示。

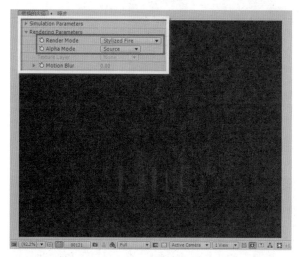

图11-39

STEP 12 此时火焰已经有了初步的形状,但它的不透明度很低,所以要提高火焰的明亮度或者密度。在Source Control【源控制】参数项下的Fuel【燃料】参数中选择Fuel Scale【燃料缩放】,并将其数值设为250,再次单击"Restart"按钮进行模拟渲染,如图11-40所示。

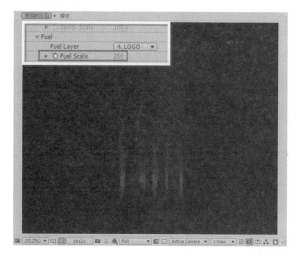

图11-40

STEP 13 此时的火焰显得过于规则,为了使火焰变得更加动感活泼、更加具有活力,则要使其具有置换和扭曲效果,这里将使用之前创建的噪波图层作为Turbulence 2D的分离层。在Source Control【源控制】下的Divergence【分离】中选择Divergence Layer【分离层】,将该层设为噪波图层,单击"Restart"按钮进行模拟渲染,此时可以看到火焰有了不规则的形状,更接近现实中的火焰,如图11-41所示。

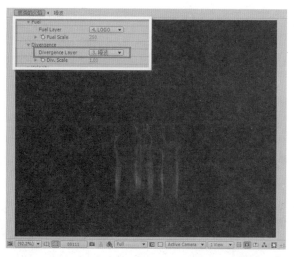

图11-41

STEP 14 对Simulation Parameter【模拟参数】进行调节,将Time Scale【时间缩放】设为3,这样火焰动画的速度变为原来的3倍,并将Density Dissipation【密度消失】设为0,如图11-42所示。

STEP 15 将Burn Rate【燃烧速度】设为30,这样火焰

第11章 火焰特效应用 | 173

的速度既不会太快也不会太慢。将Heat Creation【热量创建】设为100，热量创建控制的是火焰的聚集程度，该数值越低，火焰密度越大、越集中，火焰燃烧得越激烈；反之，热量创建数值越大，密度越小，火焰越稀疏，如图11-43所示。

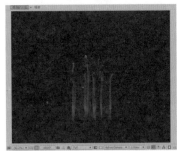

图11-42

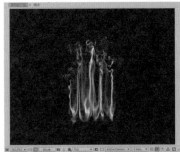

图11-44

STEP 17 至此，火焰效果的制作已经完成，接下来要对火焰的最终效果进行调节和优化。此时可以看到火焰的形状已经符合现实中的火焰形态了，但火焰的颜色过于平淡和暗沉，不够生动，难以吸引人。并且火焰在视觉上应该要有发光的效果，甚至看上去要有刺眼的感觉，而此时的火焰效果并没有上述的视觉效果。此时需要添加一个Glow【辉光】滤镜，让其产生发光的效果。选中火焰图层，在Effect【效果】菜单下的Stylize【风格化】中选择Glow【辉光】效果，展开该滤镜参数，将Glow Threshold【发光阀值】设为61.0%，Glow Radius【发光半径】设为24，Glow Intensity【发光强度】设为1。这样，火焰的视觉效果就更生动了，如图11-45所示。

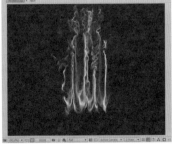

图11-43

STEP 16 继续调节火焰的参数。将Cooling【冷却】设为100；将Gravity【重力】设为5，重力数值越大，火焰往下燃烧的趋势就越明显，且火焰会向四面八方发散，形成更加不规则甚至扭曲的形状，而且火焰的体积也更大；反之重力的数值越小或者为负数时，火焰往上燃烧的趋势就越明显，如图11-44所示。

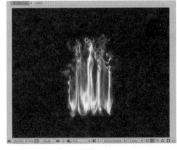

图11-45

STEP 18 至此，使用Turbulence 2D制作燃烧的LOGO已经完成了，有关该插件的其他特效应用请查阅本书第10章——水墨特效应用。本节最终的火焰效果如图11-46所示。

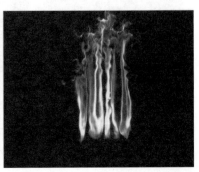

图11-46

11.5 坠落火星的制作

本节内容将介绍如何使用Trapcode Particular来制作坠落的火星特效,其中包含了如何使用Particular来制作快速运动的火焰效果以及真实的火花粒子效果。再通过摄像机的运用,模拟出火星高速坠落的绚丽效果。高速坠落的火星的效果图如图11-47所示。

图11-47

11.5.1 使用Trapcode Particular制作燃烧的火焰效果

Trapcode Particular可以用来模拟真实的火焰效果,本例将使用一张烟雾贴图作为粒子的基本形态,再通过对粒子各个不同的参数进行调节,从而制作出逼真的火焰效果。

STEP 01 新建一个Composition【合成】,将其命名为烟贴图,设置宽高像素为512×512,并将时长设为5s;将合成的背景颜色设为纯红色,RGB数值设为(255,0,0),如图11-48所示。

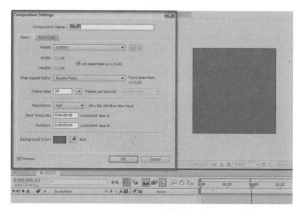

图11-48

STEP 02 将本书配套的源文件"烟贴图"导入新建的合成中,并使用快捷键Ctrl+D将该贴图复制一层,如图11-49所示。

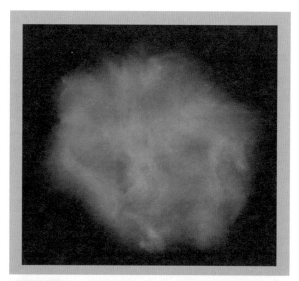

图11-49

STEP 03 选择第一层的烟贴图合成,在Effect【效果】下的Color Correction【校色】中选择Levels【色阶】,展开色阶选项参数,将Input White【输入白色】设为211,Gamma【伽马】值设为0.62,这样第一层烟雾的亮度就比第二层的亮度要低。将第一层的混合模式设为Stencil Luma【图案亮度】,这样就消除了原烟贴图合成中的黑色部分。要使之变成透明,仅保留烟雾部分，因此这个烟贴图合成是带有透明通道的。这里将使用烟贴图合成作为Particular的烟雾粒子样本，通过对具体的参数进行调节来制作燃烧的火焰效果，如图11-50所示。

11-53所示。

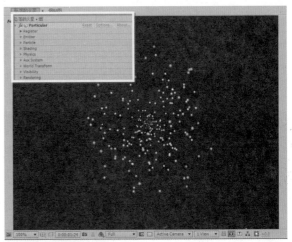

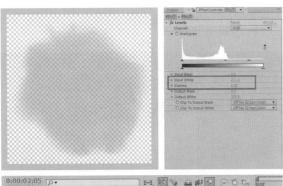

图11-50

STEP 04 新建一个Composition【合成】，将其命名为坠落的火星，设置宽高像素为720×576，并将时长设为5s。将之前创建的烟贴图合成拖入到坠落的火星合成中，并将其隐藏起来；再新建一个黑色固态层作为背景，如图11-51所示。

图11-52

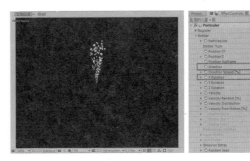

图11-53

STEP 07 将Direction Spread【方向延伸】设为0，这样粒子就不会向四周散开，而是集中在一定区域，符合现实中粒子坠落的形态。由于坠落的速度一般很快，故将Velocity【速度】提高到360，并将Velocity Random【速度随机】设为45；将Velocity Distribution【速度分布】设为0.7，如图11-54所示。

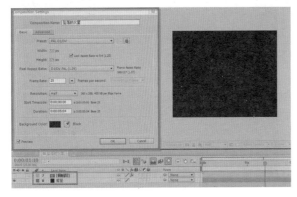

图11-51

STEP 05 新建一个固态层，将其命名为烟，在Make Comp Size【与Comp同样大小】中将背景颜色设置为黑色，并将RGB数值设为（0,0,0）。单击选择该层，在Effect【效果】下的Trapcode中选择Particular，该滤镜的默认初始效果如图11-52所示。

STEP 06 对Particular【粒子】进行调节。由于要模拟的是火星坠落效果，故粒子一定具有一定的方向，展开Emitter【发射器】选项，将Direction【方向】设为Directional【定向】。将X Rotation【X轴旋转】设为0×+90°，这样粒子就具有一定的方向了，如图

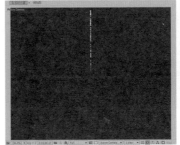

图11-54

STEP 08 调节粒子的形状。展开Particle【粒子】选

项,将Particle Type【粒子类型】设为Textured Polygon【贴图多边形】;并展开Texture【贴图选项】,将Layer【图层】设为之前创建的烟贴图图层,这样粒子的形状便不再是一个一个的小圆点,而是被烟贴图的形状所取代。由于默认的粒子比较小,因此这里将Size【大小】值设为152,如图11-55所示。

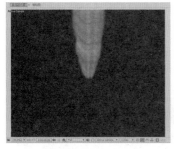

图11-55

STEP 09 为了使粒子的变化更具有多样性,将Size Random【大小随机】设为96,这样粒子便有大有小,形态变得更丰富。将Size Over Life【贯穿生命大小】设为粒子出生时最小,然后随着出生时间的推移慢慢变大。将Opacity【不透明度】设为56,将Opacity Random【不透明度随机】设为14。将Opacity Over Life【贯穿生命不透明度】设为粒子出生时不透明,然后随着出生时间的推移慢慢变得透明,最后粒子死亡时变成全透明。将Life【寿命】值设为1.7,这是因为高速坠落的粒子寿命都较短;同时将Life Random【生命随机】设为43。将生命、大小和不透明度这样设置的原因是粒子从出生一直到死亡这样变化会显得更自然,不会显得很突兀。如果粒子突然不产生了或者突然消失,这是不符合动画设计原理和现实状态的,粒子的变化效果如图11-56所示。

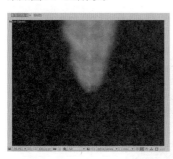

图11-56

STEP 10 对Physics【物理学】参数进行调整。将Gravity【重力】设为1,重力越偏向正数,且数值越大,表示受地球引力的影响越大,粒子向下运动的趋势越明显;反之则粒子向上运动的趋势越明显。将

Air Resistance【空气阻力】设为0.6,并且勾选Air Resistance Rotating【空气阻力旋转】选项;将Spin Frequency【旋转频率】设为0,Spin Amplitude【旋转幅度】设为0.3。为了使粒子运动得更加活跃和符合现实规律,需要调节一下影响粒子的风力因素。将Wind X【X轴风力】设为-324,正数表示粒子受风力影响后偏向右运动;负数表示粒子受风力影响后偏向左运动。将Wind Y【Y轴风力】设为-69,正数表示粒子受风力影响后偏向下运动;负数表示粒子受风力影响后偏向上运动。为了更好地观察粒子的动画效果,展开Emitter【发射器】参数,将Position XY【XY轴位置】设为(488,505),如图11-57所示。

图11-57

STEP 11 展开Air【空气】参数下的Turbulence Field【涡流场】,将Affect Size【影响大小】值设为6,这样粒子会受到涡流场的变化影响,在运动的过程中产生形态大小的变化。将Affect Position【影响位置】设为2,同样,涡流场也将影响粒子的位置,在运动的过程中使粒子的位置产生偏移和变动等。将Evolution Offset【演变偏移】设为40,如图11-58所示。

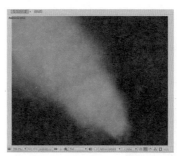

图11-58

STEP 12 此时,粒子的颜色依然是灰色的,这样不符合火焰的真实颜色。这里使用灯光照射粒子,使粒子产生颜色,灯光的颜色决定了粒子的颜色。新建一个灯光,将Light Type【灯光类型】设为Spot【聚光灯】;将灯光Color【颜色】设为橘黄色,其RGB数值设为(255,114,0);将Intensity【强度】设为

347%；将Cone Angle【圆锥角】设为115°，Cone feather【圆锥羽化】设为67%；将Fall Off【衰减】设为Inverse Square Clamped【反转固定正方形】；将Radius【半径】设为500；勾选Cast Shadows【投射阴影】选项。在时间线窗口将灯光的位置设为（645，655，-11），如图11-59所示。

11.5.2 使用Trapcode Particular制作火花效果

为了使燃烧的火焰效果更真实，在火焰效果的基础上再添加一个火花效果，这样燃烧的效果便显得更真实生动，动画效果也更丰富。

STEP 01 选择烟图层，按快捷键Ctrl+D将该图层复制一层，将复制所得图层重命名为火花。为了方便直观地观察效果，将烟图层隐藏起来，如图11-61所示。

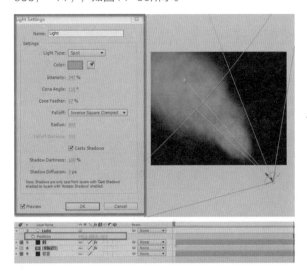

图11-59

STEP 13 此时灯光的投射效果还没有出现，因此要调节Particular中的Shading【投影】参数。展开Shading【投影】，将Shading【投影】设为On【开启】；将Light Falloff【灯光衰减】设为Natural（Lux）【自然（拉克斯）】；将Nominal Distance【微距】设为250；将Ambient【环境光】设为81；将Diffuse【漫反射】设为200；将Specular Amount【高光总数】设为1.0；将Specular Sharpness【高光锐度】设为100；将Refection Strength【折射强度】设为100。这样灯光就会从粒子的起始位置一直投射至结束位置，灯光的亮度也从起始位置向结束位置慢慢衰减，这样火焰效果就已经制作完成了，如图11-60所示。

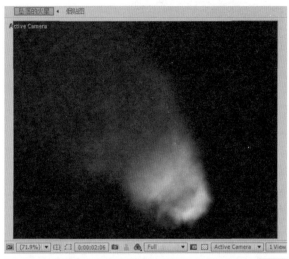

图11-61

STEP 02 由于火花粒子具有一定的特性，这里不需要再用烟贴图图层来作为粒子样本了。展开Particle【粒子】参数项，将Particle Type【粒子类型】设为Sphere【球体】，并将Color【颜色】设为橘黄色，其RGB数值设为（255，125，0），如图11-62所示。

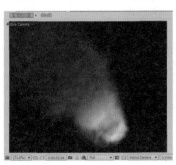

图11-60

图11-62

STEP 03 因为粒子有自身的颜色，所以不再需要灯光来照亮粒子了。展开Shading【投影】参数，将Shading【投影】设为Off【关闭】，这样灯光就不再起任何作用了，粒子上面也不会有投影产生。将Shadowlet for Main【主粒子阴影开关】设为Off【关闭】，Shadowlet for Aux【子粒子阴影开关】设为Off【关闭】，如图11-63所示。

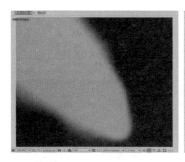 

图11-63

STEP 04 此时的粒子大小明显偏大了。展开Particle【粒子】参数项，将Size【大小】值设为2；将Size Random【大小随机】设为0；将Size over Life【贯穿生命大小】设为自始至终大小一致；将Opacity【不透明度】设为100；将Opacity Random【不透明度随机】设为0；将Life【生命】值设为1.5；将Life Random【生命随机】设为0；将Sphere Feather【球体羽化】设为50。通过上述的设置，粒子更接近火花的形状了。此时的粒子较小、速度较快，且透明度没有多样化的变化，粒子的大小随机、生命随机等变化性都很小。值得注意的是这样设置后的粒子没有像火焰粒子那样受到灯光的影响后在内部产生投影，这是因为粒子有其自身的颜色属性，如图11-64所示。

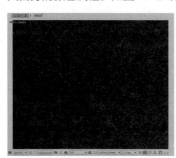 

图11-64

STEP 05 继续展开Emitter【发射器】选项，对参数进行调节。将Particle/sec【每秒粒子数量】值设为100，并将Emitter Type【发射器类型】设为Box【盒状】；将Emitter Size X【X轴发射器大小】设为88；将Emitter Size Y【Y轴发射器大小】设为95；将Emitter Size Z【Z轴发射器大小】设为138；将Direction Spread【方向延伸】设为44，如图11-65所示。

图11-65

STEP 06 选中火花图层，在Effect【效果】下的Stylize【风格化】中选择Glow【辉光】效果，如图11-66所示。

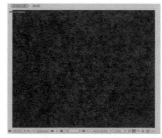 

图11-66

STEP 07 至此，火焰以及火花的效果已经制作完成了，效果如图11-67所示。

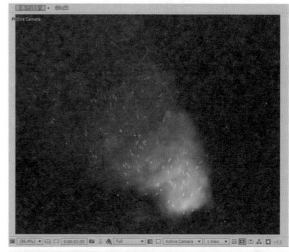

图11-67

11.5.3 优化合成效果

为了使坠落的火星的视觉效果更真实和绚丽，需要对粒子的对比度以及色彩做进一步的调节。

STEP 01 新建一个Adjustment Layer【调节层】，将其命名为对比，并将该调节层置于所有图层的最上方，如图11-68所示。

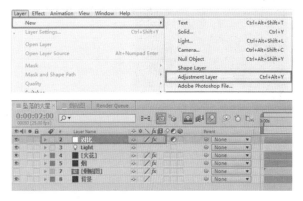

图11-68

STEP 02 选中对比调节层，在Effect【效果】下的Color Correction【校色】中选择Curves【曲线】效果，提高RGB对比度，并且增加暖色调，如图11-69所示。

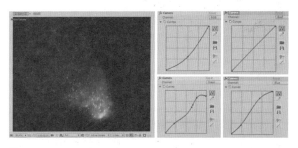

图11-69

STEP 03 新建一个固态层，将其命名为红色，设置宽高像素为720×576。将图层的颜色设为黑色，并将该层置于图层最顶部，如图11-70所示。

STEP 04 选中红色图层，在Effect【效果】下的Generate【生成】中选择Ramp【渐变】效果，将Start Color【起始色】的RGB数值设为【100,0,0】；将End Color【结束色】的RGB数值设为【106,0,0】；将Ramp Shape【渐变形状】设为Radial Ramp【径向渐变】；将Start of Ramp【渐变起始位置】设为（360,0）；并将End of Ramp【渐变结束位置】设为（360,576），这样就得到了一个渐变的深红色固态层。在时间线窗口，将红色图层的混合模式设为Color Dodge【颜色减淡】，Color Dodge【颜色减淡】模式类似于Screen【屏幕】模式所创建的效果，该模式能使边缘区域的颜色更尖锐。另外，不管何时定义Color Dodge【颜色减淡】模式混合前景与背景的像素，背景图像上的暗区域都将会消失，如图11-71所示。

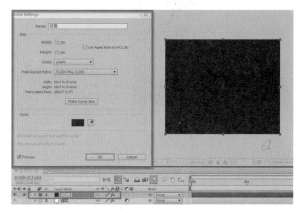

图11-70

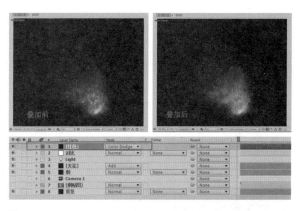

图11-71

STEP 05 至此，坠落的火星效果已经全部制作完成了，最终的效果如图11-72所示。

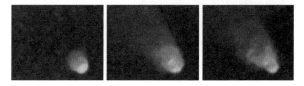

图11-72

第12章 水墨特效应用

本章内容
- 电影中的流体特效
- Turbulence 2D流体插件介绍
- 水墨飞舞制作技法
- 国内外优秀案例赏析
- 水墨文字特效制作

本章内容主要介绍水墨等流体特效的相关知识及其应用，并对第三方流体特效插件Turbulence 2D的实例应用进行介绍，其中重点讲解了水墨特效文字动画和水墨飞舞效果两个案例的制作。

12.1 电影中的流体特效

在数字动画、影视后期特效制作等应用中，粒子特效和流体特效是动画特效中常见的表现形式，这两种特效一直是计算机数字媒体艺术应用领域的热点，目前各种三维动画制作软件在制作实际的特效场景时，粒子动画与流体动画在模拟过程中的设置都是大同小异的。如果从真实感的角度出发，纯粹用软件去模拟真实的流体运动特效通常是一个非常耗时的过程，因为需要动用几百万甚至上千万的粒子来实现流体的形态运动效果并使粒子之间相互影响，当中所涉及的运算量通常都是超乎想象的。电影中的流体特效制作不仅对特效师的技术水平有很高的要求，而且对硬件的要求也比一般特效制作的要求高很多，所以大规模和逼真的流体特效模拟和渲染通常只会出现在预算较高的影视项目中。流体特效的效果图如图12-1所示。

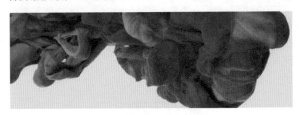

图12-1

水墨特效是近些年开始流行的一种流体特效，随着商业和娱乐行业的发展需要，最近几年国内对水墨特效制作的需求量越来越大。各种不同风格的水墨特效层出不穷，而且它们的视觉表现力也极其丰富。其中给观众印象最深的水墨特效莫过于央视《相信品牌的力量》广告。继该广告之后，国内有很多三维水墨动画方面的作品如雨后春笋般涌现出来，大多数的作品主要利用三维特效软件及材质贴图模拟出来的。通过三维空间来表现水墨的意境，可以使其运动起来时所产生的运动水墨画面比传统的2D水墨画面更具有感染力和震撼力，而且更能表现出水墨动画所特有的美学价值和美感。

水墨动画是中国传统水墨艺术与现代动画艺术的完美结合。水墨艺术是中国传统文化的精髓，它以其独特的文化气质承载和传递着中国的古典文化。水墨画创作中的"黑白"是中国古代山水画的形象代表，从古至今，"黑白"被赋予了极为丰富的文化内涵，黑与白是中国古代绘画中的重要元素。如同老子所言："知其白，守其黑，为天下式。为天下式，常德不忒，复归于无极"。水墨艺术中虚实的意境和优雅灵动的画面使CG特效在艺术表现力上有重大突破，CG特效又使水墨艺术得以告别传统水墨（在纸上有限空间上挥洒的境况）。如今，计算机CG特效的逼真模拟得以让水墨特效所渲染出飘逸的动画展现在大屏幕上，重现一幅幅生动的山水画和动物画，如图12-2所示。

图12-2

12.2 国内外优秀作品赏析

下图是央视著名的《相信品牌的力量》水墨篇的公益广告片。它的创作背景是2005年,当年,中央电视台提出全面实施品牌化战略。据此,中央电视台广告部大胆突破,创新地提出"相信品牌的力量"理念,其核心思想是:随着市场不断变化、客户需求日新月异,中央电视台必须提升专业水平,实行品牌化的广告经营,走专业化经营道路。中央电视台最终确定以《引领篇》《水墨篇》《座位篇》《视界篇》《天马行空篇》和《骨牌篇》等8个创意广告分别从不同角度、不同侧面来诠释"相信品牌的力量"的主题内涵。整个系列广告的画面或意境幽远、或气势磅礴,在视觉冲击、内涵表达等方面都有出众的展示。

在《相信品牌的力量》整个系列的广告中,最具创意和视觉冲击力的就是其中的水墨篇。该广告在短短的一分钟时间内,画面从一滴墨汁滴入水中开始,随后镜头中逐渐出现水墨画中的群山和瀑布,再由山峦延伸至大海;由仙鹤演变成游龙,最后幻变出长城、太极等极具中国古典特色的元素。整个广告用水墨抽象而灵动的表现形式演绎着从古至今各个元素变换的动画,整个画面浑然天成,元素之间过渡自然、一镜到底且流畅和谐。《相信品牌的力量》广告中的《水墨篇》的画面如图12-3所示。

图12-3

从幕后花絮的讲解可以了解到该广告的制作团队主要是应用3ds Max的流体插件Fume fx来完成广告中绝大多数水墨元素的渲染制作的，其中某些特定的水墨效果需要借助实拍水墨运动才得以顺利完成。片中的武者习武动作是由动作捕捉器完成的，分层渲染好各个元素的动画和水墨特效后，最终由After Effects来合成输出最终的效果。《相信品牌的力量》广告中的《水墨篇》的后期制作过程如图12-4所示。

图12-4

水墨特效也经常应用在电影、动画以及一些游戏的魔法效果中，如电影《Harry Potter 6》（《哈利·波特6》）中片尾的水墨字和场景：神秘朦胧的黄色背景下，一缕缕水墨不断地淡化开并冲击到镜头前。一会儿水墨过渡成文字，一会儿又从文字变为淡化开的水墨，节奏时快时慢。通过镜头的不断变幻陆续出现了各种不同形态的水墨，片尾后半部分由水墨形成的类似梅花生长的特效尤为壮观。水墨伴随着激昂的背景音乐和快速移动的镜头而流动，画面整体的艺术表现形式堪称一绝，如图12-5所示。

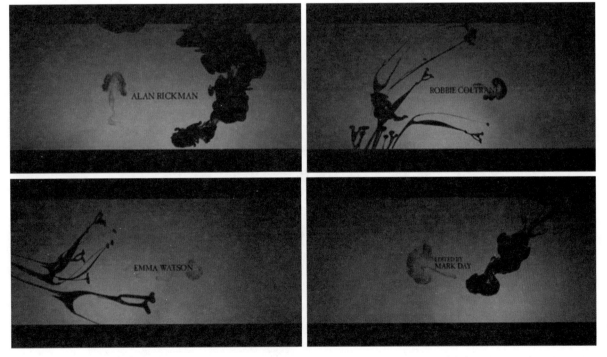

图12-5

片中水墨的流动效果是在3D软件中制作完成的，整体效果真实自然。通过幕后特效人员的解析，该片尾包括了电影中大部分的流体特效，如魔法打斗时的烟雾、摄魂怪身体周围散发的毒雾等这些特效都是由一款强大的三维特效软件Softimage XSI合成制作而成的。该软件是好莱坞影视公司常用的软件之一，利用该软件制作出来的电影代表作包括有《星球大战》三部曲、《黑客帝国》《侏罗纪公园》等。

12.3 Turbulence 2D流体插件介绍

本节内容重点对After Effects流体特效插件Turbulence 2D进行详细的讲解，该插件可以轻松利用多种颜色梯度控制来制作出一些流动特效，如火、烟、颜色和纹理等。其中纹理可以扭曲成折射的流体，模拟出逼真和绚丽的自然特效，如烟、火和雾等。除此之外，Turbulence 2D插件还具有碰撞属性，可以模拟文字或其他物体与流体的碰撞效果。Turbulence 2D插件是目前After Effects中流体模拟效果最好的流体插件，该插件模拟出的流体效果如图12-6所示。

图12-6

12.3.1 关于流体力学

在一个流体仿真中，每一个点都有可能影响到其他的点，每一帧都影响着它后面所有的帧，这意味着流体存在着很大的复杂性和混乱的外在表现，但它仍然可以被控制。

一个流体实际上就是一个由以百万计的粒子所组成的一个体系，在这个体系中，所有的粒子都以一种流动的特性相互影响着。流体的仿真与粒子系统的仿真不同：粒子系统中的粒子通常不会互相影响。在一个流体中，区域中某一端的一些粒子造成的波动可以以各种方式传播到区域的另一端，尽管在另一端没有这些粒子在运动，它们是以不断地推动相邻粒子的形式来进行传播的。这样便形成了一种帧与帧之间相互依赖的逻辑关系，如果要模拟出第100帧，那么第99帧就必须先被模拟出来，所有的帧都由此类推。因此，我们不可以直接跳到第100帧去看这些粒子到底是什么样子。当然，使用Turbulence 2D可以不必每次修改时都把所有的帧重新仿真一遍，只需关闭预览窗口、中断前面的仿真，修改一些参数后再继续模拟余下的帧，这样仿真的参数便可被修改了。

了解了流体力学的基础知识后，下面进入对插件的系统学习，插件的界面与参数预览如图12-7所示。

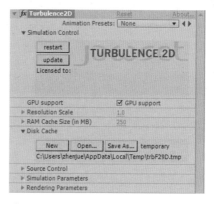

图12-7

新建一个Composition【合成】和一个固态层，给它们添加Turbulence 2D特效。为了产生一个流体仿真，需要给仿真指定效果，并给其添加控制层，如密度、燃料、颜色和温度等参数。按Restart【重新开始】按钮，会弹出预览窗口，并且可以显示仿真的进度，可以随时按Esc键或是关闭窗口即可中断仿真。此时所有已经计算出来的帧图像都可以像普通素材一样供After Effects使用了。如果不想重新进行模拟可以单击Restart【重新开始】下的Update【更新】按钮，此时插件就会从上次模拟的那一帧开始继续往下进行模拟。弹出的预览窗口如图12-8所示。

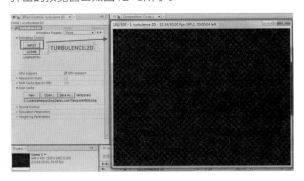

图12-8

在GPU support【支持GPU渲染】中，由于流体仿真的计算量非常大，所以流体软件的运行速度一般都很慢。而Turbulence 2D插件则在速度上作了优化，它除了可以使用所有的处理核心外，还支持使用图形处理器来加快仿真计算的速度，使仿真速度加快到原来的10倍。如果你的计算机是支持GPU的，那么GPU Support选择框就会是有效的，并且是默认被勾选的。如果显卡有足够的显存，Turbulence 2D插件就可以使用GPU来加快仿真模拟计算的速度。从预览窗口的标题中可以看到当前是在使用CPU模式还是GPU模式，这样可以很直观地对仿真的结果进行检验，GPU support【支持GPU渲染】面板如图12-9所示。

图12-9

12.3.2 各项参数介绍

在GPU support【支持GPU渲染】面板中，有3个参数项，分别是Resolution Scale【解析度缩放】、RAM Cache Size【RAM缓存大小】和Disk Cache【磁盘缓存位置】，下面将对这3个参数项进行介绍。

- Resolution Scale【解析度缩放】：它用于指定一个影响流体计算单位的像素大小。当其数值为1时，意味着一个计算单位对应一个像素，如果将数值设为2或更高数值的话，则可以加快预览的速度，但是仿真的质量会降低。如果要进行的是最终渲染，应将数值设为1或小于1的数值，这样的话虽然会消耗更多的时间进行模拟，但可以得到更细致的流体模拟效果。

- RAM Cache Size【RAM缓存大小】：它用于设置仿真缓存的内存值。这个参数与After Effects内建的缓存和RAM预览不同，仿真缓存可以在不更新模拟计算的情况下调整渲染参数。如果想在拖动时间线指针的同时使预览效果更流畅，应该要将这个参数值设得大一点。

- Disk Cache【磁盘缓存位置】：它用于指定模拟仿真输出的目录。当更新模拟计算或重新模拟时，原本缓存目录里的文件会被覆盖。如果想比较几次仿真设置的结果，可以先保存一个仿真的结果。建议选择一个容量大的分区来保存渲染的缓存文件，因为在工程中，通常每一帧的缓存文件的大小都是很巨大的。

下面是Source Control【源控制】面板中的相关参数，对源控制中的参数进行修改或是对层内容进行选择都不会立即影响到输出结果，直到下一次仿真被更新时输出结果才会被影响，参数面板如图12-10所示。

图12-10

- Density【密度层】：该参数用来定义被选择的层的输入密度。在该参数项中输入密度值后，这个层的颜色值将会被转换成灰度值，并映射成0和密度缩放参数之间的亮度值。也就是说，输入层中的一个黑点会被映射成0，而白点则会被映射成密度缩放参数的亮度值。这里的输入层的颜色取自其Alpha通道。

- Color【颜色层】：该参数用于为流体的不同区域选择颜色。颜色是由流体的密度值来定义并由渐变来调整的。为了可以随意地确定流体的颜色，可以添加一个颜色层。颜色输入是被动的，它并不会像密度或者温度那样影响到流体的速度，它只会跟随流体一起流动。在使用颜色层来混合图像的同时，可以沿路径注入更多的颜色。

- Temperature【温度层】：该参数用于选择一个层来定义温度输入。温度层参数值的计算可通过使用温度缩放值来进行。和密度一样，温度也可以影响流体的速度。这里可通过设定温度和bouyancy值来决定流体的运动方向是下沉还是上升，而且流体热的部分会上升到冷的部分的上面。

- Fuel【燃料层】：该参数用于指定有多少燃料被注放到流体里面。和密度温度不同的是，燃料并不影响速度的方向。它没有重量，燃料所产生的热和烟就是温度和密度。通过设定燃料层的Alpha值来决定燃料的多少，下面举一例来直观地对不同Alpha值所产生的燃料多少进行对比。

新建一个文字层，随意导入文本内容，然后预合成文字层，如图12-11所示。

图12-11

注意： 作为源的图层，最好都先将图层预合成，这样可方便后续的修改。

再将预合成导入插件的Fuel【燃料层】中，单击Restart【重新开始】按钮，如图12-12所示。

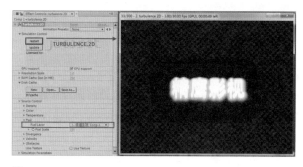

图12-12

这时返回文字层，将文字层的Opacity【透明度】修改为10%，再次渲染，如图12-13所示。

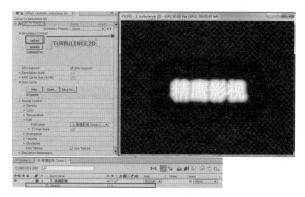

图12-13

此时可以很明显地看到渲染出来的文字的亮度低了很多，这说明源图层的Alpha值对最终渲染的影响很大。

- Divergence【发散层】：该参数中正的发散值意味着膨胀，负的发散值意味着收缩。密度值会按照发散层颜色值经过缩放值映射后的值进行缩放。如果缩放值是x，那么一个黑色输入会被映射成-x，而白色输入则被映射成x。

- Velocity【速度层】：该参数用于指定流体的速度输入。速度是一个向量，它由一个数值和一个由X轴和Y轴两个坐标组成的方向构成。二维向量的输入被设定成和运动向量一样。输入层的红色通道用于给速度指定横坐标，而绿色通道则用于给速度指定纵坐标。

注意： Turbulence 2D中速度的输入将使用到运动向量，运动向量可将一个点的颜色中的红色通道和绿色通道定义成一个二维向量。下面这张图显示了颜色和方向的映射关系。中间的原点在8位色模式中的RGB值是（127，127，0）；在16位色模式中的RGB值是（16383，16383，0）；在32位色模式中的RGB值是（0.5，0.5，0）。方向朝左下角的速度的颜色是黑色，方向朝右上角的速度的颜色是黄色，依此类推。速度的颜色和方向的映射关系如图12-14所示。

域类型时，材质不会离开第三个维度，不过压力会离开。half-open【半开放】区域类型适用于桌子或者盘子上的流体，选择这个区域类型时，压力离开到一边，材质则保留在盘子上。closed【封闭】区域类型适用于玻璃盘子，选择这个区域类型时，压力不会离开第三个维度，如图12-16所示。

图12-14

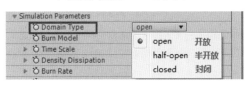

图12-16

- Obstacles【障碍层】：该参数可指定输入层为实体障碍。Alpha值在50%以上的每一个点都会被当做实体，障碍层会迫使流体绕过这些点。通过使用这个参数的输入来创建各种形状的障碍或是类似的实体。
- Use Texture【使用贴图】：该参数表示使用贴图坐标来仿真。如果想使用贴图渲染模式，在仿真计算过程中必须选中此参数项。除此以外，取消选中此项可以加快显示速度。

Simulation Parameters【模拟仿真参数组】这组参数主要用于控制流体的形态，对仿真参数的修改要等到下一次进行仿真计算时才会起作用，参数面板如图12-15所示。

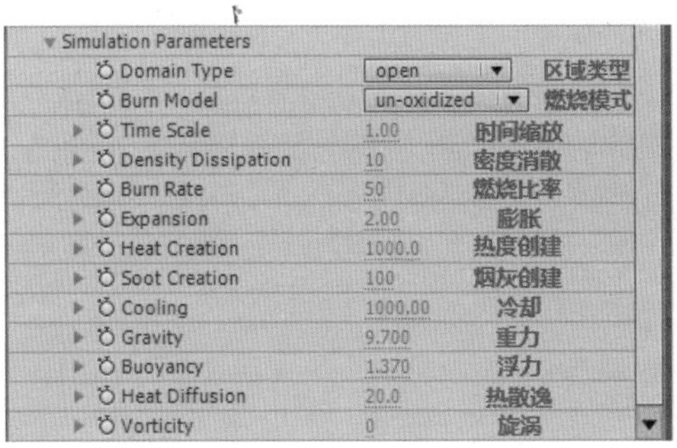

- Burn model【燃烧模式】：该模式包括oxidized【有氧燃烧】和un-oxidized【无氧燃烧】两种氧化模式，用于设定流体燃烧时是否需要氧气。每一个有燃料的单元都会燃烧，在无氧化模式中，燃料只有在空气充足时才会燃烧，那些有燃料并且靠近边缘的单元也会燃烧，如图12-17所示。

图12-17

- Time scale【时间缩放】：当该参数值设为1时，流体的物理表现是实时的；而当该参数值大于1时，流体会流得更快一些；当该参数值小于1时，流体则流得慢一些。
- Density dissipation【密度消散】：当该参数值大于0时，密度会随着时间推移而消散。增大该值，可以使烟雾加快消散，反之亦然。
- Burn rate【燃烧比率】：该参数表示燃料燃烧的比率。这个值越低，火苗越小，所产生的热和烟灰也越少。
- Expansion【膨胀】：这个参数用于指定流体膨胀的程度，温度越高会使流体膨胀得越厉害，膨胀程度也取决于燃料值。
- Heat creation【热度创建】：该参数用于指定生成热的数量。火苗越热，流体上升得越快，这个值根据燃料燃烧的量来设定。
- Soot creation【烟灰创建】：该参数用于指定烟灰生成的量，它取决于燃料燃烧的量。
- Cooling【冷却】：这个参数用于指定火苗在

图12-15

下面对Simulation Parameters【模拟仿真参数组】参数面板中的参数进行介绍。

- Domain type【区域类型】：该参数项中的open【开放】区域类型用于将二维流体作为三维流体的一个切面来进行仿真，选择这个区发光时损失热量的速度。该参数值越大，生成的火苗越小。

- Gravity【重力】：该参数用于指定密度受重力影响的程度。该参数值越大，密度下沉得越快。
- Buoyancy【浮力】：这个参数用于指定流体上升或下沉的速度，该参数值越大，流体上升得越快。
- Heat diffusion【热散逸】：该参数用于设定流体中的粒子由于大规模的运动而产生的散射程度，这个参数值越大，散射就越多，同时温度场也会越模糊，该参数值一般设在10～100。
- Vorticity【旋涡】：该参数用于设置旋涡增强值。这个参数的设置可导致流体失控，使流体退化成燥波。

Rendering Parameters【渲染参数】参数项用于控制最终渲染效果的表现形式，该参数项中的参数可以不需经过重新仿真计算就进行修改，而且修改参数后所产生的效果可以马上看到，Rendering Parameters【渲染参数】的参数面板如图12-18所示。

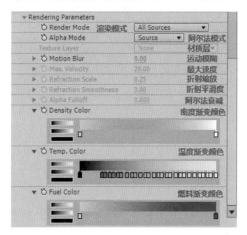

图12-18

- Render mode【渲染模式】：该模式用于指定不同的方式来体现密度、温度、燃料、颜色和速度仿真的结果，渲染模式的具体分类如图12-19所示。

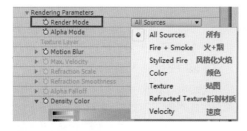

图12-19

- Alpha mode【阿尔法模式】：该模式用于确定一个已渲染像素的Alpha值来指定合成仿真的属性，该模式的分类如图12-22所示。

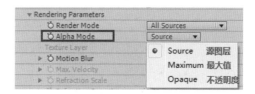

图12-20

Source【源图层】表示使用输入图层的Alpha值来指定合成仿真的属性；Maximum【最大值】表示只使用密度控制层的Alpha值的最大值指定合成仿真的属性；Opaque【不透明度】表示将Alpha值设成固定值1（或适应8位、16位的颜色值）来指定合成仿真的属性。当然，这里还可以指定一个消散点。如果最大密度值小于消散值，那么Alpha通道就会变透明。

- Texture layer【贴图层】：该参数用于为Texture【文本】和Refract【折射】渲染模式选择输入层。
- Motion Blur【运动模糊】：该参数用于为最终输出设置运动模糊值，这个参数对于运动得很快的流体才是有用的。
- Max Velocity【最大速度】：该参数用于设定速度渲染模式中速度向量的最大速度。
- Refraction scale【折射缩放】：该参数可用于为Refract【折射】渲染模式指定折射置换的强度。
- Refraction smoothness【折射平滑度】：这个参数用于设置流体光滑的强度。流体过多的细节可能会造成折射贴图上出现不想要的锯齿，这个参数可以将流体变光滑。
- Density, temperature and fuel color【密度、温度、燃料的颜色】：这个参数可用来设定前3个渲染模式的颜色渐变。在渐变的空白处单击可以添加另一个色样，双击一个色样可以对该色样进行编辑。可以左右拖动色样来改变渐变。将色样拖到渐变条以外就可以删除这个色样，也可以单击渐变条左边的按钮来套用预定义的渐变。

至此，插件的各项参数都已经详细介绍完了，下节内容将进入Turbulence 2D实例应用的学习。

12.4 水墨文字特效制作

本节内容将介绍如何使用Turbulence 2D插件来制作效果逼真的水墨特效文字。制作的思路为：将文字层作为插件的燃料发射层来生成文字轮廓的初始流体形态，再通过一系列的流体模拟设置和预渲染，最终制作出水墨文字淡化消失的动画。水墨文字淡化消失的动画效果如图12-21所示。

图12-21

STEP 01 新建一个Composition【合成】窗口，将其命名为水墨文字，设置时长为200帧。由于本案例中涉及的流体运算耗时较长，因此这里将项目的尺寸设置得小一些，将宽高像素设为640x480；将Pixel Aspect Ratio【像素高宽比】设为Square Pixels【方形像素】，如图 12-22所示。

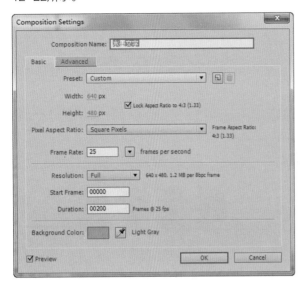

图12-22

STEP 02 新建一个文字层，输入文本内容"精鹰影视"；将文本颜色设为白色并适当调整文字的大小，调整位置为居中；将文字层的时间设为25帧，如图12-23所示。

图12-23

STEP 03 给文字设置淡入淡出动画。单击快捷键T调出Opacity【透明度】的设置面板，在开头和结尾位置分别设置两个关键帧，如图12-24所示。

图12-24

STEP 04 对文字层进行预合成。按快捷键Ctrl+Shift+C，在弹出的窗口中选择Move all attributes into the new composition【移动所有属性到新合成】，如图12-25所示。

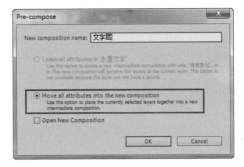

图12-25

STEP 05 继续新建一个固态层，将其命名为水墨层；将它的尺寸设置成与合成相同的大小，并给该层添加Turbulence 2D特效，如图12-26所示。

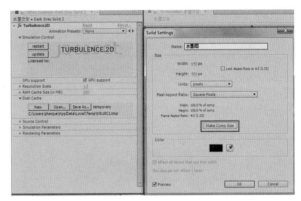

图12-26

STEP 06 下面进入插件的初始优化设置。首先将Disk Cache【磁盘缓存】的目录指定到一个大的分区，这里不建议按照插件的默认设置把缓存文件夹放到系统分区，单击Save as【另存为】按钮，选择一个新的目录来储存缓存文件。如果计算机的内存足够大，也可以将RAM Cache Size【RAM缓存大小】的数值设置得大一些，这样便可加快接下来的内存预览速度，如图12-27所示。

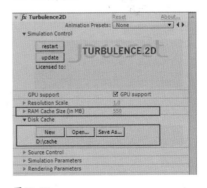

图12-27

STEP 07 把刚才创建好的文字合成导入Source Control【源控制】的Fuel Layer【燃料层】中，保持默认的Fuel Scale【燃料大小】值为100，然后再把文字合成隐藏起来，如图12-28所示。

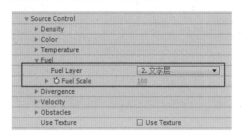

图12-28

STEP 08 展开Rendering Parameters【渲染参数】参数项，设置Render Mode【渲染模式】为Fire + Smoke【火与烟】；并把Alpha Mode【阿尔法模式】设置为Source【源】，如图12-29所示。

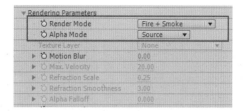

图12-29

STEP 09 单击Restart【重新开始】按钮，预览初始的效果，如图12-30所示。

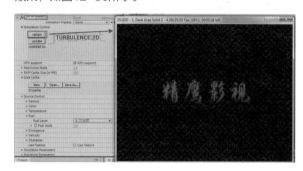

图12-30

为了方便观察，把流体的颜色调成白色。在Rendering Parameters【渲染参数】面板，将Density Color【密度颜色】和Fuel Color【燃料颜色】都设置为白色，如图12-31所示。

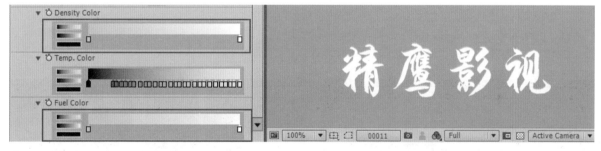

图12-31

STEP 10 打开Simulation Parameters【模拟仿真参数组】面板，对模拟仿真参数进行设置。Simulation Parameters【模拟仿真参数组】的设置面板如图12-32所示。

▼ Simulation Parameters	
Ö Domain Type	open
Ö Burn Model	un-oxidized
▶ Ö Time Scale	5.00
▶ Ö Density Dissipation	50
▶ Ö Burn Rate	50
▶ Ö Expansion	-2.00
▶ Ö Heat Creation	1000.0
▶ Ö Soot Creation	100
▶ Ö Cooling	0.00
▶ Ö Gravity	9.700
▶ Ö Buoyancy	1.370
▶ Ö Heat Diffusion	50.0
▶ Ö Vorticity	20

图12-32

注意： 这部分耗时较长，因为每修改一次参数都需要重新预渲染才能看到效果，所以用户要保持耐心并细心进行操作。

按照水墨流动的特征，下面对Simulation Parameters【模拟仿真参数组】下的相关参数项进行简单的设置。增大Time Scale【时间缩放】的数值，加快模拟的速度，使该速度与真实的水墨流动速度相匹配；提高Density dissipation【密度消散】的数值，使流体的消散速度加快；改变Expansion【膨胀】的数值，使流体反方向膨胀运动；增大Heat Diffusion【热散逸】的数值，扩大流体的散逸程度；增大Vorticity【旋涡】值，增强紊乱的效果；将Cooling【冷却】值设为0。

参数调整完后，单击Restart【重新开始】按钮来进行预渲染，查看模拟的效果，如图12-33所示。

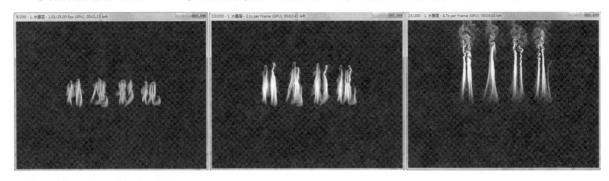

图12-33

STEP 11 预览生成的动画效果，可以发现流体的运动还存在一些问题需要重新作调整，如流体上升太快导致看上去像是烟雾而非水墨流体散逸得过于整齐等。重新回到Simulation Parameters【模拟仿真参数组】的设置面板，对相关的参数作修改，如图12-34所示。

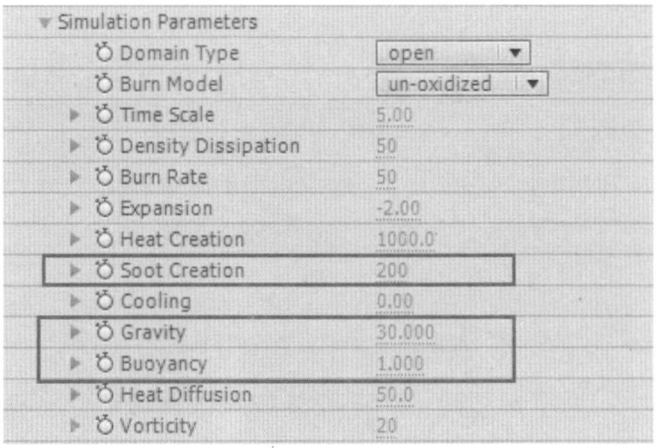

图12-34

增加Soot Creation【烟灰创建】的数值，制作更多的流体。适当更改重力和浮力的数值，降低流体的上升速度；设置完成后再次单击Restart【重新开始】按钮进行预渲染，效果如图12-35所示。

图12-35

STEP 12 此时可以看到动画的效果已经很接近水墨的运动效果，但是还缺少一些拉丝的感觉。为流体添加噪波贴图来增强动画的细节效果，新建一个Solid【固态层】，给其添加Fractal Noise【分型噪波】特效，具体设置如图12-36所示。

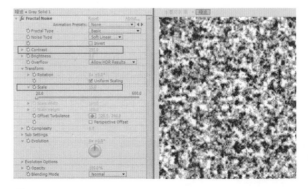

图12-36

预合成噪波层后,将其导入Turbulence 2D的Source Control【源控制】分类下的Divergence【发散层】中,如图12-37所示。

图12-37

STEP 13 再次渲染,从合成预览中可以看到此时水墨文字的动画效果已经有所改善,如图12-38所示。

图12-38

STEP 14 回到Rendering Parameters【渲染参数】面板中,将流体的颜色调回黑色,这样流体的颜色便更接近水墨的颜色了,设置如图12-39所示。

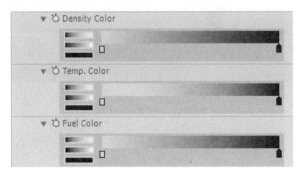

图12-39

STEP 15 反复调整Simulation Parameters【模拟仿真参数组】下的相关参数来不断完善效果。用户制作动画时,每项模拟参数的设置都可能不同,只要将最终的动画效果调整到令自己满意即可。这里是最终的参数设置,仅供参考,设置面板如图12-40所示。

图12-40

水墨文字淡化消失的最终动画效果如图12-41所示。

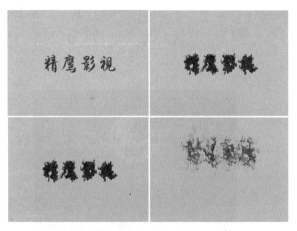

图12-41

STEP 16 在文字消失时给其添加一个LOGO流体动画。由于流体模拟运动的参数都已经设置完成了,因此只需要回到文字层,在该层上添加LOGO层即可,如图12-42所示。

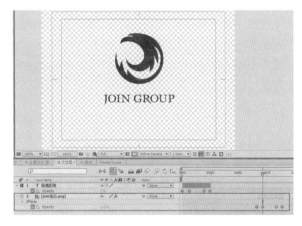

图12-42

STEP 17 Fuel【燃料】层是根据导入图形的亮度来决定渲染流体的数量的,由于这里导入的LOGO图像是黑色的,因此不利于Turbulence 2D插件渲染流体。给

LOGO图像添加Tint【着色】特效来改变其颜色，只需将Map Black To【黑色贴图调整】调整为白色即可，设置如图12-43所示。

图12-43

STEP 18 给LOGO设置淡入淡出动画。将LOGO层的淡入点设置在前一个文字图层即将消失的时间点上，这样在第一个水墨文字还没消失时便已经出现LOGO演绎了，如图12-44所示。

图12-44

STEP 19 回到水墨文字合成，单击Restart【重新开始】按钮，等待预渲染的最终效果。如果想让文字停留的时间长一点，可以给参数创建关键帧，如给Gravity【重力】和Buoyancy【浮力】制作一个从零开始递增的动画，这样重力和浮力的相互作用就会在推迟几帧后才产生，如图12-45所示。

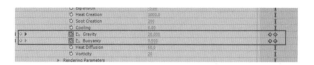

图12-45

STEP 20 给合成添加一个背景层。新建一个固态层，给其添加Ramp【渐变】特效，设置如图12-46所示。

图12-46

STEP 21 渲染后得到最终的水墨文字淡化消失的动画效果，如图12-47所示。

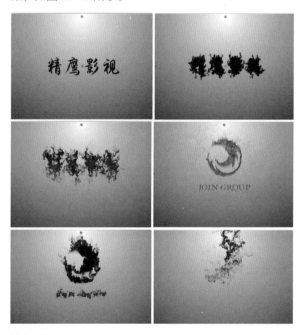

图12-47

12.5 水墨飞舞制作技法

本节内容将介绍如何使用Turbulence 2D流体插件来制作水墨飞舞特效。创作的思路为：先由After Effects制作一个模拟真实蝴蝶飞舞的动画，然后再把动画层作为插件的燃料发射层来生成飘逸的水墨动画，最后通过一系列的流体模拟设置和预渲染制作出蝴蝶拍打翅膀后水墨随之飘散的动画特效。蝴蝶拍打翅膀后，水墨随之飘散的动画效果如图12-48所示。

图12-48

STEP 01 新建一个Composition【合成】窗口,将其命名为水墨蝴蝶飞舞,设置时长为200帧,将宽高像素设置为640x480,Pixel Aspect Ratio【像素高宽比】设为Square Pixels【方形像素】,如图12-49所示。

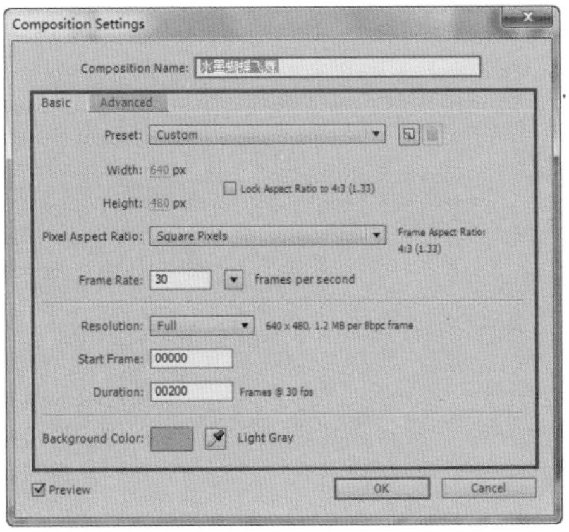

留了,如图12-50所示。

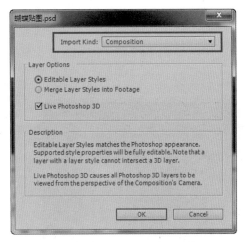

图12-49

STEP 02 导入蝴蝶的PSD贴图,在导入设置中选择Composition【合成】,这样各个图层的信息就得以保

图12-50

STEP 03 单击"OK"按钮进入合成后可以看到窗口中有两个分开的图层,它们分别是蝴蝶的翅膀和身体。修改合成的分辨率,将相关参数设置得与之前的一样,如图12-51所示。

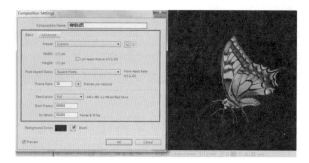

图12-51

STEP 04 为了模拟真实的蝴蝶飞舞动画,打开两个图层的三维开关,并将翅膀图层复制一层,分别将它们排列在左右两侧,如图12-52所示。

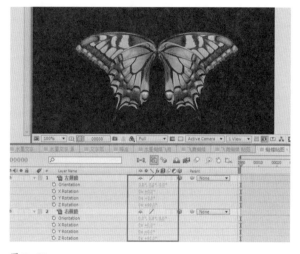

图12-52

注意: 这里要把两个图层的定位点移到蝴蝶翅膀的关节处,这样才能正确制作出翅膀扇动的动画,如图12-53所示。

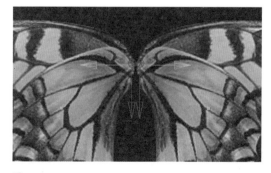

图12-53

STEP 05 处理完翅膀图层后,下面要对身体图层进行定位。为了尽可能模拟出真实的蝴蝶,把身体图层翻转90°,再将其放置到两个翅膀的中间,如图12-54所示。

图12-54

这样蝴蝶身体的组合已经初步完成了,如果还想更进一步地对身体图层进行微调,可以进入四视图的预览模式,如图12-55所示。

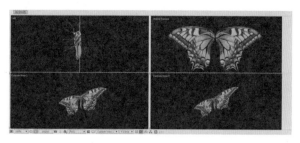

图12-55

STEP 06 对蝴蝶动画进行设置。给左边翅膀的Y Rotation【Y轴旋转】创建3个关键帧来模拟翅膀的煽动,如图12-56所示。

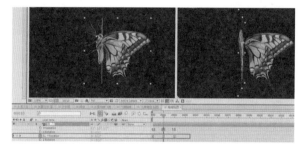

图12-56

注意: 这里需要的是翅膀不断重复煽动的动画效果,如果逐个设置关键帧的话,不仅麻烦,而且不易于控制,所以这里可以用一个Loop循环表达式来达到翅膀循环煽动的动画效果。按住Alt键的同时单击Y Rotation【Y轴旋转】前面的时间码表,然后输入表达式loopOut(type = "cycle", numKeyframes = 3)。拖动时间线指针,可以发现翅膀已经不停地在运动了,相关的设置如图12-57所示。

图12-57

STEP 07 完成了左边翅膀的动画后，由于两只翅膀的运动是相同的，所以只需要将左边翅膀动画的相关参数复制到右边翅膀并把关键帧的数值改成相反数即可，如图12-58所示。

图12-58

STEP 08 此时翅膀部分的动画制作就已经完成了，为了让蝴蝶像真实的蝴蝶那样在空中飞舞，还必须要让整个身体部分动起来，所以这里需要一个控制层来控制蝴蝶整体的运动。新建一个Null【空层】，将其命名为运动控制，同时打开该层的三维开关，将定位点设定在蝴蝶的中央位置，如图12-59所示。

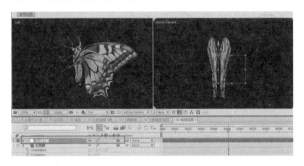

图12-59

完成定位后，开始建立各层之间的父子关系，将翅膀图层连接到身体图层，再让身体图层连接到运动控制层，这样只需要设置好运动控制层的位置并旋转运动控制层就能让蝴蝶飞舞起来了，如图12-60所示。

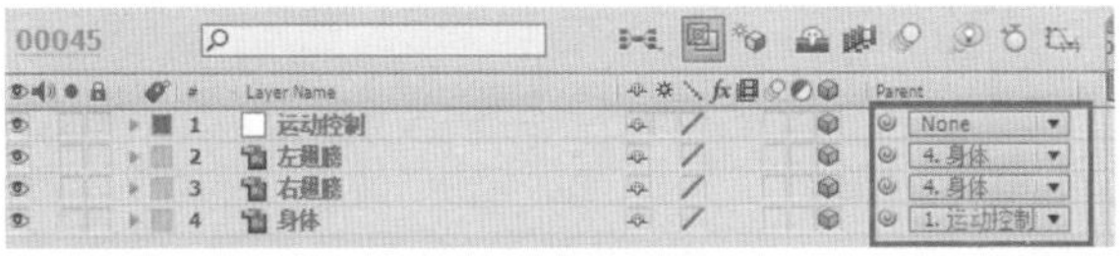

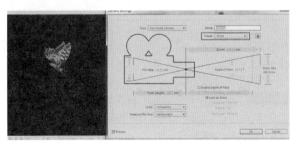

图12-60

STEP 09 新建一个35mm摄像机并将其调整至合适的视角，摄像机的设置如图12-61所示。

图12-61

STEP 10 对运动控制层设置一些移动路径，轨迹可以自由设定，尽可能让移动的轨迹多一些起伏。给各个关键帧之间设置不一样的时间间隔，这样能使蝴蝶飞舞的速度时快时慢从而更接近蝴蝶真实的飞行情况。此时，可以看到蝴蝶是由远而近起伏着飞过来的，如图12-62所示。

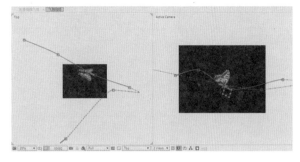

图12-62

具体关键帧设置如图12-63所示。

图12-63

如果想要让蝴蝶运动效果更加真实，可以考虑在Position【位置】参数上添加wiggle表达式，从而给动画效果增加一些动感。设置一个较小的偏移数值，输入表达式wiggle(1，30)，这里的"1"表示每秒运动一次、"30"表示偏移的最大像素值。加入wiggle表达式前与加入wiggle表达式后蝴蝶的运动轨迹对比如图12-64所示。

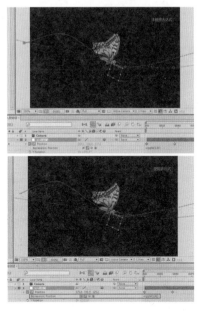

图12-64

STEP 11 至此，蝴蝶飞舞的动画基本制作完毕，下面将进入使用Turbulence 2D插件模拟水墨飞舞的制作阶段。回到水墨蝴蝶飞舞合成，把刚才制作好的飞舞蝴蝶合成导入进来。新建一个Solid【固态层】，将其命名为飞舞水墨，将其尺寸大小设置为与合成相同的大小，并给该层添加Turbulence 2D特效，如图12-65所示。

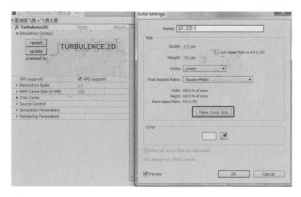

图12-65

STEP 12 回到Project【工程】窗口，按快捷键Ctrl+D将飞舞蝴蝶合成复制一层，将复制所得的合成命名为飞舞蝴蝶贴图，如图12-66所示。

图12-66

STEP 13 进入飞舞蝴蝶贴图合成，将身体图层隐藏起来；增加两个翅膀图层的亮度，给这两个图层添加Tint【着色】特效，设置如图12-67所示。

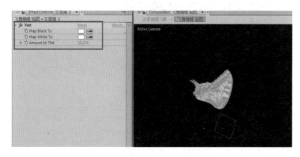

图12-67

STEP 14 观察翅膀的纹理，可以发现翅膀的暗部信息要多于亮部信息，因此这里要给翅膀图层添加Invert【反向】特效，并将其放在Tint【着色】特效的位置之上，如图12-68所示。

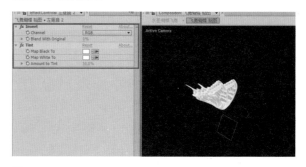

图12-68

STEP 15 回到水墨蝴蝶飞舞合成，把飞舞蝴蝶贴图导入该合成中，关闭合成的显示开关，将该合成添加到插件的Fuel【燃料】层中，插件的设置如图12-69所示。

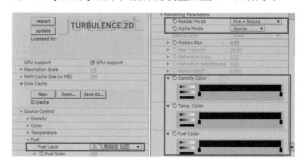

图12-69

STEP 16 简单设置后，进行预渲染，预览最初的效果，如图12-70所示。

图12-70

STEP 17 调节流体参数直到效果满意为止。通过上节水墨文字淡化消失动画的制作我们已经了解了一些流体的特性，下面回到插件的Simulation Parameters【模拟仿真参数组】面板，对相关的参数逐个进行修改和设置，为了更好地模拟水墨飞舞时的速度感，需要展开

Render Parameters【渲染参数】下的Motion Blur【运动模糊】，参考设置如图12-71所示。

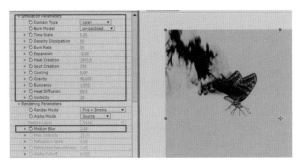

图12-71

STEP 18 不断地修改参数，直到效果满意为止。展开Turbulence 2D插件面板，对Resolution Scale【解析度缩放】参数项作调整，如图12-72所示。

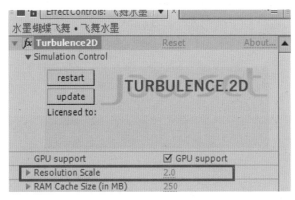

图12-72

注意： Resolution Scale【解析度缩放】这个参数用于修改模拟的精度，默认的数值"1"是全分辨率模拟，因此模拟的速度较慢。如果在修改效果的过程中提高该值，可以大幅度加快模拟的速度，但模拟效果的精度也随之下降，因此在测试渲染的过程中可以把该值设置为2或者更大的数值。虽然得到的效果不是最精确的，但是这样设置可以大致对模拟的结果有个了解，这样还可以提高制作的效率，不同的解析度缩放值所得到的不同水墨飞舞动画效果如图12-73所示。

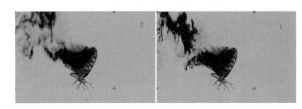

图12-73

STEP 19 为了得到较好的水墨飞舞效果，需要对相关的参数进行反复调节，这里笔者贴出最终的参数设置供用户参考，相关参数设置如图12-74所示。

图12-74

STEP 20 给水墨飞舞动画添加一个水墨山水画的背景，得到的最终动画效果如图12-75所示。

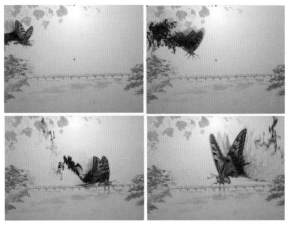

图12-75

第13章 场景元素的综合应用

本章内容
- 立体文字效果的制作
- 制作文字的反射质感效果
- 制作文字的环境元素
- 多元素的配合处理

13.1 流光电火花特效的分析

场景元素的综合应用是一种比较复杂的环境氛围处理，处理不好就会显得很凌乱。如果要将这些多样化的元素很好地融合在一起，除了要把控好每一个元素的细节、场景的层次感和气氛的融洽外，还需要配合合适的音乐和音效，这样才能让所有元素更加融合。

本章内容所使用到的元素主要有闪电、电火花、扫光、烟雾和一个动态质感文字，除了文字外，其他所有元素都是用来烘托环境氛围。闪电是一种速度快、形态随机且伴有强烈的发光效果的物质。本章内容中的闪电已经弱化了它的那种强烈的视觉冲击感，不仅是作为一个烘托氛围的电光效果，也加强了文字的光感效果；电火花是一种辅助闪动电光的元素，加强电光的闪动强度，让文字显得金属光感更加强烈；扫光是从文字表面散射出来的，扫光的动态感主要是有文字表面的动态光感来控制，扫光让场景显得更加幽静、大气；烟雾是一种很好的烘托环境氛围的元素，能营造一种神秘、幽静的场景氛围；这里给文字添加一个动态的流光效果，是为了让文字更加能融入到这片具有光感的场景中，否则静止的文字质感，只会让文字显得比较单调、呆板。本章内容介绍的流光电火花效果如图13-1所示。

图13-1

本章内容所介绍的流光文字电火花是通过一个具有流光反射质感的立体文字配合一些闪电、电火花和烟雾的效果来实现的。它的制作并不复杂，但如果要快捷、巧妙地制作出立体质感的文字，并营造出所需的环境氛围，就需要掌握较多的技巧。

13.2 国内外优秀作品赏析

闪电和电光都是一种极为常见的自然现象，因此在各种影视作品中都能见到它们的身影。但又由于该现象并不是人为可控制的，因此，在各种后期软件中都有这个效果的表现工具，而且可以极为真实地将这种效果表现出来。

如在《守望者》这部电影里，一个普通人突变成了具有强大破坏力的"天神"。这里主要利用了电光来让人物产生变化，然后结合各种粒子效果、闪电和电火花元素，让人物的整个突变变得非常有气势感，如图13-2所示。

图13-2

电光特效是一种非常容易出效果的特效元素，后期软件和三维软件都能做出这样的效果。制作电光时要注意电的闪动节奏，以及其他元素与电光的配合所产生的互动感、真实感。如场景中的小小金属元素之间的电光吸引的效果。让人感觉到场景中无处不在的、充满电力的视觉效果，如图13-3所示。

图13-3

在下面这条赛车宣传片中，没有出现任何的赛车与选手，而是利用光、闪电和电火花等元素来传达一种赛车的速度与激情感，以及赛前的紧张神秘感，如图13-4所示。

图13-4

下面这条汽车的广告片就是一个典型的利用光、电元素来表现烘托主体的案例，这些光电元素就是利用After Effects中的粒子、闪电等特效来处理的。在整个广告的前面阶段，汽车一直是隐约衬托在极为绚丽的光影背后的，通过光电元素在汽车表面的流线运动，来勾勒汽车的轮廓和汽车表面的质感，在结尾汽车才从逆光中逐渐呈现出原貌，如图13-5所示。

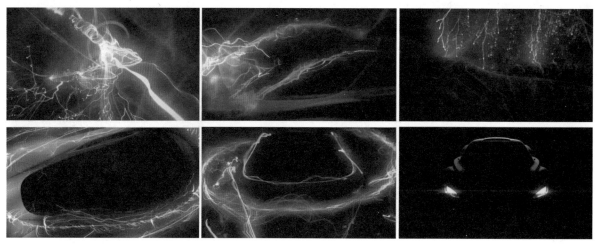

图13-5

13.3 流光文字电光火花的表现

本节内容介绍的流光文字电火花效果是通过一个具有流光反射质感的立体文字配合一些闪电、电火花和烟雾的效果来实现的。它的制作并不复杂，但如果要快捷、巧妙地制作出立体质感的文字，并营造出所需的环境氛围，就需要掌握较多的技巧。下面就来具体讲解流光电火花场景效果表现的制作，最终效果如图13-6所示。

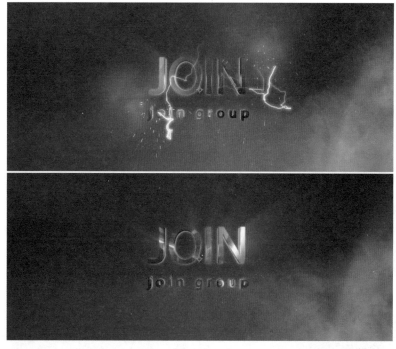

图13-6

13.3.1 制作立体的文字效果

该立体文字是利用图层的前后空间来进行模拟的，为了让立体的文字效果更加真实，需要给每一个文字层设置不同的质感，以强化这种立体的文字效果。

STEP 01 新建一个尺寸为1280×720的背景合成窗口，再新建一个背景固态层，并给其添加一个Ramp【渐变】滤镜；调整其Start Color【起始点颜色】为深蓝色，设置Ramp Shape【渐变类型】为Radial Ramp【圆形渐变】；然后在合成窗口中调节两个渐变点的位置，得到的渐变效果如图13-7所示。

图13-7

STEP 02 导入一个背景图片，给其添加一个Levels【色阶】滤镜，降低图片的亮度和明度；再给图片添加一个Tritone【三色泽】滤镜，将图片调节成一个紫蓝色的色调，如图13-8所示。

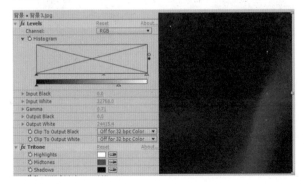

图13-8

STEP 03 新建一个名为"总和成"的合成窗口，将制作好的背景合成层拖到该窗口中；再新建一个流光文字合成窗口，如图13-9所示。

图13-9

STEP 04 在流光文字合成窗口中制作一个具有立体质感的文字效果。新建一个文字合成窗口，如图13-10所示。

图13-10

STEP 05 将准备好的JOIN标识文字导入文字合成窗口中，并给"JOIN"文字添加一个Gradient Overlay【渐变叠加】图层样式；在渐变叠加的参数栏下将Reverse【反向】设为Off【关闭】状态。此时，在文字上可以看到有一道白色的渐变条叠加在文字的表面上了，如图13-11所示。

图13-11

技术点拨：图层样式的添加方法是：选择图层，然后在图层菜单下选择Layer Styles【图层样式】列表中的Gradient Overlay【渐变叠加】样式。

STEP 06 给文字设置简单的立体效果。将JOIN文字层复制一层，并将下面一个JOIN文字层的X轴向的Scale【缩放】值减小到99，从横向将文字向上缩小，此时在视图窗口中可以看到上面一个的JOIN文字上生成了一层薄薄的白色厚度，如图13-12所示。

图13-12

技巧提示： 要单独调整图层在某个轴向上的大小，需要先将图层Scale【缩放】属性的锁定开关关闭后，才可以单独地进行控制。

STEP 07 调整JOIN文字的颜色。回到流光文字合成窗口，给文字合成层添加一个Tint【色调】滤镜，并将其颜色设置为淡蓝色；然后给其添加一个Glow【光晕】滤镜，将其Glow Threshold【光晕阈值】稍微加大到65%，如图13-13所示。

图13-13

STEP 08 将文字层复制一个，并开启两个文字层的三维开关，再调整两个文字在Z轴向上的位置，让第二个文字层位于第一个文字层的上面，如图13-14所示。

技巧提示： 注意，当前的两个文字层都是同一个亮色调效果，这里要将第二个文字层（即在最上面的那一个文字层）的Tint【色调】设为黑色，如图13-15所示。

图13-14

图13-15

STEP 09 再将文字层复制一个，将其所有特效都删除掉，并调整其Z轴的数值，让其置于最顶层。这样，文字的立体感就稍微加强一点了，如图13-16所示。

图13-16

STEP 10 将最上面的那一个文字层再复制一个，并将其Z轴的数值设置为0，把它放置于最顶层，其作用是再次加强文字的立体感，如图13-17所示。

图13-17

13.3.2 制作文字的反射质感效果

本节内容主要是给文字表面制作一个反射质感的效果，该质感的反射效果是一种模拟效果，并不是真实的反射。制作的方法是先将一个动态的噪波处理成一个类似玻璃质感的效果，再将质感噪波嵌入到文字表面，然后在文字表面叠加一个扫光效果，从而制作出一个简单而真实的质感反射效果。

STEP 01 在流光文字合成窗口中新建一个噪波固态层，并将其图层模式设为Screen【屏幕】模式，再给噪波层添加一个Fractal Noise【分层噪波】滤镜，如图13-18所示。

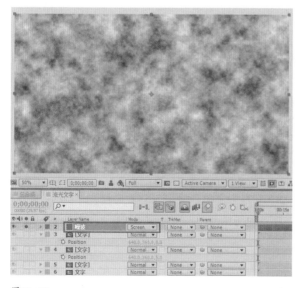

图13-18

STEP 02 调整噪波的效果，将Fractal Type【分层类型】设为Dynamic Twist【动态扭曲】，将Noise Type【噪波类型】设为Linear【线性】，使噪波变成一种具有强烈扭曲的云彩效果。调整云彩的对比效果，将Contrast【对比】值加大到460，将Brightness【亮度】值减小到-55，如图13-19所示。

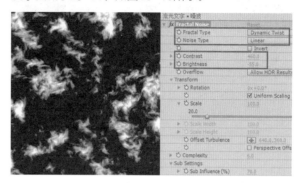

图13-19

STEP 03 从上面的效果图中可以看到此时的云彩效果显得比较琐碎，因此这里要在Transform【变换】参数栏下将Scale【缩放】值加大到240，得到一个局部的云彩特写效果；再将Sub Scaling【缩放分段】值加大到80，得到一个细节非常少的云彩效果，如图13-20所示。

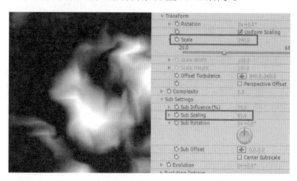

图13-20

STEP 04 给噪波设置一个动画，即让该动画噪波在文字表面流动。从第0帧到第4s24帧分别给分层噪波的Rotation【旋转】、Offset Turbulence【紊乱影响】和Sub Rotation【旋转数】设置一个一边旋转并一边位移的动画，如图13-21所示。

STEP 05 设置完噪波动画后，如果把此时的噪波效果作为文字表面的反射模拟，那么反射质感就会显得没那么强烈，因为此时的噪波是一种柔化的效果，因此接下来要将噪波处理成具有锐利边缘的效果。给噪波层添加一个Find Edges【查找边缘】滤镜，并勾选Invert【反转】选项。这样，噪波效果就变得像玻璃一样具有锐利的边缘，且有通透的质感，如图13-22所示。

图13-21

图13-22

STEP 06 调整噪波的对比度和色调。给噪波添加一个Curves【曲线】滤镜，在RGB通道下将曲线调整成一个"S"的形状；在Red【红色】通道下将曲线调整成稍微向内凹进去的形状；在Blue【蓝色】通道下将曲线调整成稍微往外凸起的形状。这样便得到一个略带蓝色调的噪波效果了，如图13-23所示。

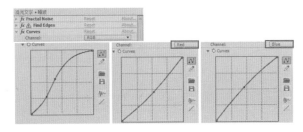

图13-23

STEP 07 给噪波添加一个Glow【光晕】效果，适当地调整该光晕的阈值和半径，并将光晕强度加大到1.5，此时得到的噪波效果如图13-24所示。

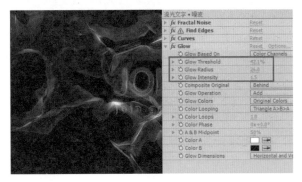

图13-24

STEP 08 将顶层的文字层复制一层，并把它放置在噪波层的上面，然后将噪波层的蒙版模式设为Alpha【通道】模式。这样，噪波便嵌入到文字中了，文字看起来便有了反射的质感效果，如图13-25所示。

图13-25

STEP 09 设置文字的扫光质感。回到总合成窗口中，给流光文字层添加一个CC Light Sweep【扫光效果】滤镜。这样，在文字的表面就可以看到出现了一个倾斜的白色扫光，如图13-26所示。

图13-26

STEP 10 调整扫光效果的参数。首先将Light Reception【扫光反应】类型设为Cutout【剪贴画】模式，这样可以更清楚地观察到扫光的效果。设置好扫光效果后，将Light Reception【扫光反应】类型恢复为Add【加】模式；然后将Width【宽度】值加大到80，Sweep Intensity【扫描边线的亮度】提高到70，Edge Intensity【边强度】减小到30，Edge Thickness【边厚度】减小到1。此时得到的扫光效果如图13-27所示。

图13-27

STEP 11 给扫光制作一个从左到右扫过的动画。这里给扫光设置一个节奏的变化，让其从左边快速地扫入到文字中，再缓缓向右移动到文字的右边缘，快速地扫过文字，如图13-28所示。

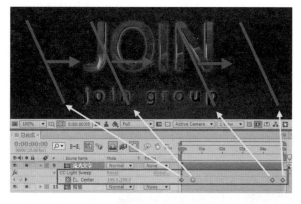

图13-28

STEP 12 此时得到的质感文字的扫光效果如图13-29所示。

图13-29

STEP 13 给流光文字层设置一个发光效果。给该层添加一个Shine【发光】滤镜，在Colorize【颜色】参数栏下将其亮调、中间调和暗调的颜色分别调节为白色、淡蓝色和蓝色，如图13-30所示。

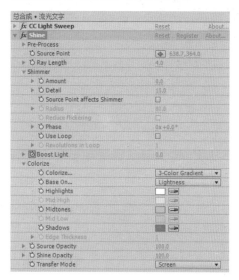

图13-30

STEP 14 从第0帧到第20帧给其Boost Light【光线亮度】设置一个从10~0的亮度变化效果，如图13-31所示。

图13-31

13.3.3 制作文字的环境元素

本节内容主要是在文字的周围添加一些环境效果，主要包括闪电、电火花和烟雾效果，其目的是为了让文字置身于一个空间环境中，并让文字与环境元素产生互动。反之，这些环境元素是为了烘托文字的酷炫质感，让其显得更有气势和神秘感。

STEP 01 新建一个闪电固态层，将其图层模式设为Add【加】模式，并给其添加一个Advanced Lightning【高级闪电】滤镜，如图13-32所示。

STEP 02 调整闪电的效果。在高级闪电特效面板中将Lightning Type【闪电类型】设为Bouncey【活力】，将Core Color【内核颜色】设为淡蓝色，并在Glow Settings【光晕设置】参数栏下将Glow Radius

【光晕半径】设为13，如图13-33所示。

图13-32

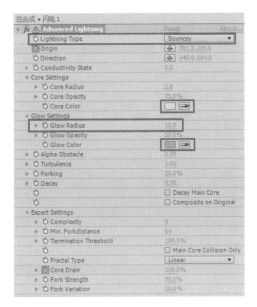

图13-33

STEP 03 给闪电制作一个位移动画，并让闪电在位移的同时其形态也会随时发生变化。从第0帧到第14帧给Origin【源点】设置一个从左至右缓慢运动的动画，闪电的运动距离不要设置得太长，尽量让闪电保持在文字的旁边，如图13-34所示。

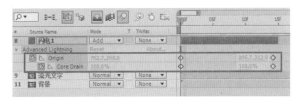

图13-34

STEP 04 用同样的方法制作第二个闪电效果，将其放置在文字的左下角位置，然后在时间线上将复制出来的闪电层的起始时间往后推移到第6帧，如图13-35所示。

图13-35

STEP 05 制作与闪电配合使用的电火花效果。新建一个名为"电火花"的固态层，并将其图层模式设为Add【加】模式，如图13-36所示。

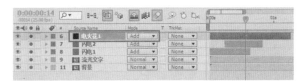

图13-36

STEP 06 给电火花层添加一个CC Particle World【粒子仿真世界】滤镜；在Physics【物理学】参数栏下将Velocity【速率】值设为0.5，Gravity【重力】值设为0.35，减小粒子的扩散范围，并降低其重力效果，如图13-37所示。

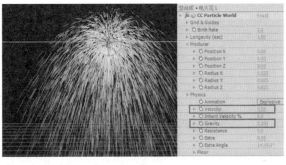

图13-37

STEP 07 在Particle【粒子】参数栏下将Particle Type【粒子类型】设为Faded Sphere【透明球】，将其Birth Size【出生大小】设为0.02，Size Variation【大小变化】值设为75%，Max Opacity【最大透明度】设为100%；再分别将粒子的Birth Color【出生颜色】和Death Color【死亡颜色】设为白色和蓝色。这样，便得到一个星星点点般的小粒子效果，如图13-38所示。

图13-38

STEP 08 给粒子设置一个动态模糊效果。这里是直接开启电火花图层的运动模糊开关，让粒子在运动的过程中产生模糊的效果。这样，一个简单的动态电火花效果便制作完成了，如图13-39所示。

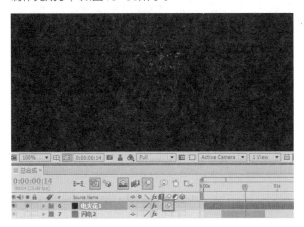

图13-39

STEP 09 调整电火花的位置，将其放到右上角的闪电位置，如图13-40所示。

图13-40

STEP 10 给电火花设置一个消失动画。从第14帧到第15帧给电火花的Birth Rate【出生速率】值设置一个从1迅速减小到0的变化，如图13-41所示。

图13-41

STEP 11 此时，电火花的亮度还是不够，因此接下来要给其添加一个Glow【光晕】滤镜，并调整其光晕阈值，尽量让电火花全部产生光晕效果；将Glow Colors【光晕颜色】设为A&B Colors【从A颜色到B颜色】，并分别将A颜色和B颜色设为淡蓝色和蓝色，如图13-42所示。

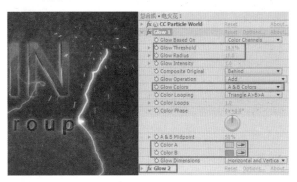

图13-42

STEP 12 将电火花层再复制一个，并将复制层的位置移动到左下角的闪电处，如图13-43所示。

图13-43

STEP 13 给场景添加一个烟雾效果，营造一种神秘的氛围。新建一个烟雾固态层，并将其图层模式设为Screen【屏幕】模式，如图13-44所示。

STEP 14 给烟雾层添加一个CC Particle World【粒子仿真世界】滤镜，在其Physics【物理学】参数栏下将Velocity【速率】值减小到0.25，Inherit Velocity

【继承速度】设为40，再将Gravity【重力】值减小到 -0.15，让粒子有一种向上发射的效果，其目的是模拟一种向上漂浮的烟雾效果，如图13-45所示。

图13-44

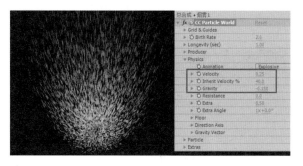

图13-45

STEP 15 在Particle【粒子】参数栏下将Particle Type【粒子类型】设为Faded Sphere【透明球】，将其Birth Size【出生大小】和Death Size【死亡大小】分别设为0.33和3.3，设置其Size Variation【大小变化】为75%，Max Opacity【最大透明度】为5%；然后分别将烟雾的出生颜色和死亡颜色设为灰色和淡灰色，并将其Transfer Mode【叠加模式】设为Screen【屏幕】。这样，便得到一个非常缥缈的烟雾向上漂浮的效果了，如图13-46所示。

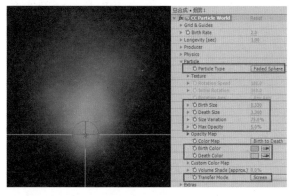

图13-46

STEP 16 给颜色的Birth Rate【出生率】设置一个动画，从第0帧到第20帧给其设置一个从1~0的变化，如图13-47所示。

图13-47

STEP 17 此时的烟雾效果如图13-48所示。

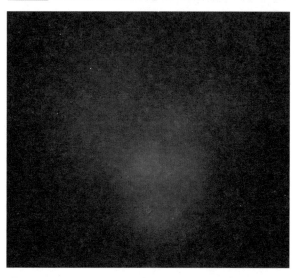

图13-48

STEP 18 将烟雾层再复制一个，分别将烟雾层放置在两个闪电的位置，并调整它们的起始帧时间，如图13-49所示。

图13-49

技巧提示：注意，流光文字层中有一个三维空间的效果，因此需要将其连续光栅开关开启，这样，该流光文字层的立体效果就会比没开启开关时的立体效果强烈许多。也就是说，开启了连续光栅开关后，流光文字就恢复了准确的三维效果，如图13-50所示。

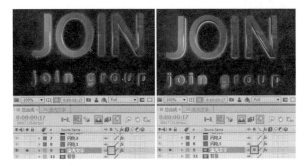

图13-50

STEP 19 给背景颜色设置一个随机变化的动画,加强场景的神秘感和动感。这里给背景Ramp【渐变】滤镜中的Blend With Original【和原图像混合程度】值设置一个wiggle(1,150)的表达式,如图13-51所示。

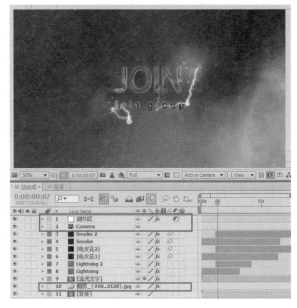

图13-52

图13-51

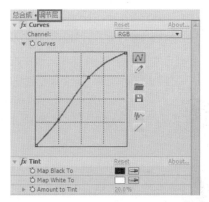

图13-53

STEP 20 由于场景中存在带有三维空间效果的图层,因此这里需要给场景添加一个摄像机,这样才能正确的显示出图层的立体效果,摄像机的参数保持为默认设置即可,如图13-52所示。

STEP 21 给画面添加一个调节层,并给调节层添加一个Curves【曲线】滤镜,稍微加强画面的对比效果;再给调节层添加一个Tint【色调】滤镜,将Amount to Tint【指定色彩化数量】值设为20%,让画面的颜色略微偏灰,如图13-53所示。

STEP 22 至此,整个流光电火花的效果便制作完成了,最终效果如图13-54所示。

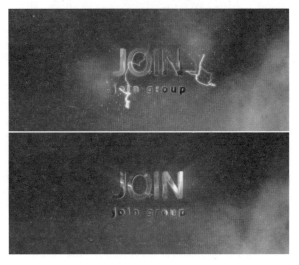

图13-54

第14章 光效创作技法

本章内容
- 光线特效介绍
- 拖尾能量球的制作
- 国内外优秀案例赏析
- 绚丽光线效果

本章内容主要介绍如何制作绚丽多彩的光线特效，内容包括各种光线制作原理的分析和实例讲解。实例上重点解析拖尾能量球的制作以及光线效果制作两个案例。

14.1 光线特效介绍

光效是影视后期特效中相当重要的一个部分，无论是在电影、电视的特效镜头中还是在电视包装中都可以看到大量光线特效的使用，如好莱坞电影中常见的闪电特效、飞行器快速飞过后留下的拖尾光线和科幻片中武器打斗时产生的火光等。光效的运用丰富了观众的视觉效果，使观众对这些光效镜头过目不忘，从而加深了观众对该电影的印象。除此之外，影视包装中也经常会使用到光线特效，光线特效不仅可以点缀图片视频，还可以配合文字动画产生绚丽的动画效果，使整个影视作品的设计更加引人注目、与众不同，绚丽的光线效果如图14-1所示。

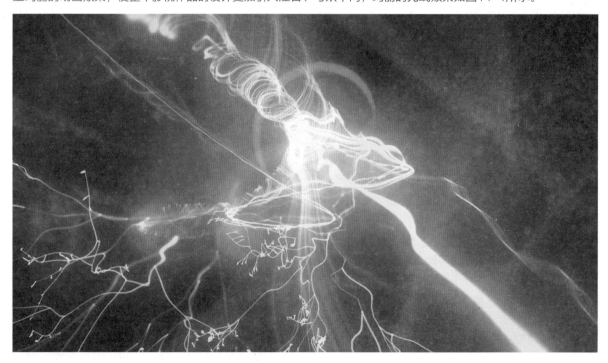

图14-1

本章内容将介绍两种光效的表现，分别是拖尾能量球的动画效果和七彩光线的穿梭效果。光线效果主要利用Trapcode出品的Particular插件来制作，该插件可以模拟制作出各种类型的粒子、烟雾和火焰等特效，并且可以制作出类型各异的光效，本章内容介绍的两种光线特效如图14-2所示。

图14-2

14.2 国内外优秀作品赏析

下面的案例是美国一个有线电视网TNT的频道ID包装,所谓ID包装就是整个频道的视觉识别系统,其中包括了频道LOGO的演绎,节目预告版式设计和字幕条的设计等。频道的视觉识别系统设计必须与频道的定位、色系等相吻合。该案例由美国知名的Troika设计公司制作,该公司专注于频道的整体包装设计,其设计风格前卫大气、时尚简约。案例中的频道包装使用了大量运动的光线特效,整个视觉系统由完全不同运动类型的光线串联而成,再配合动感多变的摄像机动画,使整体包装的效果绚丽大气且极具时尚气息。下面是该频道包装设计的几个分镜头,如图14-3所示。

下图是一个几束光线从远处穿梭而来的分镜头,镜头中的光线转了一个弯后又回到了原处。通过仔细观察可以看出,整个光束由若干个类似的光线元素组合而成,每束光线的形状、颜色及运动轨迹等都是类似的,只是在位置、运动速度等物理参数方面有些不同。该光效可以利用After Effects中的Trapcode公司出品的Particular插件来实现,该插件可以制作出各种类型的粒子及光线效果。在本镜头中,可以利用该插件先制作出一个基本的光线,接着使用一个灯光或Null Object【空物体】层来引导出Particular的运动轨迹。制作完第一个光线元素后,将该光线进行复制即可制作出其他的光线;对其他光线的位置、运动速度、粒子数目及大小等参数做细微的修改,再通过将若干个光线组合起来便可得到该分镜中的光效。在该镜头中,摄像机可以保持静止状态,只要光线运动便可得到动感的光线效果。整个光束制作完成后，可以给其添加一个Glow【辉光】效果，使整个光效更加绚丽多彩和光芒四射，如图14-4所示。

图14-4

图14-5

下图的分镜头是由CG动画和实拍素材结合制作而成的，其中镜头中的人物以及街巷等场景均是实拍素材，人物前面的光线及后面的文字则是后期合成上去的。由于该实拍素材是固定镜头拍摄所得的，因此在后期合成CG元素前不需要对其进行跟踪。如果实拍素材是运动镜头拍摄所得，则需要先使用Mocha或boujou等软件进行追踪，然后把追踪所得的数据赋予CG元素。在该分镜头中，光线的制作方法同第一个镜头的制作方法类似，不过本镜头中光线的外围还多了些烟雾形状的粒子。要制作烟雾粒子只需将Particular的类型设置为Cloud【烟雾】即可，并对烟雾粒子的透明度、速度及位置参数做修改。为了使光线与实拍素材更好地结合起来，使整个场景显得更加逼真，还需要对实拍素材做一些修饰，如给该镜头中靠近光线的墙壁添加一个发光效果，如图14-5所示。

在下图的镜头中，光线搭配文字组成了动画，光线在文字后面从左向右运动并在文字的阻挡下形成了逆光的效果，忽明忽暗，效果非常绚丽。该镜头中光线的制作与前两个镜头中光线的制作方法类似。本镜头强调的是光线前面的3D文字，该3D文字具有金属特性，因此在文字上会产生反射效果，并且反射的是后面的光线。如果要得到真实的反射效果，则需要在3D软件中先制作好光线动画，将其渲染输出为视频格式。在3D软件中制作完文字后，将渲染好的光线动画视频作为环境贴图添加到3D场景中，那么3D文字就会反射出周围的环境，从而得到真实的文字反射效果。在After Effects中也可以模拟出类似的发射效果，但所得效果不够真实。在After Effects中，可以使用Shatter插件来制作3D文字，该插件也可以设置3D文字的材质（如文字前面、后面及侧面的材质或贴图）。在3D文字的侧面可以使用光线图层来作为材质贴图，这样同样可以模拟出文字的反射效果，如图14-6所示。

图14-6

本案例是一个LOGO演绎动画的镜头,镜头中的光线从镜头前飞驰而过,然后由远及近地运动,最后沿着LOGO的圆圈部分做圆周运动,从而引出LOGO的形状。该镜头的制作难点是制作粒子运动后在LOGO最上方所产生出的粒子。制作该类型的粒子,需要将Particular粒子的运动时间设在光线运动之后,并将粒子的重力设为负数,让粒子向上运动。当然,镜头画面中只有一种粒子类型是不够的,这样整体画面感会显得很单调。因此,这里需要制作多种类型的粒子,并将各种类型的粒子混合起来,这样才会制作出更加多样化和与众不同的粒子动画。在运动图形的视觉效果设计中,光效一般是与粒子配合起来使用的,这样,动画的视觉效果会更佳。在本案例中,每个镜头的光效运动都会有粒子产生。由此可见,在运动图形的视觉效果中,单一类型的视觉元素不足以支撑整个镜头的画面,必须配合使用多种类型的视觉元素才能使整个设计的视觉效果变得与众不同,如图14-7所示。

图14-7

14.3 拖尾能量球制作

本节内容主要介绍如何制作一个拖尾能量球的特效,该特效包括两部分,第一部分是能量球的制作,该部分主要利用After Effects自带的Vegas插件来进行制作,然后将元素进行复制叠加后来完成最后的合成;第二部分是拖尾特效的制作,该部分主要利用Particular插件来进行制作,该插件可以很好地模拟出烟雾、光效或火焰特效,是一款功能强大的插件。拖尾能量球的效果如图14-8所示。

图14-8

14.3.1 制作能量球动画

这里将能量球动画的制作分为两部分,分别是能量球的制作和拖尾特效的制作。能量球的制作方法较为新颖,但制作过程中所使用到的滤镜及原理都很简单。下面开始介绍能量球动画的制作。

STEP 01 新建一个Composition【合成】窗口,将其命名为线条,设置时长为10s,并将宽高像素设为720×576;将Pixel Aspect Ratio【像素高宽比】设为D1/DV PAL(1.09),如图14-9所示。

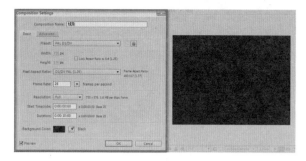

图14-9

STEP 02 打开新建的合成，在该合成窗口中新建一个固态层，将其命名为线条。单击Make Comp Size【与合成同样大小】按钮，将宽高像素同样设置为720×576；将固态层的颜色设置为黑色，将RGB数值设为（0，0，0）；并将该图层作为线条元素的初始图层，如图14-10所示。

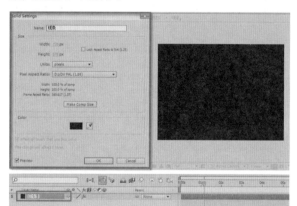

图14-10

STEP 03 在该固态层上随意绘制多个线条。选择工具栏中的Pen Tool【钢笔工具】，在固态层上随意绘制一条线段。绘制完成后，在合成窗口以外的地方单击鼠标左键，这样就得到一条非封闭式的线条了，如图14-11所示。

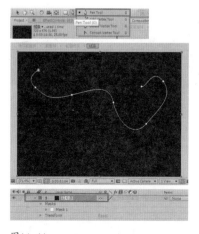

图14-11

STEP 04 使用同样的方法，在原来线条的基础上再绘制两条线条。每绘制完一条线段，都要在合成窗口以外的地方单击一下鼠标，使每条线段变为未封闭的线条，如图14-12所示。

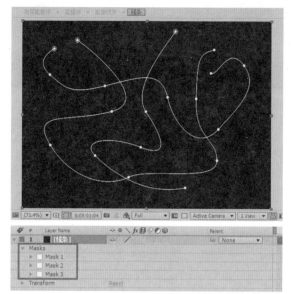

图14-12

STEP 05 此时的3条线段都只是路径形态，所以并不能看到实体的线条，要将线段的路径形态转化为实体的线条，需要给线段添加额外的效果。选中线条图层，在Effect【效果】下的Generate【生成】中选择Vegas【描边维加斯】。由于该滤镜可以在物体边缘及路径上生成描边效果，生成的效果类似于拉斯维加斯都城夜景中的霓虹灯和跑马灯效果，因此被称为Vegas。添加描边效果后，在效果的控制面板展开该滤镜参数项，将Stroke【描边】设为Mask/Path【遮罩/路径】，这样就可以在绘制的路径上产生描边效果。展开Mask/Path【遮罩/路径】参数栏，将Path【路径】设为Mask 1【遮罩1】，如图14-13所示。

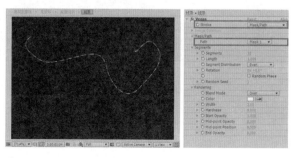

图14-13

STEP 06 此时的线条便有了描边的效果，不过此时得到的描边是由很多个小线段组成的，分段数比较多，可用来模拟彩灯闪烁的效果，但这里要得到的是一条实体的线段，所以将Segments【分段】设为1。展开Rendering【渲染】参数栏，将Color【颜色】设为橘黄色，把RGB数值设为（255，162，0）；将Width【宽度】设为2；将Hardness【硬度】设为0.7；将Start Opacity【起始不透明度】设为0，Mid-Point Opacity【中点不透明度】设为1，如图14-14所示。

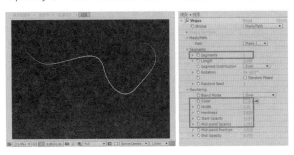

图14-14

STEP 07 至此，第一条线条已经制作完成了，要得到其他两条线段，只需将Vegas滤镜复制两个，并分别把其中的Path【路径】设为Mask 2【遮罩2】和Mask 3【遮罩3】。这样Vegas滤镜分别会在3条线段上进行描边，最终得到3条线条，如图14-15所示。

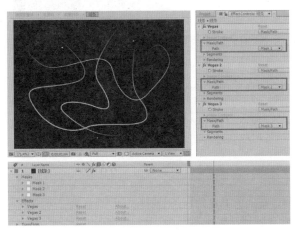

图14-15

STEP 08 新建一个Composition【合成】窗口，将其命名为能量线条，将刚创建的线条合成拖入到新建的合成中，如图14-16所示。

STEP 09 对线条添加动画。选中线条图层，在Effect【效果】下的Distort【扭曲】中选择Offset【偏移】，该滤镜可以使物体产生位置上的偏移，并可在偏移的同时对物体进行重复的复制。将时间线指针移动到0帧位置，将Offset【偏移】参数项下的Shift Center To【使中心变化为】设为（360，288）；再将时间线指针移动到最后一帧位置，将Shift Center To【使中心变化为】设为（486，3022），这样就得到一个线条向下偏移的循环动画，如图14-17所示。

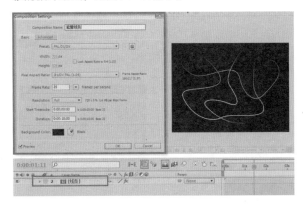

图14-16

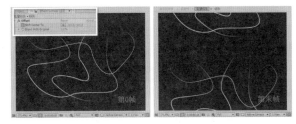

图14-17

STEP 10 此时的线条已经有动画了，但依然还没被赋予能量球的圆形形状。在Effect【效果】下的Distort【扭曲】中选择 Polar Coordinates【极坐标】，该插件用于将图像的直角坐标转化为极坐标，以此来产生扭曲效果。将Interpolation【插入值】设为100%，该参数表示图像的扭曲程度。将Type of Conversion【转换类型】设为Rect to Polar【直角转换为极坐标】，这样就得到一个线条从圆心向外围扩散的动画了，如图14-18所示。

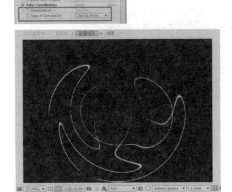

图14-18

STEP 11 通过仔细观察可以发现当线条运动到合成窗口边缘的时候，会忽然被切断，整个动画效果显得太僵硬了。为了使线条的边缘更加柔和，可以通过借助遮罩来对线条进行柔化处理。新建一个固态层，将其命名为遮罩，将宽高像素设为720×576，如图14-19所示。

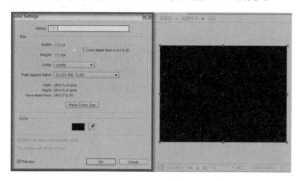

图14-19

STEP 12 选择工具栏中的Ellipse Tool【椭圆工具】，按快捷键Ctrl+Shift在遮罩图层上绘制一个正圆形的遮罩。选中时间线中的遮罩图层，双击快捷键M，展开遮罩的控制面板。将Mask 1【遮罩1】设为Subtract【减去】，并将Mask Feather【遮罩羽化】值设为46，这样就得到一个中间缺了一个圆形的图层。将该遮罩图层置于线条图层的上方位置，将线条的TrkMat【轨道蒙版】设为Alpha Invert Matte[遮罩]，这样线条外围的圆形的边缘就会显得柔和了很多，如图14-20所示。

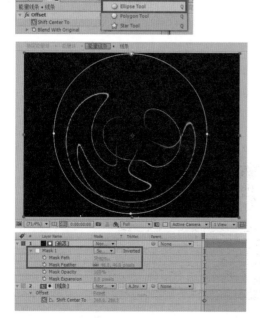

图14-20

STEP 13 至此，线条的单个元素便已制作完成了，下面需要将单个元素进行复制合成来得到立体的能量球。新建一个Composition【合成】，将其命名为能量球，将宽高像素设为720×576，并将时长设为6s。将之前创建的能量线条合成拖入到新建的合成窗口中，如图14-21所示。

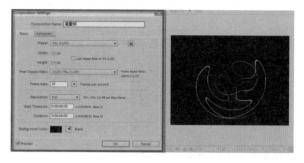

图14-21

STEP 14 为了方便后面的合成操作，新建一个固态层，将其命名为背景。将宽高像素设为720×576，并将固态层的颜色设为黑色，如图14-22所示。

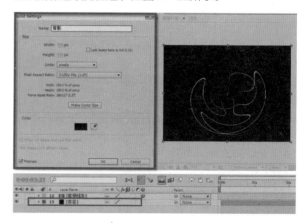

图14-22

STEP 15 打开能量线条图层的3D开关，并将该图层复制多层，复制完成后要将复制所得的图层旋转不同的角度，并给其设置不同的大小值及不透明度值。先将能量线条图层复制一层，将复制所得的图层的Scale【缩放】值设为85%；将Y Rotation【Y轴旋转】设为135°，Z Rotation【Z轴旋转】设为330°，使之与第一个图层有所区别，如图14-23所示。

STEP 16 按照同样的方法，将能量线条图层复制多层，改变复制后每个图层的旋转、大小及不透明度等参数的数值。将所有图层的混合模式设为Add【叠加】，这样便得到一个立体的线条效果了，如图14-24所示。

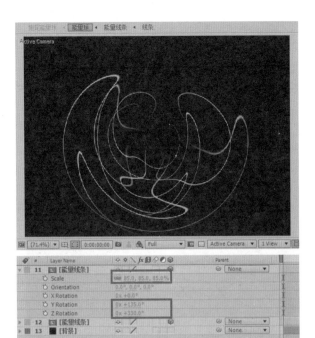

图14-23

的遮罩参数控制面板,将Mask 1【遮罩1】的Mask Feather【遮罩羽化】值设为7。为了使遮罩的边缘更加柔和,将Mask 1【遮罩1】复制一层,将复制所得的图层命名为Mask 2,将Mask 2【遮罩2】的Mask Feather【遮罩羽化】值设为97,并将该图层的混合模式设为Add【叠加】,如图14-25所示。

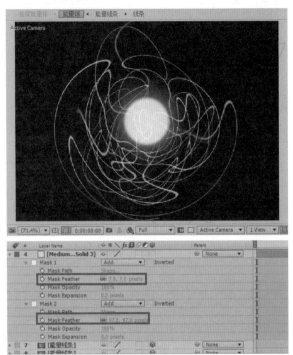

图14-25

STEP 18 再将内核图层复制一层,将复制所得的图层的Scale【缩放】值设为75%。再新建一个固态层作为发光图层,并将该图层的颜色设置得比前两个图层的颜色更深一些;将RGB数值设为(172,127,41)。选择Ellipse Tool【椭圆工具】,在该图层上绘制一个比之前两个图层都稍大一些的正圆形;将Mask Feather【遮罩羽化】值设为105,这样,一个由3个橘黄色固态层构成的发光内核便制作完成了,如图14-26所示。

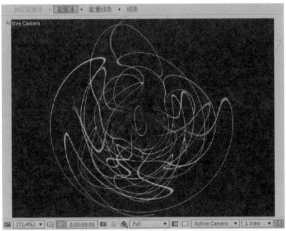

图14-24

STEP 17 为了使能量球看起来更加绚丽,这里需要在所有线条的中心位置制作一个发光的内核。新建一个固态层,将该层的颜色也设为橘黄色,并将颜色的RGB数值设为(255,217,144);将该层置于所有能量线条图层之上。选择工具栏中的Ellipse Tool【椭圆工具】,按快捷键Ctrl+Shift的同时在新建的固态层上绘制一个正圆形。选中新建的图层,双击M键展开图层

STEP 19 为了更好地观察制作完成后的3D线条效果,在合成窗口中新建一个Camera【摄像机】,将Preset【预设】设为Custom【常规】。再新建一个Null Object【空物体】层,将其命名为控制线条,并打开该层的3D开关。将所有的能量线条图层连接到新建的控制线条合成上,这样只要通过控制一个空物体图层就可以控制所有的线条图层了,如图14-27所示。

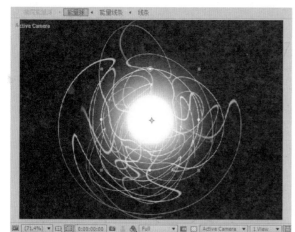

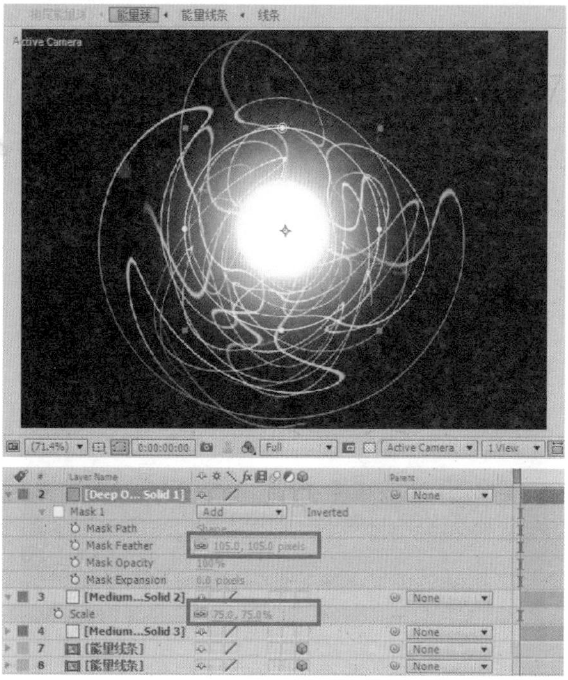

图14-26

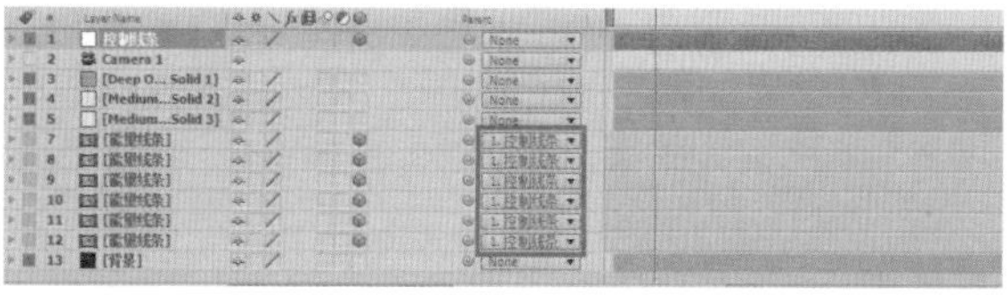

图14-27

STEP 20 给控制线条空物体层设置动画。选中该图层，按快捷键R展开旋转参数，给该参数设置关键帧动画。将时间线指针移动到0帧位置，分别给X Rotation【X轴旋转】、Y Rotation【Y轴旋转】和Z Rotation【Z轴旋转】参数设置一个关键帧；再将时间线指针移动到6s位置，将X Rotation【X轴旋转】的数值设为70°，Y Rotation【Y轴旋转】的数值设为160°，Z Rotation【Z轴旋转】的数值设为35°，这样就得到一个能量球的旋转动画了，如图14-28所示。

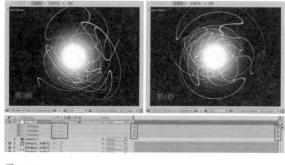

图14-28

STEP 21 为了使能量球更有立体感，打开摄像机的景深功能。选中Camera 1【摄像机1】，展开Camera Options【摄像机选项】，将Depth of Field【景深】设为On【开启】。将Focus Distance【焦距】设为764 pixels，Aperture【光圈】设为92 pixels，Blur Level【模糊等级】设为200%，这样能量球便具有虚实效果了，立体感也更强了，如图14-29所示。

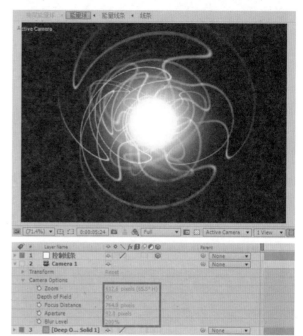

图14-29

STEP 22 为了使能量球的视觉效果更丰富，继续在能量球的中心制作一个发散的粒子效果。新建一个固态层，将其命名为粒子。选中新建的粒子图层，在Effect【效果】下的Simulation【模拟】中选择CC particle World【三维粒子运动】，默认效果如图14-30所示。

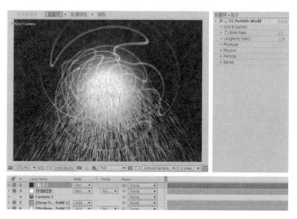

图14-30

STEP 23 对粒子进行设置，展开CC particle World【三维粒子运动】参数项，将Birth Rate【出生速度】设为0.7；展开Physics【物理学】参数栏，将Velocity【速度】设为0.5，如图14-31所示。

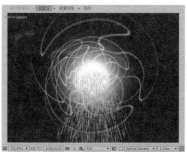

图14-31

STEP 24 将Gravity【重力】设为0；将Particle Type【粒子类型】设为Faded Sphere【透明球体】；将Birth Size【出生大小】和Death Size【死亡大小】都设为0.18，并将粒子图层的混合模式设为Add【叠加】，如图14-32所示。

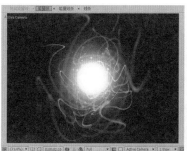

图14-32

至此，拖尾能量球动画的能量球部分便已制作完成。这部分的制作步骤虽然烦琐，但制作原理其实很简单。

14.3.2 拖尾光线的制作

能量球部分制作完成后，下面开始进行能量球的拖尾光线部分的制作。这里还是利用Trapcode的Particular插件来制作能量球的拖尾光线特效，并将3个单独的光效线条组合成一个整体的光线特效。

STEP 01 新建一个Composition【合成】，将其重命名为拖尾能量球，设置宽高像素为720×576，并将时长设为5s。在新建的合成窗口中新建一个固态层，将其重命名为背景。选中该背景层，在Effect【效果】下的Generate【生成】中选择Ramp【渐变】滤镜，展开

该滤镜的参数项，将Start Color【起始颜色】的RGB数值设为（104，0，0）；将End Color【结束颜色】的RGB数值设为（0，0，0），并将Ramp Shape【渐变形状】设为Radial Ramp【径向渐变】，如图14-33所示。

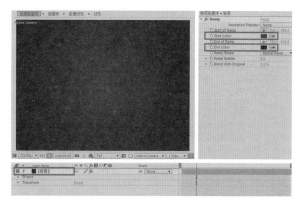

图14-33

STEP 02 在制作光线之前，先制作光线将要运行的轨迹路线，这里使用一个灯光来引导光线的运动。定义出灯光的运动路径，并将Particular的位置数据绑定到灯光的位置上。在合成窗口中新建一个灯光，将其命名为Emitter，如图14-34所示。

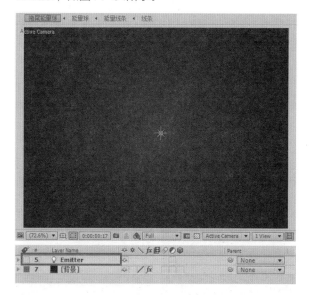

图14-34

注意： 要使该灯光的位置数据被Particular读取到，必须将其命名为Emitter。

STEP 03 定义灯光的运行轨迹，让灯光从左侧远处的画幅之外穿梭而来，在中间位置时做一个弧形运动后再从镜头前穿梭出画幅。为了更好地观察效果，在场景中新

建一个摄像机。选中Emitter灯光，按P键，展开其位置参数。将时间线指针移动到0帧位置，将Position【位置】参数设为（-1135，617，1920）；再将时间线指针移动到23帧位置，将Position【位置】参数设为（505，255，-37）；最后将时间线指针移动到23帧位置，将Position【位置】参数设为（-1302，864，-2384），如图14-35所示。

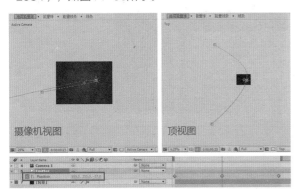

图14-35

STEP 04 新建一个固态层，将其命名为粒子光线，选中该图层，在Effect【效果】下的Trapcode中选择Particular，在效果控制面板中展开该滤镜参数。展开Emitter【发射器】参数项，将Emitter Type【发射器类型】设为Light(s)【灯光】，这样插件就会自动读取灯光的位置运动信息，并将信息绑定在灯光上。继续调节滤镜参数。由于第一个Particular模拟的是一个光线，所以将Velocity【速度】设为0，将Velocity Random【速度随机】设为75，Velocity from Motion【继续运动速度】设为7。分别将Emitter Size X【X轴发射器大小】、Emitter Size Y【Y轴发射器大小】和Emitter Size Z【Z轴发射器大小】设为0，并将Particles/sec【每秒发射粒子数量】设为930，此时便得到了一条运动的线段，如图14-36所示。

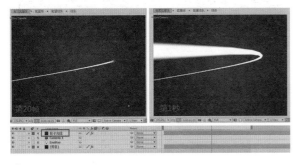

图14-36

STEP 05 继续调节光线的效果。展开Particle【粒子】参数项，将Life【生命】值设为1s；将Size over Life【贯穿生命大小】的图标设为出生时最大，让粒子越接近死亡时越小；将Opacity over Life【贯穿生命不透明度】也设为出生时最大；将Color【颜色】设为橘黄色，并将RGB数值设为（255，155，48）；将Transfer Mode【转变模式】设为Add【叠加】，如图14-37所示。

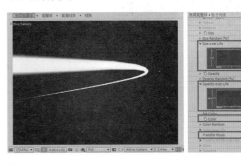

图14-37

STEP 06 为了使光线的动画更加逼真和动感，展开Physics【物理学】参数项下的Air【空气】中的Turbulence Field【紊乱场】，对物理学参数（如风力、空气阻力和紊乱等自然因素）进行调节，使粒子的运动状态更加真实，更加符合现实中的真实情况。这里将Affect Position【影响位置】设为50，这样，粒子在运动的过程中就会受到紊乱场的影响，随机改变粒子的位置，如图14-38所示。

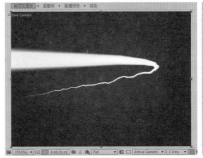

图14-38

STEP 07 此时可以看到单个的光线显得过于单调，因此需要在此基础上添加其他的辅助元素，这里需要制作一个游动的粒子和光线穿梭后所产生的烟雾效果。为了方便制作，选中之前制作完成的粒子光线图层，按快捷键Ctrl+D将其复制一层，将复制所得的图层重命名为微小粒子。展开该图层的Emitter【发射器】选项，将Velocity【速度】设为70，这样粒子就会向外飘散开来。将Velocity Random【速度随机】设为50，Velocity Distribution【速度发散】设为3.1，Velocity from Motion【继续运动速度】设为0。为了使粒子的形态更具多样性，将Size【大小】值设为4，Size Random【大小随机性】设为43，Opacity Random【不透明度随机性】设为100，此时的粒子形态便有了大小和不透明度的变化，视觉效果也更加出众。此外，为了使粒子向上方飘散，需要改变一下物理学中的动力影响因素。展开Physics【物理学】参数项，将Gravity【重力】设为-100，将重力值设为正数，则表示物体受重力影响后向下方运动；如果将重力值设为负数，则表示物体受负重力影响后向上运动，如图14-39所示。

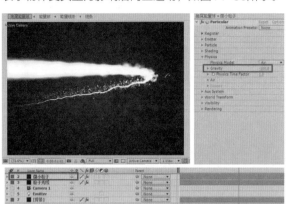

图14-39

STEP 08 为了使合成窗口中的元素更加丰富，选中粒子光线图层，按快捷键Ctrl+D将其再复制一层，将复制所得的图层命名为烟雾，这一图层用于模拟光线和粒子运动过后所产生的烟雾效果。将Velocity【速度】设为110；将Velocity Random【速度随机性】设为50，Velocity Distribution【速度发散】设为2.7，Velocity from Motion【继续运动速度】设为-10。继续展开Particle【粒子】参数项，将Particle Type【粒子类型】设为cloudlet【云朵】；将Size【大小】值设为50，Opacity【不透明度】设为3，Opacity Random【不透明度随机性】设为100。展开physics【物理学】参数项，将Gravity【重力】设为-330。这样，烟雾图层受到重力的影响最小，它位于光线和粒子两个图层的最上方，并且向上运动的趋势更加明显，如图14-40所示。

STEP 09 至此，光线、粒子和烟雾这3个拖尾元素便已全部制作完成，这3个元素相互配合、相互点缀，再配合快速的运动动画，使整个光线效果看起来更加动感和绚丽。最后，将之前创建的能量球合成导入该合成中，并将其置于背景层之上（即置于倒数第二个图层）。此时的能量球还没有任何的位移动画，将能量球的位置信息绑定到灯光位置上，使其产生与灯光、光线一致的位移动画。按P键，展开Emitter【发射器】参数项，将能量球的位置绑定到灯光位置参数上，并将合成中所有图层的混合模式设为Add【叠加】，如图14-41所示。

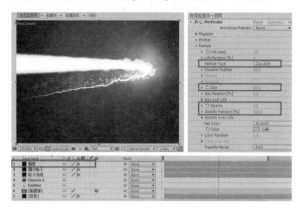

图14-40

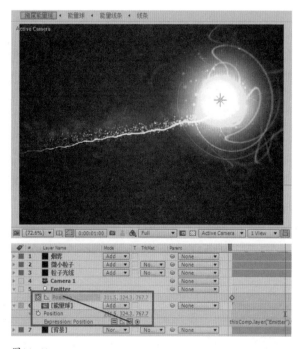

图14-41

STEP 10 至此，拖尾能量球特效便已制作完成，最终动画效果如图14-42所示。

  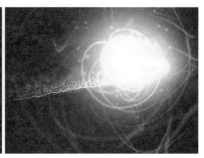

图14-42

14.4 七彩光线的表现

七彩光线是一种和拖尾能量球类似的拖尾效果，但它们拖出来的光线形态却是不一样的，这里应用的是另一种拖尾的形式来表现一种更为真实、绚丽的缤纷光线效果，其穿梭的视觉冲击力更为震撼。七彩光线的制作原理和光带是一样的，它们的区别在于拖尾的形态变化和光线的细节。七彩光线的制作主要分为两个环节，首先是制作光线的运动轨迹，其运动轨迹是由灯光来控制的；然后利用Particular【粒子】特效来制作光线效果。本案例的七彩光线是通过复制第一盏灯光和第一条光线，并改变光线的一些参数而得到的。本案例的最终效果如图14-43所示。

图14-43

14.4.1 设置光线的运动轨迹

光线的运动轨迹是通过灯光来控制的，在本案例中，光线的运动轨迹呈简单的弧形，它是通过一盏灯光来拖出一条光线效果。如果想拖出更多的光线，只需将灯光复制并移动灯光的位置即可。本节内容首先介绍制作一盏灯光的运动轨迹。

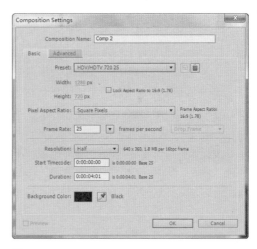

STEP 01 新建一个合成窗口，并将其大小设为1280×720，如图14-44所示。

图14-44

STEP 02 在时间线窗口的空白处单击鼠标右键，从右键菜单中选择New【新建】中的Light【灯光】项，新建一个灯光，如图14-45所示。

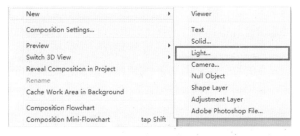

图14-45

STEP 03 给灯光设置一个从远处飞向镜头的呈抛物线状的运动动画，如图14-46所示。

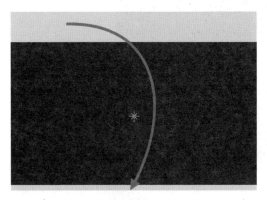

图14-46

STEP 04 抛物线运动一般只要设置两个运动关键帧即可，这里从第0帧到第22帧，在起始帧和结束帧给灯光设置两个运动关键帧，此时得到的灯光的运动轨迹是一条直线，如图14-47所示。

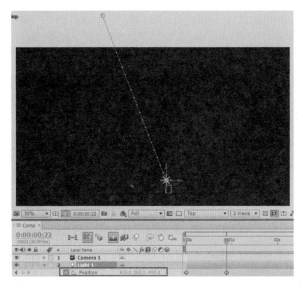

图14-47

STEP 05 调整起始帧和结束帧的关键帧手柄，将运动轨迹调成抛物线形状，从两个视图中观察到的灯光运动轨迹如图14-48所示。

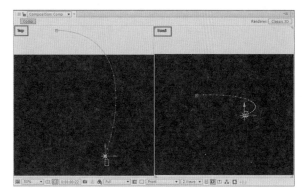

图14-48

技巧提示： 关键帧手柄需要选择对应的关键帧时才会出现，如果选择关键帧后没有出现手柄，可以按住快捷键Ctrl+Alt，再用鼠标左键单击关键帧且不放开，即可在关键帧上拖出调节手柄

14.4.2 制作蓝色光线

蓝色光线是利用Particular【粒子】滤镜来制作的，本节内容主要通过控制粒子在灯光运动轨迹上的显示效果以及拖尾的丰富细节，来制作一个简单、漂亮的光线效果。

STEP 01 新建一个和合成窗口的尺寸一样的固态层，如图14-49所示。

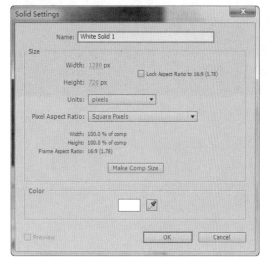

图14-49

STEP 02 给固态层添加一个Particular【粒子】特效，并单击粒子特效面板中的Options【选项】，在弹出的选项面板中，在Light name starts with【从指定的灯光名开始】项下面的输入框中输入"Light 1"。这样，粒子特效便被绑定到灯光上，且跟随着灯光运动了，如图14-50所示。

图14-50

技巧提示： 如果要使某粒子特效跟随灯光运动，那么就必须要在选项面板的Light name starts with【从指定的灯光名开始】项下填写场景中的灯光名称。如果窗口中有多盏同名的灯光，那么粒子就会分布在多盏同名的灯光上面。如果输入的名称和窗口中的灯光名称不符，那么粒子就不会出现。

STEP 03 输入好对应的灯光名称后，此时可以发现画面中的粒子并没有跟随灯光运动，而是依然原地不动，如图14-51所示。

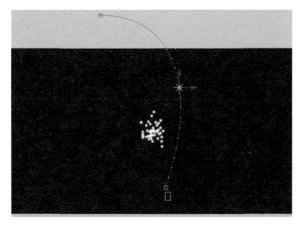

图14-51

STEP 04 在粒子特效的参数选项栏下，将Emitter【发射器】参数栏下的Emitter Type【发射器类型】设为Light(s)【灯光】。这样，粒子就会自动绑定到灯光上并跟随灯光移动了，如图14-52所示。

STEP 05 此时拖动时间滑块，可以看到灯光拖出了长长的呈扩散状的粒子，接下来要让这些扩散的粒子汇聚成一条直线。在Emitter【发射器】参数栏下，将

Particles/sec【每秒粒子数量】加大到3000，有足够多的粒子，汇聚而成的线条才会更饱满，否则线条会断断续续；再将下面与Velocity【速率】有关的几个参数都设为0，不让粒子呈扩散状；然后将Emitter Size【发射器尺寸】在3个轴向上的值都设为0，不让发射器有任何的大小，也就是让发射器呈现为一个点。这样，拖出来的粒子就会呈现为一条直线效果了，如图14-53所示。

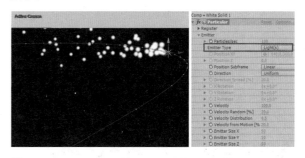

图14-52

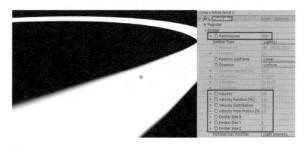

图14-53

STEP 06 仔细观察线条，从左下图的线条效果（这是默认的线条效果）中可以看到线条并不是圆滑的，而是显得有点顿挫，因此需要在发射器参数栏下，将Position Subframe【位置子帧】选项设为10×Linear【10倍线性】。这样，线条就会变得非常圆滑了，如图14-54所示。

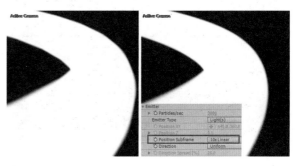

图14-54

技术点拨： 10×Linear【10倍线性】的原理如下图中的红色虚线所示，它是将默认线条的顿挫的边

缘再细分10次，这样，线条看起来就会圆滑许多，如图14-55所示。

14-58所示。

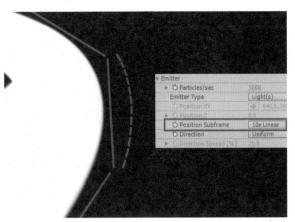

图14-55

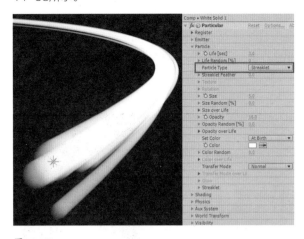

图14-57

STEP 07 此时，线条的边缘会出现轻微的虚化效果，因此这里要在Particle【粒子】参数栏下将Sphere Feather【球体虚化】值设为0，让线条的边缘变得非常硬；再将Opacity【不透明度】降低到10，使线条稍显通透，如图14-56所示。

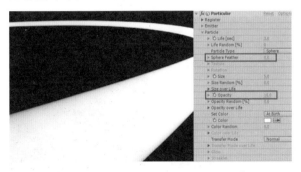

图14-56

技术点拨： Sphere Feather【球体虚化】用于控制每个粒子球体边缘的虚化效果，而此时的线条正是由大量的粒子球体排列组成的。因此，这里只要改变该参数的值，即可改变线条的边缘虚化效果。

STEP 08 此时的线条是一根直线，但只有一根直线的光线效果会显得比较单调，因此接下来要调整线条的状态，并增加线条的数量。在粒子参数栏下，将Particle Type【粒子类型】设为Streaklet【条状痕】，该类型的粒子是由几个粒子随机组成的，这样就会比默认的一个粒子丰富了许多，如图14-57所示。

STEP 09 下图是Streaklet【条状痕】粒子类型的单帧平面效果，这些随机的粒子是可以进行调整的，如图

图14-58

技巧提示： 在粒子类型列表中还可以设置其他不同的类型，每一种类型所得到的粒子拖尾效果是不一样的。不过，每一种粒子类型都有其特定的作用，因此粒子类型是不能乱选用的，如图14-59所示。

图14-59

STEP 10 调整线条的粗细变化。默认状态下的线条从头到尾都是一样的粗细，这里要在Particle【粒子】参数栏下将Size over Life【大小随生命曲线】的曲线框中的生命曲线设成随机的波浪效果。这样，光线从头到尾的粗细效果就会跟随着所设定的生命曲线的状态而产生变化，如图14-60所示。

光线便会有一种类似于荧光闪烁的效果，光线会显得更加真实、自然，如图14-62所示。

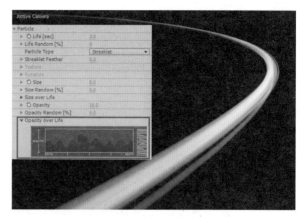

图14-62

STEP 12 给光线设置一个颜色。在粒子参数栏下将Set Color【设置颜色】项设为Over Life【整个生命】；在Color over Life【颜色随生命变化】项的色彩调节框中将颜色设置成一个从蓝色过渡到深蓝色的渐变效果，并将Transfer Mode【叠加模式】设为Add【加】模式，使色彩显得通透，如图14-63所示。

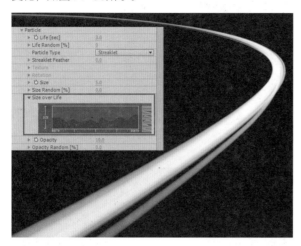

图14-60

技术点拨： 如果随机绘制生命曲线，可以看到线条的粗细也会相应地发生改变。设置线条粗细变化的作用是为了加强光线在穿梭时的动感。这种线条大小的变化只有在播放动画的时候才能很清楚地看到，如图14-61所示。

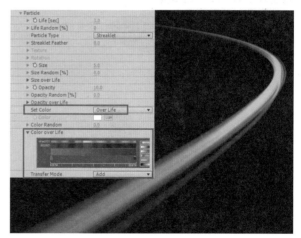

图14-63

STEP 13 对Streaklet【条状痕】粒子类型中的粒子元素进行调整，让其具有丰富线条的效果。在粒子参数栏下展开Streaklet【条状痕】参数选项，在其下面有3个参数，这里分别对粒子的随机分布、条痕数量和条痕大小进行设置。这里将No Streaks【条痕数量】加大到9，让线条变得更丰富；将Streak Size【条痕尺寸】稍微减小到50，让线条显得纤细一点。此时，得到的线条效果如图14-64所示。

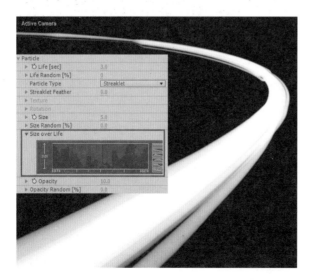

图14-61

STEP 11 使用同样的方法，给Opacity over Life【不透明度随生命】曲线也设置一个忽闪忽亮的变化。这样，

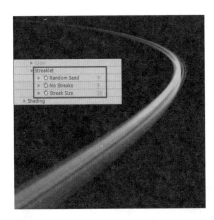

图14-64

STEP 14 在Streaklet【条状痕】参数栏下可以控制线条随机的动画效果，该参数在后面设置其他颜色的线条时会经常用到，它们的作用主要是将每个线条区别开来，如图14-65所示。

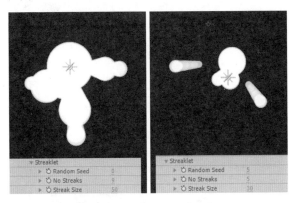

图14-65

STEP 15 此时，线条效果已经基本设置完成了，拖动时间滑块，可以发现线条的末尾部分是顿挫的，因此这里要给线条的尾部设置一个衰减效果，这样的线条才会显得更漂亮。这里可以通过Life Random【生命随机】值来控制衰减效果，稍微加大生命随机值到5，即可看到线条的尾部产生了虚化的拖尾效果，这样，线条便显得更有动感了，如图14-66所示。

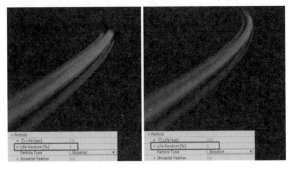

图14-66

至此，七彩光线中的其中一条光线就制作完成了。

14.4.3 制作其他彩色光线

本节内容将介绍制作其他的几条彩色光线，它们的制作方法和第一条光线的制作方法差不多，只是对大小、不透明度和速度等参数进行了调整，从而将其他光线的显示效果区别开来，它们的运动轨迹是通过复制第一盏灯光的运动轨迹而得到的。

STEP 01 在时间线窗口中，将灯光层和固态层复制一层，如图14-67所示。

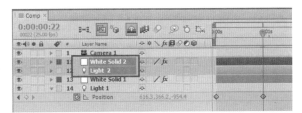

图14-67

STEP 02 选择灯光，并稍微调整灯光的位置，不让其与第一个灯光的运动轨迹重叠，如图14-68所示。

图14-68

STEP 03 选择复制所得的第二个固态层，将线条的颜色调为从橙色过渡到深橙色的渐变效果，如图14-69所示。

STEP 04 由于橙黄色与背景叠加后容易出现色彩过曝的现象，因此要在粒子参数栏下将Opacity【不透明度】降低到10；为了区分黄色线条与蓝色线条的生命长度，将粒子的Life【寿命】设为2.2，Life Random【寿命随机】值设为3，如图14-70所示。

STEP 05 仅是颜色和生命长度的不同还不能很好地区分两根线条的动画效果，因此要在Streaklet【条状痕】参数栏下，随机地调整条痕状的分布、数量或大小，如图14-71所示。

第14章 光效创作技法 | 229

图14-69

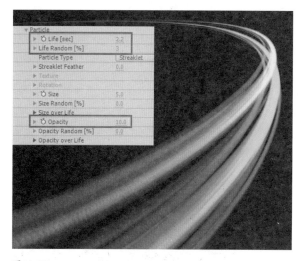

图14-70

图14-71

STEP 06 此时，黄色线条显得不那么明显了，接下来调整线条的显示强度，在发射器参数栏下将Particles/sec【每秒粒子数量】加大到10000，如图14-72所示。

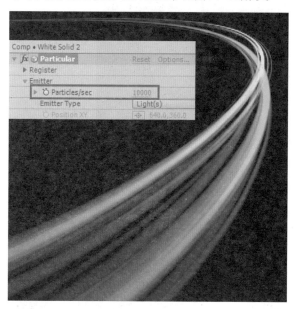

图14-72

STEP 07 在Size over Life【大小随生命】曲线的曲线框中，将生命曲线设置为默认的第一种预置效果，让线条没有任何的大小变化，如图14-73所示。

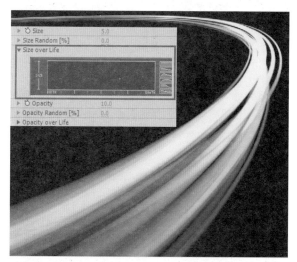

图14-73

STEP 08 此时可以发现线条又变得非常粗了，因此要将其Size【尺寸】大小减小到3，并将Opacity【不透明度】减小到6，得到的黄色线条效果如图14-74所示。

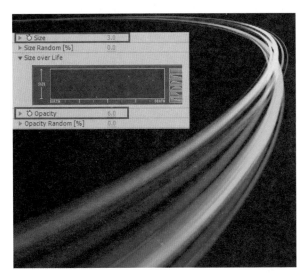

图14-74

图14-77

STEP 09 为了让线条的出现有一个先后顺序,这里将黑色线条的起始时间往后推迟几帧,如图14-75所示。

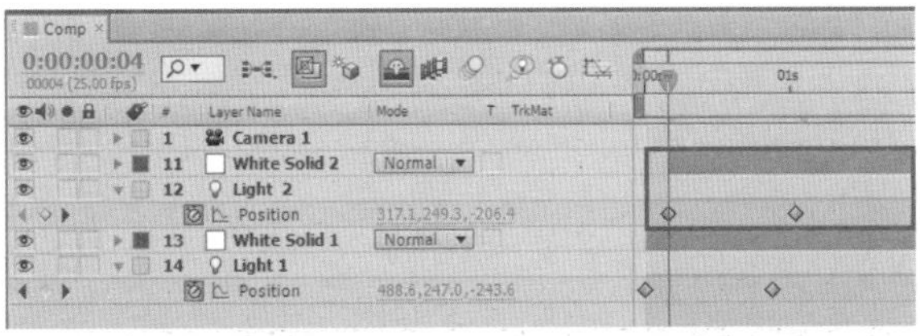

图14-75

技巧提示: 注意,光线的运动是由灯光控制的,因此在移动灯光层时,最好将对应的光线固态层也同步移动,这样才能保证光线不会出错,也能更清楚地分辨开时间线窗口中繁多的光线层。

STEP 10 使用同样的方法,将其他的几条彩色光线也制作出来,并将它们的起始时间都错开一下,如图14-76所示。

图14-76

至此,七彩光线的效果便制作完成了,效果如图14-77所示。

14.4.4 制作辅助光线的粒子元素

本节内容要给环境添加一些粒子效果,以此来增强一下画面的氛围感。该粒子效果是与七彩光线配合使用的辅助效果,它能使光线在快速飞向画面时,第一根蓝色光线冲向镜头的瞬间,产生粒子飞溅的动画效果,如图14-78所示。

图14-78

STEP 01 新建一个粒子图层,并给其添加一个粒子特效;在其Particle【粒子】参数栏下设置Size【尺寸】值为8,Size Random【大小随机】值为100,Opacity【不透明度】为40,并设置Opacity Random【不透明度随机】值为100。此时,得到的粒子效果显得非常虚幻,如图14-79所示。

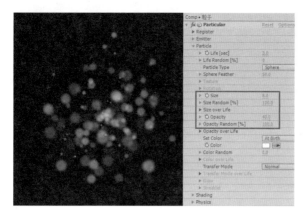

图14-79

STEP 02 给粒子的数量设置一个动画效果,使粒子快速飞散开后,发射器立即停止发射粒子。将时间滑块拖到第21帧,在此处给当前的Particles/sec【每秒粒子数量】设置一个关键帧;再将时间滑块拖到第22帧(即下一帧),让粒子数量变成0,让发射器立即停止粒子的发射,如图14-80所示。

图14-80

STEP 03 调整粒子发射的中心点。首先保持特效面板中的粒子特效处于被选择状态;在合成窗口中选择粒子的中心点,将其移到画面的左下角位置,即粒子扩散开的中心点正好是蓝色线条触碰合成窗口下端边缘的位置。此时拖动时间滑块,可以看到粒子的扩散范围仍不够大,如图14-81所示。

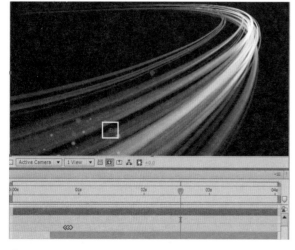

图14-81

STEP 04 调整粒子的扩散范围。在Emitter【发射器】参数栏下,将Z Rotation【Z轴旋转】值设为49°,设置一个较好的扩散角度;将Velocity【速率】加大到520,加大扩散范围,如图14-82所示。

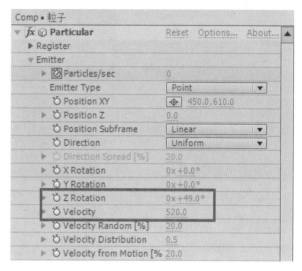

图14-82

STEP 05 再次拖动时间滑块,此时可以看到粒子扩散效果很好地与蓝色线条的冲击效果相吻合了,如图14-83所示。

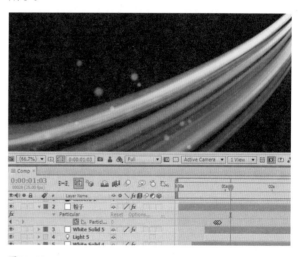

图14-83

至此,整个七彩光线的效果就制作完成了,最终得到的七彩光线效果如图14-84所示。

图14-84

第15章 Form特效应用

本章内容
- Form插件介绍
- Form插件案例赏析
- Form参数介绍
- 绚丽定版制作
- 放射定版制作

本章内容主要介绍了After Effects第三方插件Trapcode Form的应用以及如何利用Form插件来制作一些复杂的粒子动画特效，主要通过两个定版LOGO案例的制作来对Form特效的应用进行详细讲解。

本章内容通过两个案例对Form进行了详细的讲解，并初步应用Particular插件和Shine插件配合完成绚丽定版LOGO和放射定版LOGO最终效果的制作。通过这两个案例的学习，可以掌握Form特效插件的基本功能及其特性，绚丽定版LOGO和放射定版LOGO最终效果如图15-1所示。

图15-1

15.1 Form插件介绍

Form插件是Red Giant公司发布的一款基于网格的三维粒子插件，它包含在Trapcode插件的系列套件之中，该系列还包含了另一款著名的粒子插件Particular。除此之外，该系列套件中还包含Shine、3D Stroke、Lux和Starglow等插件。

本节内容主要对Trapcode系列套件中的Form插件进行介绍，该插件可以用来制作液体、复杂的有机图案、复杂几何学结构和涡线动画，如图15-2所示。

图15-2

　　Form插件一经推出，深受After Effects用户的追捧，各大专业网站也争相转载。但由于其参数的复杂性，在国内很多用户还没能够完全掌握它的使用，本章内容将会对Form插件的各项参数进行详细的介绍。Form与其他的粒子系统有所不同，它的粒子没有产生、生命值和死亡等基本属性，它的粒子从开始就存在。可以通过不同的图层贴图以及不同的场来控制粒子的大小形状等参数形成动画。因为Form粒子的这些特点，所以Form比较适合于制作如流水、烟雾和火焰等复杂的3D几何图形。另外其内置有音频分析器能够帮助用户轻松提取音乐节奏频率等参数，并且用它来驱动粒子的相关参数，这也是学习Form需要注意的关键特点。

　　作为一款第三方插件，Form能够非常完美地与After Effects匹配，与After effects的三维系统完美结合。很多利用三维软件进行复杂的操作才能制作出来的特效，在After Effects中配合Form插件就可以轻易完成。例如，最常见的粒子飞舞幻化成文字或LOGO的特效就可以利用Form这款插件很轻松地制作出来，如图15-3所示。

图15-3

15.2　Form插件案例赏析

　　如今，越来越多的视觉艺术家都将Trapcode系列插件作为自己创作过程中的必备工具，在很多广告作品中可以看到Form制作的粒子效果，尤其是配合Trapcode系列中的Particular插件，可以增添一些细节粒子，再结合使用Shine和Starglow等来制作光效能够使作品更加出彩。

　　本案例中，片中各不相同的元素均由粒子特效渲染，其中有粒子组成汽车在行驶的过程不断沙化成飞扬的尘土，有将粒子调节成水墨风格的运动形式来演绎抽象的视觉特效，还有把点状粒子组成地球配合快速在地表移动光线来展示现代信息技术的高效与便捷。简单的粒子，艺术家们通过设置不同的粒子形状、颜色和大小等外观属性，配合不同的排列组合与不同的运动形式就能够演绎出千变万化的视觉特效。纵使每个特效案例都能拥有其独特的表现形式，如图15-4所示。

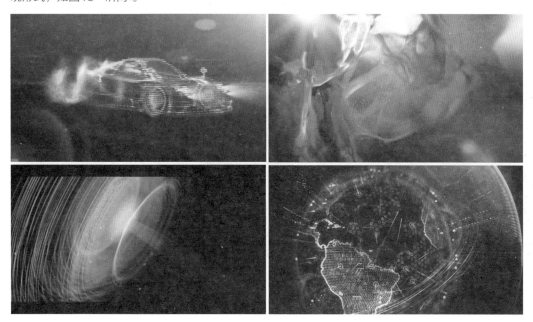

图15-4

在艾薇儿·拉维尼（Avril Lavigne）主演的Black Star香水广告中，设计师杰西·纽曼（Jesse Newman）就利用Form插件和Particular插件创作出广告中所有的粒子效果，片中演绎艾薇儿将星空中最闪亮的一颗星摘下来后发现是一款名叫Black Star的香水，香水瓶底的星形设计加上后期叠加上的特效光线看上去就像一颗闪亮的星星。场景中美轮美奂的紫色星空就是利用Form制作的，配合着装华丽的艾薇儿顿时犹如进入了童话世界一般的唯美。最终演员美艳的造型配合绚丽多彩的场景和如影随形的粒子特效充分展示了香水迷人和陶醉的感官体验，从而打动观众，如图15-5所示。

图15-5

本案例是Imaginary Forces影视制作公司为华纳兄弟电影公司（Warner Bros）创作的电影片头，该片头利用Form这款插件营造出了虚拟未来的科技感。在视觉表现上，该片以粒子分散的状态从镜头外慢慢移近最后在画面中央线性渐变成原始LOGO。虽然动画比较简单但是粒子细节和质感处理的非常到位，如图15-6所示。

制作原理上只需将OBJ格式的三维标识导入After Effects当中，在Form特效的设置中，指定发射图层为该OBJ层，再将粒子的物理属性进行调整，就能渲染出类似OBJ模型的粒子效果。最后线性渐变成原始LOGO的特效原理上只需要设置粒子的分散属性为零就能让粒子完成组合成LOGO的外观和颜色，如图15-7所示。

图15-6

图15-7

15.3　Form参数介绍

在进行案例的具体制作前，需要先对Form插件的主要参数进行简单的了解。Form插件是Trapcode系列套件中的一种粒子特效插件，最新版本为Form 2.0。Form插件可以完全匹配After Effects的摄像机、灯光和景深，用户可以导入OBJ格式的三维模型或序列并利用Form插件将其转换成粒子。除此之外，还可通过添加新的粒子类型和粒子属性来增强Layer Map【层映射】管理功能。

Form插件与其他的粒子插件不同，Form插件中的粒子没有出生、生命值和死亡等基本属性，它的粒子从一开始就是存在着的。再者，Form插件可以通过不同的场以及图层贴图来控制粒子的大小、形状等参数，从而生成粒子动画。基于Form插件的上述特点，所以它比较适合用于制作流水、烟雾和火焰等复杂的3D粒子特效。另外Form插件中内置有能够帮助用户轻松提取音乐节奏、频率等参数的音频分析器，音频分析器也可以用来驱动粒子的相关参数。利用Form插件所制作出的各种粒子特效如图15-8所示。

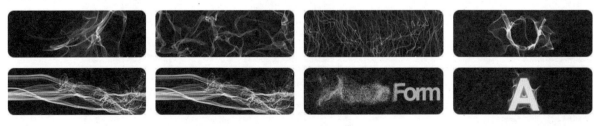

图15-8

利用Form插件自带的预置功能，可以非常方便地调用各种预置的粒子特效，但有时会出现Form插件特效控制面板中并未显示预置选项的情况，这是因为预置选项被设置为隐藏状态。单击特效控制面板右上角的图标，单击选中Show Animation Presets【显示动画预置】选项，即可将预置选项添加到Form插件的特效控制面板中。展开预置选项，可以看到预置内容中只有空白和保存预置两个选项，附带的预置列表并未显示出来，如图15-9所示。

图15-9

重新打开After Effects软件或者单击Effects & Presets【效果与预设】面板右上方的按钮,在弹出的菜单中选择Refresh List【刷新列表】选项,即可把预置选项附带的预置列表显示出来,如图15-10所示。

图15-10

利用Form插件的预置功能,可以快捷地制作一些绚丽的粒子特效,如图15-11所示。

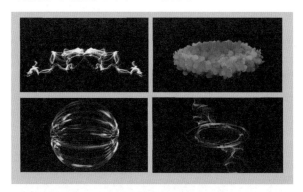

图15-11

Form插件的参数虽然很多,但在实际应用中,并不需要对每个参数都进行设置。

下面对插件中的主要参数进行具体的介绍。

1. Base Form【形态基础】

展开Base Form【形态基础】参数项,可以看到该参数项下一共有4种形态类型,分别为Box-Grid【网状立方体】、Box-String【串状立方体】、Sphere-Layered【分层球体】和OBJ Model【OBJ模型】。此参数项可以对网格的类型、大小、位置、旋转和粒子的密度等参数进行设定。Base Form【形态基础】参

数项下的4种形态类型如图15-12所示。

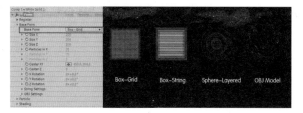

图15-12

在第4个形态类型OBJ Model【OBJ模型】中,用户可以指定OBJ模型来发射粒子。安装了Form插件后,就可以在After Effects里导入OBJ格式的三维模型了。将导入After Effects里的OBJ物体添加到合成窗口中,在OBJ Settings【OBJ设置】中进行设置,就可以指定以该模型来发射粒子了,如图15-13所示。

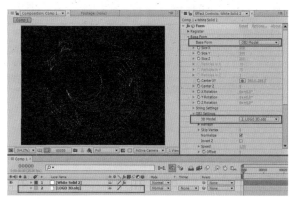

图15-13

2. Particle【粒子】

展开Particle【粒子】参数项,对粒子的类型、尺寸、透明度和粒子之间的叠加模式等相关参数进行设定。此时可以看到在Particle Type【粒子类型】的选项菜单中出现了11种粒子类型,它们分别是Sphere【球形】、Glow sphere【发光球形】、Star【星形】、Cloudlet【云层形】、Streaklet【烟雾形】和6种自定义的粒子类型,如图15-14所示。

图15-14

将粒子类型设置为自定义类型，那么就可以将After Effects里的任一图层设定为粒子形态。

注意： 作为粒子形式的图层，Form插件只会使用它的基本形态。如果该图层被添加过遮罩或其他特效，那么必须先对该图层进行预合并。而且图层的大小不能设置得太大，否则Form插件会根据情况自动将其缩小，这样会增加渲染的时间。

当Particle Type【粒子类型】设置为Sprite【子画面】时，指定一个图层作为替换的粒子形态，那么替换后的粒子的颜色和纹理都将继续采用指定图层的原始信息。若将粒子类型设置为Sprite Colorize【子画面着色】，那么替换后的粒子仍然采用原始图层的颜色和纹理，但是可以通过Color【颜色】参数项来调节粒子的颜色。如果将粒子类型设置为Sprite Fill【子画面填充】，那么替换后的粒子会采用指定图层画面的形状，而忽略原始图层画面的颜色和纹理，通过Color【颜色】参数项可以给粒子填充颜色。可以分别给同一个图层设置这3种粒子类型来比较这3种粒子类型的区别，如图15-15所示。

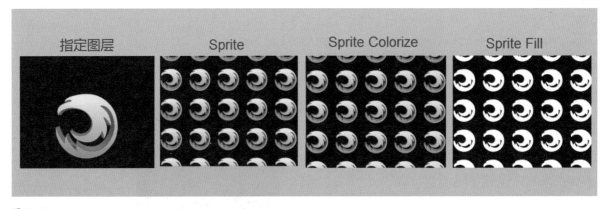

图15-15

下面通过实际操作的形式来对Particle【粒子】参数项中的Time Sampling【时间采样模式】作介绍。

新建一个After Effects项目，导入LOGO素材。新建一个像素宽高比为200×200的合成，将其命名为Texture，将持续时间设为4帧。将4种不同类型的标识图片添加到该合成窗口中，并将每个图层的时间长度调整为一帧，如图15-16所示。

图15-16

新建一个合成窗口，将其命名为粒子替换；将Preset【预置】设置为PAL D1/DV，持续时间设置为90帧。将Texture合成添加到该合成窗口中，并关闭该层时间线最左端的显示开关。新建一个固态层，给其添加Form插件特效。展开Base Form【形态基础】参数项，将Size X【X轴大小】和Size Y【Y轴大小】调整为500；将Particles in X【X轴中的粒子】和Particles in Y【Y轴中的粒子】都改为10，将Particles in Z【Z轴中的粒子】设置为1，如图15-17所示。

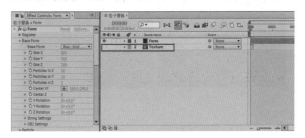

图15-17

展开Particle【粒子】参数项，将Particle Type【粒子类型】设置为Sprite【子画面】。展开Time Sampling【时间采样模式】参数项，可以看到该参数项中一共有4种模式，分别是Current Time【当前时间】、Random-Still Frame【随机—静帧】、Random-Loop【随机—循环】和Split Clip-Loop【分离素材—循环】。

Current Time【当前时间】指的是采用当前时间线贴图所显示的画面作为粒子形态；Random-Still

Frame【随机—静帧】指的是随机采用贴图图层的一帧作为粒子形态；Random-Loop【随机—循环】指的是随机采用一帧作为粒子形态，然后一帧一帧地改变并循环使用其他帧作为粒子形态；Split Clip-Loop【分离素材—循环】指的是把贴图素材分割为几帧，再循环使用这几帧作为粒子形态。下图为各种时间采样模式下，前4帧所显示的粒子形态画面，如图15-18所示。

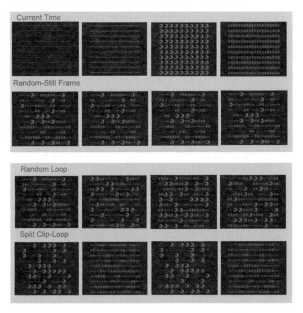

图15-18

注意： Time Sampling【时间采样模式】参数项用于设定Form插件把贴图图层的哪一帧作为粒子形态，作为自定义粒子形态的贴图图层可以是一个静止的Logo或其他图片文件，也可以是一段视频。

3. Shading【光影着色】

将Shading【光影着色】设置为On【开启】，这样粒子就能够受到合成画面中的灯光照射，产生光影效果。在场景中添加一盏灯光，Shading【光影着色】开启前与开启后的对照效果如图15-19所示。

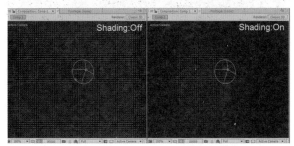

图15-19

4. Quick Maps【快速映射】

Quick Maps【快速映射】主要分为两种：一种是透明度映射；另一种是颜色映射。这两种映射的调节面板主要都分成3块区域：手动绘制区域、预置区域以及命令区域。在透明度映射的手动绘制区域中，上面代表透明度的最大值，下面代表透明度的最小值，在此区域内单击鼠标不放并拖动鼠标即可描绘出一条曲线。如果想选用预置曲线，可以在预置区域中的6条预置曲线中单击选择任意一条。命令区域内的命令对于手动绘制贴图有很大的帮助，该区域内一共有5条命令，分别是Smooth【平滑】、Random【随机】、Flip【翻转】、Copy【拷贝】和Paste【粘贴】。Smooth【平滑】命令可以让曲线变得光滑；Random【随机】命令可以使曲线随机化；Flip【翻转】命令可以使曲线水平翻转；Copy【拷贝】命令用于复制一条曲线到系统粘贴板上；Paste【粘贴】命令用于从粘贴板上粘贴曲线。在颜色映射的颜色调节区域中，设定渐变色的方法为：双击颜色桶，在颜色面板中选择想要修改的颜色；单击颜色桶并将其左右移动即可修改颜色位置；单击渐变色或颜色桶之间的区域即可增加颜色；单击颜色桶并按住鼠标往下移动即可删除颜色，如图15-20所示。

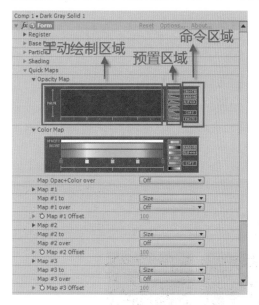

图15-20

5. Layer Maps【图层映射】

Layer Maps【图层映射】和Quick Maps【快速映射】很相似，它们都可以使用同一合成项目里的其他图层的像素来对Form粒子的一系列参数进行控制。Layer Maps【图层映射】一共有5种类型，分别是

Color and Alpha【颜色和Alpha】、Displacement【置换】、Size【大小】、Fractal Strength【分形强度】以及Disperse【分散】。

在使用图层映射时，应当注意在X、Y、Z（X、Y、Z轴）空间里的粒子数量，如果数量太少的话会导致粒子效果够明显。将带有LOGO的Map合成窗口和添加了Form插件特效的固态层导入同一合成窗口中，通过设置Layer Maps【图层映射】中的参数来得到LOGO形状分布的粒子形态，如图15-21所示。

图15-21

6. Audio React【音频驱动设置】

Audio React【音频驱动设置】可以实现音频的可视化。Form插件通过Audio React【音频驱动设置】提取音频中声音的响度信息，并将这些信息转化成关键帧来驱动粒子的其他属性。

7. Disperse and Twist【分散和扭曲】

Disperse and Twist【分散和扭曲】参数项相较于其他参数项而言更为简单，该参数项中只有两个参数：Disperse【分散】和Twist【扭曲】。Disperse【分散】参数用于控制粒子位置的最大随机值，Twist【扭曲】参数用于控制粒子网格在X轴上的弯曲程度，如图15-22所示。

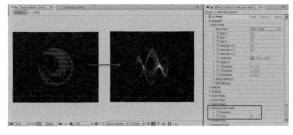

图15-22

8. Fractal Field【分形域】

Fractal Field【分形域】实质上是一种叫作Perlin Noise【Perlin噪波】的程序贴图，它由Ken Perlin发明。Fractal Field【分形域】最大的特点就是这种噪波拥有X轴、Y轴、Z轴及时间这4个维度，如今Perlin Noise【Perlin噪波】已经广泛地被应用于计算机图像视觉特效领域。Form插件可以把噪波应用到粒子的大小、透明度以及置换偏移上，这对于利用Form插件来制作水波、烟雾和火焰等效果起到很大的积极作用。

通过对Fractal Field【分形域】中的参数进行设置来控制粒子的大小、透明度及运动等。其中Affect Size【影响大小】可通过控制噪波来影响粒子的大小；Affect Opacity【影响不透明】可通过控制噪波来影响粒子的透明度；Displace Mode【置换模式】可将噪波设为置换贴图影响粒子的方式，它可以同时控制X轴、Y轴、Z轴3个轴，也可以单独地对每个坐标轴进行控制；Flow X【X轴流动】、Flow Y【Y轴流动】和Flow Z【Z轴流动】用于控制噪波在粒子网格的3个方向上的运动情况；Flow Evolution【流动演变】是除了Flow X【X轴流动】、Flow Y【Y轴流动】和Flow Z【Z轴流动】以外的用于控制噪波运动情况的第4个参数，它是一个随机值，只要Flow Evolution【流动演变】的数值大于0，噪波就可以产生运动；Offset Evolution【偏移演变】可用于产生不同的噪波；Flow Loop【循环流动】用于实现噪波的无缝循环流动；Loop Time【循环时间】用于设置噪波循环的时间间隔；Fractal Sum【分形总和】可以通过设定两种不同的运算方法来得到Perlin噪波。相比较而言，Noise【噪波】模式下所制作出来的噪波效果更为平滑，Abs(noise)【Abs噪波】模式所制作出来的噪波效果则显得尖锐一些。使用Noise【噪波】模式和Abs(noise)【Abs噪波】模式制作出来的噪波效果如图15-23所示。

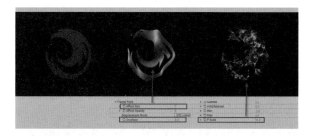

图15-23

9. Spherical Field【球形域】

Spherical Field【球形域】参数项可用于在粒子的中间制作一个球形空间，这样用户便可以在粒子中间放置其他图形了。展开Spherical Field【球形域】参数项，对里面的相关参数进行设置。Position X【X轴位置】、Position Y【Y轴位置】和Position Z【Z轴位置】用于定义球形场的位置；Radius【半径】用来定义球形场的半径；Feather【羽化】用来定义球形场的羽化值。勾选Visualize Field【可见域】选项将球形场显示出来，当Strength【强度】的数值为正值时，球形场显示为红色并会将粒子往外推；当Strength【强度】的数值为负值时，球形场显示为蓝色并会把粒子吸引到场里面，如图15-24所示。

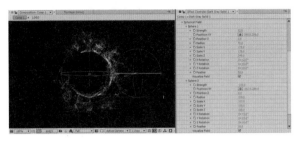

图15-24

注意： 用户可以定义两个球形场，但这两个场之间必须是有先后顺序的。

10. Kaleido space【卡莱多空间】

Kaleido space【卡莱多空间】参数项用于在3D空间中复制粒子。在Mirror Mode【镜像模式】下，可以通过选择Horizontal【水平方向】或Vertical【垂直方向】或同时选择这两个方向来对粒子进行复制。

11. World Transform【空间变换】

World Transform【空间变换】参数项可以同时作用于粒子以及前面设置的各种场上，它可用于设置3个坐标轴向上的旋转、整体比例缩放和位移等参数。

12. Visibility【透明度】

Visibility【透明度】参数项用于设置粒子消失的距离。展开Visibility【透明度】参数项，对该参数项中的相关参数进行设置。其中Far Start Fade【远端开始衰减】用于设定远处粒子淡出的距离；Near Start Fade【近端开始衰减】用于设定近处粒子淡出的距离；Near Vanish【近端消失】用于设定近处粒子消失的距离；Near & Far Curves【近端和远端曲线】用于设置通过线性或平滑型曲线来控制粒子的淡出。

13. Rendering【渲染】

Rendering【渲染】参数项决定了Form插件最终的渲染效果的质量，该参数项中有4个选项，分别是Motion Preview【动态预览】、Full Render【完整渲染】、Full Render + DOF Square（AE）【完整渲染+DOF平方（AE）】和Full Render + DOF Smooth【完整渲染+DOF圆滑】。

选择Motion Preview【动态预览】，可以快速地显示粒子效果，该选项一般用作预览。Full Render【完整渲染】用于对粒子进行高质量渲染，但渲染所得的粒子效果没有景深效果。Full Render + DOF Square（After Effects）【完整渲染+DOF平方（After Effects）】可以对粒子进行高质量渲染，而且该选项还采用了和After Effects一样的景深设置，渲染的速度快，但景深效果一般。Full Render + DOF Smooth【完整渲染+DOF圆滑】可以对粒子进行高质量渲染，而且该选项采用类似于高斯模糊的算法来渲染粒子的景深效果，最终可以得到更好的景深效果，但所需的渲染时间较长。4种不同的粒子渲染效果如图15-25所示。

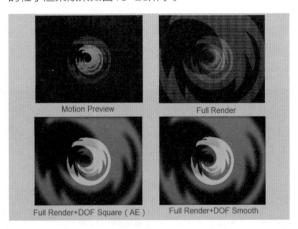

图15-25

14. Motion Blur【运动模糊】

为了使粒子的效果更为真实，Form插件设置了Motion Blur【运动模糊】参数项。在Form 2.0版本中，Motion Blur【运动模糊】参数项调整到Rendering【渲染】参数项的子集位置，展开该参数项，可以看到有Off【关闭】、Comp Settings【合成设置】和On【打开】3个选项。如果要使用Comp Settings【合成设置】，则需要用到After Effects项目里的动态模糊设定，所以一定要打开After Effects时间线上的图层的运动模糊开关，如图15-26所示。

如果使用On【打开】选项，则可以对Shutter Angle【快门角度】、Shutter Phase【快门相位】和Levels【级别】单独进行设定。动态模糊的级别设置得越高，模糊效果越好，但渲染所需的时间也会大大增加。关闭运动模糊开关与开启运动模糊开关的粒子效果对比如图15-27所示。

图15-26

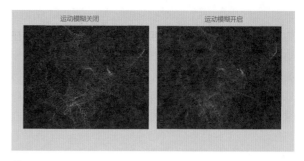

图15-27

至此，Form插件的主要功能参数就简单介绍完了。

15.4 绚丽定版LOGO的制作

本节内容介绍了炫彩线圈阵列动画的制作，这里主要利用Form插件的Sphere-Layered【分层球体】粒子形态来完成该效果的制作。炫彩线圈阵列动画的制作思路是：首先利用Form插件制作一组线圈阵列，给线圈阵列添加扭曲、旋转等动态效果；再复制几组线圈并对它们进行调整，增加画面的层次感；最后使线圈旋转收缩成圆形，在圆形消失的过程中引出LOGO定版。炫彩线圈形成绚丽定版LOGO的动画效果如图15-28所示。

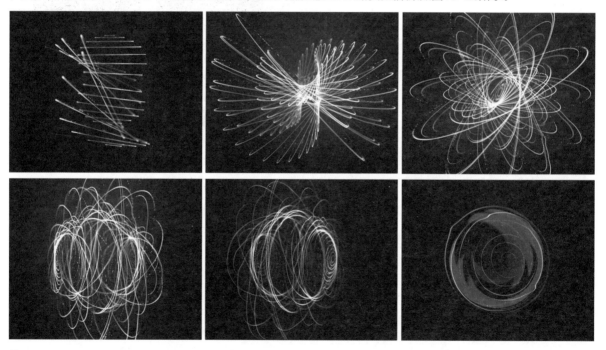

图15-28

15.4.1 制作主体线圈动画

主体线圈动画是由一组组动态线圈组成的，该动画的制作思路是线圈扭曲旋转，最终引出LOGO定版。下面就来介绍画面中的主体线圈扭曲旋转动画的制作。

STEP 01 为了让接下来要制作的粒子线圈能够显示出最丰富的色彩，需要在项目设置中修改色彩深度。在菜单栏File【文件】中选择Project Settings【项目设置】，展开Project Settings【项目设置】面板，将Depth【颜色深度】设置为32 bits per channel(float)【32bit/通道（浮点）】，如图15-29所示。

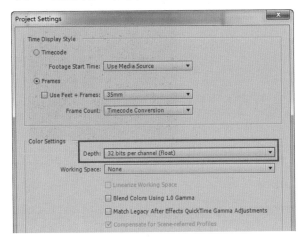

图15-29

STEP 02 新建一个Composition【合成】窗口，将其命名为绚丽定版。设置Width【宽】为900，Height【高】为720；把时长设为175帧（即7s）。由于在本案例中涉及对圆形对象的处理，因此这里需要在合成窗口设置中，将Pixel Aspect Ratio【像素高宽比】设为Square Pixels【方形像素】。在合成窗口中新建一个白色的固态层和一个摄像机，并将固态层命名为背景。给背景固态层添加Ramp【渐变】特效，将Start Color【开始色】的RGB值设置为（0，2，6），End Color【结束色】的RGB值设置为（0，0，0）；将Ramp Shape【渐变形状】改为Radial Ramp【放射渐变】，如图15-30所示。

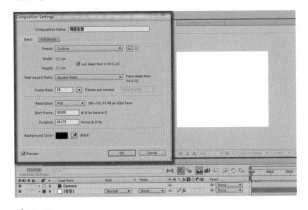

图15-30

STEP 03 新建另一个固态层，将其命名为小线圈，给该固态层添加Form插件特效。展开Base Form【形态基础】参数项，将Base Form【形态基础】设置为Sphere - Layered【分层球体】，并把Sphere Layers【球体层】的参数值设为1，这样就产生一个由很多粒子组成的三维立体球体了。继续调整该栏下的参数，分别将Size X【X轴大小】和Size Y【Y轴大小】设置为500、500；将Particles in X【X轴中的粒子】设置为2500，Z Rotation【Z轴旋转】设置为0×−90.0°，如图15-31所示。

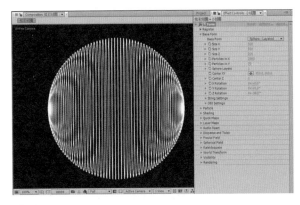

图15-31

STEP 04 将摄像机的Point of Interest【目标兴趣点】设置为（442.6，361.0，−3.2），Position【位置】参数值设置为（186.4，383.7，−1220.7）。这样摄像机的视角就产生了一点角度偏移，合成窗口中的球体就会更具立体感。摄像机调整后的角度如图15-32所示。

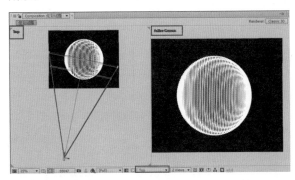

图15-32

STEP 05 为球体制作一个由一条线条衍生成为三维空间的初始动画。在0帧和13帧的位置，分别设置Particles in Y【Y轴中的粒子】的数值为1和48。在126帧和136帧位置，继续给其添加关键帧，分别设置Particles in Y【Y轴中的粒子】的数值为48和1。按住Alt键的同时单击展开Size Z【Z轴大小】参数项，给其添加表示式time*100+1。这样就形成了球体在Z轴方向的尺寸随着时间的推移越变越大的动画效果。相关设置如图15-33所示。

【伽马】值设置为4.1，Complexity【复杂度】值设置为1。展开Kaleido space【Kaleido空间】参数项，将Mirror Mode【镜像模式】设为Vertical【垂直】，并将Center XY【XY轴中心】的数值设为（400.0,612.0），如图15-36所示。

图15-33

STEP 06 展开Particle【粒子】和Quick Maps【快速映射】参数项，进一步调整粒子的形态、颜色等，具体的参数设置如图15-34所示。

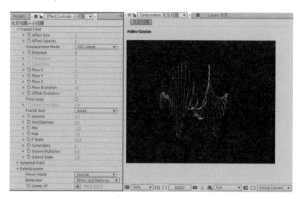

图15-36

STEP 09 进一步调整线圈的形态。展开World Transform【空间变换】参数项，分别将5帧和13帧位置上的X Rotation【X轴旋转】的参数值设置为0×−84.0°和0；分别将13帧、63帧和136帧位置上的Y Rotation【Y轴旋转】的参数值分别设置为0×+270.0°、0×+286.0°和1×+90.0°，并选中这3个关键帧。展开Animation【动画】菜单，在Keyframe Assistant【关键帧辅助】选项下选择Easy Ease【柔缓曲线】，如图15-37所示。

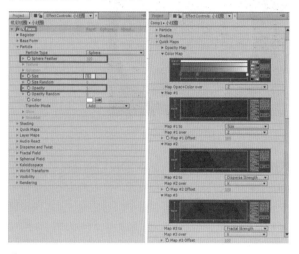

图15-34

STEP 07 展开Disperse and Twist【分散和扭曲】参数项，通过设置Twist【扭曲】参数来制作线条球体的扭曲效果。分别设置Twist【扭曲】在0帧、13帧、63帧、126帧和136帧位置的关键帧的数值为0、16、48、58和76，如图15-35所示。

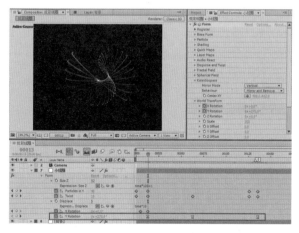

图15-37

15.4.2 制作多层线圈并调整动画

此时画面中心的主体小线圈已经制作完成了，为了增加画面的层次感，下面需要再将线圈复制几层，并对动画的颜色、大小和旋转等参数进行调整。

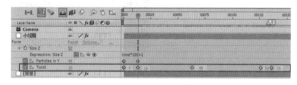

图15-35

STEP 08 展开Fractal Field【分形域】参数项，将Affect Size【效果大小】的数值设为2。按住Alt键的同时单击Displace【位移】，展开Displace【位移】参数项，在该项上添加表达式time*10。将Flow Evolution【流动演变】的参数值设为10，Gamma

STEP 01 选择小线圈图层，按快捷键Ctrl+D对小线圈图层进行复制；选中复制所得的小线圈并按Enter键，将小线圈重命名为大线圈1。展开Base Form【形态基础】参数项，分别设置0帧、126帧和136帧位置上的Size X【X轴大小】的数值为915、800、0；分别设置0帧、126帧和136帧位置上的Size Y【Y轴大小】的数值为500、500、0。为了使大线圈1图层和小线圈图层的初始形态有所区别，继续展开World Transform【空间转换】参数项，将X Rotation【X轴旋转】参数的关键帧删除；分别把0帧和13帧位置上的X Rotation【X轴旋转】的数值重新设置为0×+90.0°和0×+0.0°，如图15-38所示。

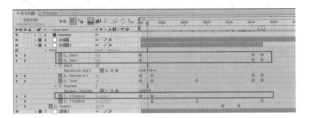

图15-38

STEP 02 修改Quick Maps【快速映射】参数项中的Color Map【颜色映射】属性，对线圈的颜色进行调整，如图15-39所示。

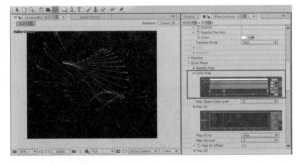

图15-39

STEP 03 分别将大线圈1图层在92帧和110帧位置上的Opacity【不透明度】的参数值设置为100和0。选中大线圈1图层，按快捷键Ctrl+D两次，将大线圈1图层复制两层，分别得到大线圈2图层和大线圈3图层。对大线圈3图层略作修改，将其作为一层淡淡的背景，衬托主体线圈。展开Base Form【形态基础】参数项，分别将Size X【X轴大小】和Size Y【Y轴大小】的数值修改为2283和490，并将大线圈3图层的Opacity【不透明度】的数值设置为35%，如图15-40所示。

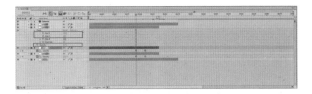

图15-40

15.4.3 增强线圈光效并制作最终定版

线圈的形态制作完成后，通过观察可以发现线圈的画面偏暗，而且主体不够突出。下面通过给线圈添加Glow【辉光】特效来增强线圈的光亮度，使线圈最终收缩旋转成圆形；在圆形消失的过程中加入一个LOGO图像，并给LOGO图像制作定版动画。

STEP 01 新建一个调节层，将其置于所有图层的顶端位置，并给该调节层添加3次Glow【辉光】特效。设置完Glow【辉光】参数后，为该调节层添加Levels【色阶】效果。将Levels【色阶】参数项下的Channel选项设为RGB，设置Gamma【伽马】值为1.09；将Channel选项切换成Red，设置Red通道的Gamma【伽马】值为0.9；将Channel切换成Green，设置Green通道的Gamma【伽马】值为0.95；最后切换Channel至Blue通道，设置Blue通道的Gamma【伽马】值为1.02。给该调节层添加Curves【曲线】特效，对曲线的参数值进行调整，增强画面的对比度。相关的参数设置如图15-41所示。

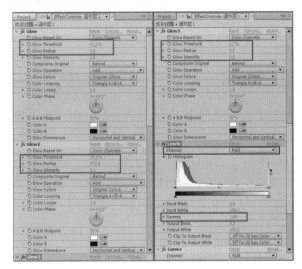

图15-41

添加调节层前与添加调节层后的线圈效果如图15-42所示。

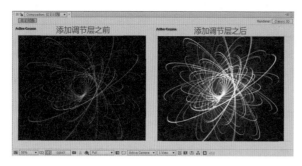

图15-42

STEP 02 将LOGO图片导入绚丽定版合成窗口中，并给LOGO图片添加Fill【填充】特效，将填充色改为蓝色。在时间线窗口，将LOGO图层的起始帧对齐到117帧位置；在117帧、131帧和174帧位置上给LOGO图层的Rotation【旋转】参数设置关键帧，并分别把117帧、131帧和174帧位置上的Rotation【旋转】的数值设为0×+160.0°、0×+12.0°和0×+0.0°，如图15-43所示。

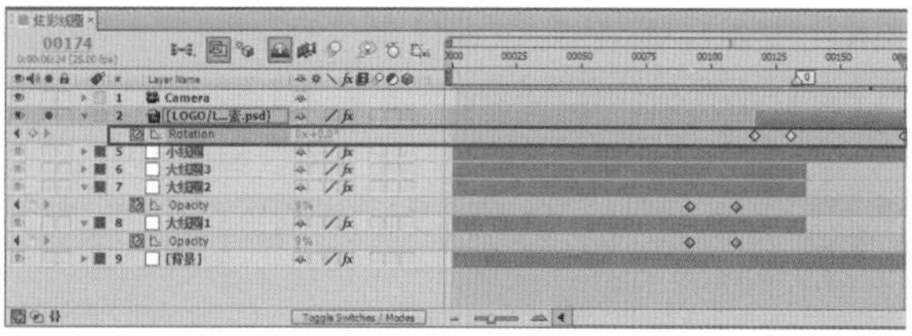

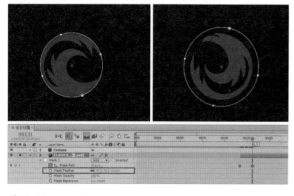

图15-43

STEP 03 给LOGO图层绘制一个圆形遮罩，并将该圆形遮罩命名为Mask 1；设置Mask Feather【遮罩羽化】值为40.0,40.0 pixels。给Mask Path【遮罩路径】设置关键帧，分别在117帧和131帧位置对 Mask 1圆形遮罩的大小进行调整，如图15-44所示。

图15-44

STEP 04 再次给LOGO图层绘制一个圆形遮罩，将其命名为Mask 2。为了方便区分这两个圆形遮罩，将Mask 2圆形遮罩的颜色设置为红色，并把它的叠加方式改成Subtract【减】。在117帧、131帧和174帧位置上给Mask 2圆形遮罩设置一个缩小动画，同时给Mask Feather【遮罩羽化】参数也设置动画；分别把117帧和174帧位置上的Mask Feather【遮罩羽化】参数值设置为315.0,315.0 pixels和71.0,71.0 pixels，如图15-45所示。

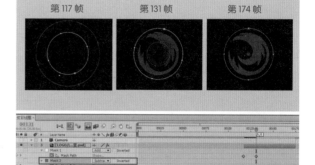

图15-45

STEP 05 给LOGO图层添加CC Radial Blur【CC放射状模糊】特效，给LOGO图层设置一个由放射状模糊逐渐变清晰的动画。分别将117帧、131帧和153帧位置上的CC Radial Blur【CC放射状模糊】参数项的Amount【数值】设置为60、5和0，如图15-46所示。

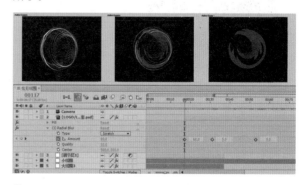

图15-46

至此，绚丽定版LOGO的最终动画就制作完成了，最终效果如图15-47所示。

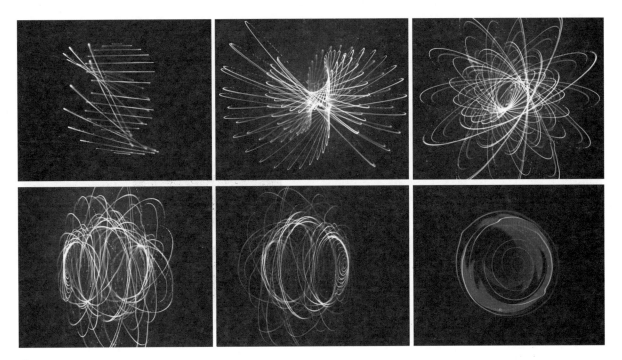

图15-47

15.5 放射定版LOGO的制作

　　本节内容主要介绍如何利用Form插件来制作文字或图形演变成烟雾的效果，在本节案例的制作过程中，还初步介绍了Trapcode系列的另一款粒子插件——Particular插件。放射定版LOGO的制作思路为：首先利用Particular插件制作粒子的放射效果，紧接着英文标识"JOIN"出现并幻化成烟雾状，烟雾流动演变成中英文标识，最后利用Shine插件给定版LOGO添加放射体积光效果。放射定版LOGO的动画效果如图15-48所示。

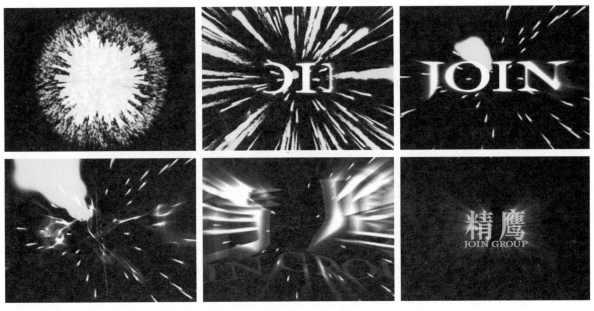

图15-48

15.5.1 制作粒子放射动画

第一部分需要制作的是粒子放射动画，这是一个由点状粒子放射动画和烟雾形态的线状粒子放射动画所组成的动画。通过这部分动画的制作，可以对Particular插件有个初步的了解。下面开始介绍粒子放射动画的制作。

STEP 01 新建一个Composition【合成】，将其命名为放射；将Preset【预置】设置为PAL D1/DV，并把持续时间设为91帧，如图15-49所示。

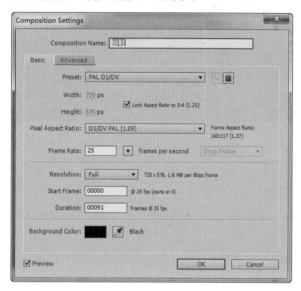

图15-49

STEP 02 新建一个固态层，将其命名为发散点，给该固态层添加Particular特效。展开Emitter【发射器】参数项，对该参数项中的相关参数进行设置，制作一个从中心向四周瞬间扩散的粒子发散效果。将Direction【方向】设为Outwards【远离中心】；设置Velocity【速度】值为1380；分别将Velocity Random[%]【速度随机性】、Velocity Distribution【速度分布】和Velocity from Motion[%]【继承运动速度】的数值都设为0。给Particles/sec【粒子/秒】参数设置关键帧，将0帧位置上的Particles/sec【粒子/秒】数值设置为100000；将1帧位置上的Particles/sec【粒子/秒】数值设置为0，如图15-50所示。

STEP 03 创建一个摄像机，将窗口视图切换至顶视图，对摄像机的位置和角度进行设置。将Point of Interest【兴趣点】设置为（360.0,288.0,0.0），Position【位置】设置为（1581.5,281.5,−851.2）。打开摄像机的景深开关，Particular插件的粒子的景深参数默认采用合成中的摄像机的景深参数。展开摄像机的Camera Options【摄像机选项】参数项，将Depth of Field【景深】设置为On【开启】；将Zoom【缩放】的数值设置为1593.3 pixels；设置Focus Distance【焦距】为1593.3 pixels；将Aperture【孔径】的数值设置为15.2 pixels，如图15-51所示。

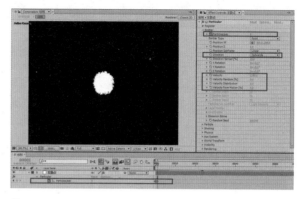

图15-50

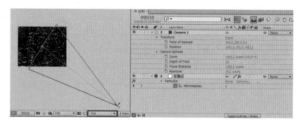

图15-51

STEP 04 制作线状的放射效果。新建一个固态层，将其命名为放射线，给该固态层添加Particular特效。展开Emitter【发射器】参数项，将0帧和1帧位置上的Particles/sec【粒子/秒】的数值分别设置为10000和0。将Direction【方向】调整为Outward【向外】；将Velocity【速度】的数值设置为880。展开Particle【粒子】参数项，将Color Random【颜色随机性】设置为10，让粒子产生随机的色彩效果，如图15-52所示。

STEP 05 为了让粒子产生线状的放射效果，这里通过对Aux System【辅助系统】参数项进行调整来让主粒子再次发射出粒子，从而产生粒子的拖尾效果。展开Aux System【辅助系统】参数项，将Emit【发射】设置为Continously【继续】；将Particles/sec【粒子/秒】的数值设为300，Type【类型】设为Cloudlet【云朵】，Velocity【速度】值改为13.0。修改Size over Life【死亡后尺寸】的数值，使从属粒子的大小随着生命值的减少而变得越来越小。将Color From Main[%]【继承主体颜色】的值设置为100,让从属粒子继承主粒子的颜色,如图15-53所示。

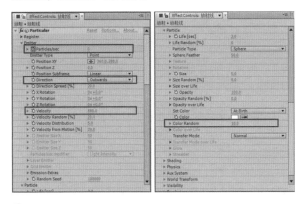

图15-52

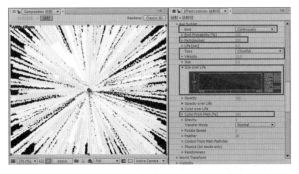

图15-53

15.5.2 制作英文标识变化为烟雾动画

这部分的动画主要利用Form插件的层映射功能制作而成,这个动画的制作思路是:首先让视图窗口中的粒子以英文标识的形状分布,并通过对Displace【位移】参数进行调整来使粒子的分布从英文标识的形状扩散成烟雾状。

STEP 01 制作一个合成来作为贴图层。新建一个合成窗口,将其命名为JOIN;同时将Preset【预置】设置为 PAL D1/DV。将Preset【预置】参数项中的分辨率设置为720×576,帧速率设为25帧/秒;将Duration【持续时间】设置为150帧,单击"OK"按钮。将"JOIN/LOGO元素.psd"导入合成窗口中,并给该LOGO图层添加Fill【填充】特效;将填充色设为淡蓝色,并为LOGO图层添加一个圆形遮罩。分别为0帧和20帧位置上的Mask Expansion【遮罩扩展】的数值设置为-565.0和0,如图15-54所示。

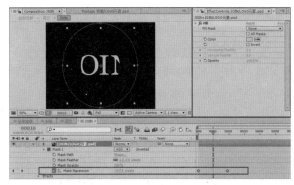

图15-54

STEP 02 制作粒子特效。新建一个合成窗口,将其命名为英文;同样将Preset【预置】设置为PAL D1/DV,时长设为150帧。将JOIN合成拖到英文合成的时间线窗口中,并单击该层前面的Video图标,取消显示该层,如图15-55所示。

图15-55

STEP 03 新建一个固态层,并给其添加Form特效。展开Layer Maps【层映射】参数项,在Color and Alpha【颜色和Alpha】参数中将Layer【层】指定为JOIN图层层。将Functionality【功能】选择为RGBA to RGBA,Map Over【映射到】选择为XY,如图15-56所示。

图15-56

STEP 04 调整网格粒子的大小及密度。展开Base Form【形态基础】参数项,将Size X【X轴大小】的值设置为960,Size Y【Y轴大小】的值设置为510。将Particles in X【X轴中的粒子】的数值设为960,

Particles in Y【Y轴中的粒子】的数值设为510，Particles in Z【Z轴中的粒子】的数值设为1。修改Fractal Field【分形域】参数项下的Displace【位移】的数值，使粒子的分布由英文标识的形状转变成烟雾状。分别将25帧和37帧位置上的Displace【位移】的参数值设置为0和1010，如图15-57所示。

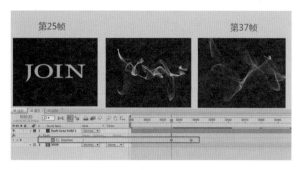

图15-57

15.5.3 制作发光文字定版效果

下面将介绍本案例中第三部分文字定版效果的制作。这个文字定版效果实质上是烟雾状粒子幻化成中英文组合标识并产生绚丽的光线放射效果的一个动画过程。

STEP 01 新建一个合成窗口，将其命名为精鹰。将Preset【预置】设置为PAL D1/DV，设置时长为150帧。将精鹰的中文标识和英文标识拖到精鹰合成窗口中，并调整精鹰合成的大小和位置。在0帧位置到10帧位置给精鹰的中文标识和英文标识制作淡出动画，如图15-58所示。

图15-58

STEP 02 新建一个合成窗口，将其命名为发光文字。将Preset【预置】设置为PAL D1/DV，并设置时长为150帧。再新建一个固态层，将其命名为精鹰粒子，给该固态层添加Form特效。采用层映射的方式给中英文标识制作一个烟雾粒子效果，并把中英文标识作为贴图层。再新建一个合成窗口，将其命名为文字。将Preset【预置】设置为PAL D1/DV，时长设为150帧。将精

鹰合成添加到文字合成窗口中，最后将文字合成添加至发光文字合成的时间线窗口中并将文字层作为贴图层。关闭文字层的显示开关，如图15-59所示。

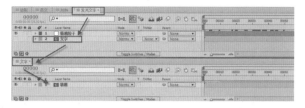

图15-59

STEP 03 选中精鹰粒子图层，对Form插件的相关参数项进行设置。展开Particle【粒子】参数项，将Sphere Feather【球体羽化】的数值设置为0，将Color【颜色】设为蓝色。展开Layer Maps【层映射】参数项，在Color and Alpha【颜色和Alpha】中将Layer【层】指定为文字层。将Functionality【功能】选择为RGBA to RGBA，并将Map Over【映射到】选择为XY，如图15-60所示。

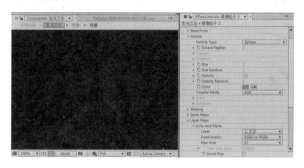

图15-60

STEP 04 烟雾状粒子汇聚成中英文标识的过程实质上是粒子的活动空间由大变小的一个变化过程，所以这里需要对Base Form【形态基础】参数项进行设置。展开Base Form【形态基础】参数项，分别将31帧和45帧位置上的Size X【X轴大小】的数值设为3340和300，Size Y【Y轴大小】的数值分别设置为1260和200。最后设置粒子的分布数量，将Particles in X【X轴中的粒子】和Particles in Y【Y轴中的粒子】的数值都设置为900；将Particles in Z【Z轴中的粒子】的数值设为1，如图15-61所示。

STEP 05 展开Fractal Field【分形域】参数项，将F Scale【F比例】的数值设为3；给Displace【位移】参数设置关键帧。分别将0帧和45帧位置上的Displace【位移】的数值设为5000和0；将时间线切换至Graph Edit【图形编辑器】面板，对Displace【位移】参数的关键帧曲线进行调节，如图15-62所示。

图15-61

图15-62

STEP 06 选中精鹰粒子图层，展开Transform【变换】参数项，分别将45帧和150帧位置上的Scale【比例】的数值设为100和90。这样中英文标识在画面中出现后还会缓缓地进行缩放，画面的效果也不会显得过于呆板，如图15-63所示。

图15-63

15.5.4 整合镜头、完成最终效果

3个部分的动画完成后，下面将这3组动画的合成画面剪辑、合成在一起，并给它们添加发光特效，那么最终的放射定版LOGO便制作完成了。这里需要用到Trapcode系列插件中的光效插件——Shine插件。Shine插件虽然是二维的光效插件，但它却能模拟出三维体积光。相对于其他的三维软件，Shine插件的渲染时间更短，这为After Effects软件的用户带来了很大的便利。

STEP 01 新建一个最终合成，将其命名为放射定版。将Preset【预置】设置为PAL D1/DV；设置时长为150帧，其他参数保持默认值不变。将放射合成、英文合成和发光文字合成添加到放射定版合成窗口中，并将发光

文字图层和英文图层的起始点都调整至22帧位置处；把发光文字图层和放射图层的叠加模式都设为Screen【屏幕】，如图15-64所示。

图15-64

STEP 02 给放射图层添加Shine特效。展开Shine特效面板，将Ray Length【光线长度】设置为0.3。展开Colorize【着色】参数项，将Midtones【中间色调】设置为白色，Shadows【阴影】设置为蓝色，如图15-65所示。

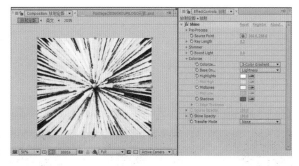

图15-65

STEP 03 给英文图层添加Shine特效。展开Shine特效面板，将 Ray Length【光线长度】设置为0.9；将Boost Light【增加亮度】的数值设为13.7。展开Colorize【着色】参数项，将Colorize Presets【着色预置】设置为Electric【电流】，如图15-66所示。

图15-66

STEP 04 为发光文字添加Shine特效。展开Colorize【着色】参数项，将Colorize Presets【着色预置】设置为Electric【电流】。分别将44帧、76帧以及131帧位置上的Ray Length【光线长度】的数值设为0.8、

5.7和0。分别将22帧、54帧和66帧位置上的Boost Light【增加亮度】的数值设置为102.7、300和0，如图15-67所示。

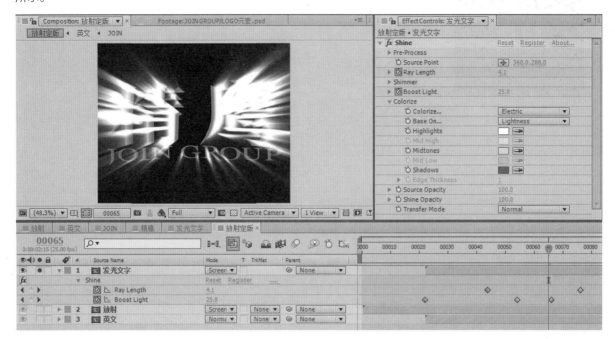

图15-67

至此，放射定版LOGO的制作就已经完成了，最终效果如图15-68所示。

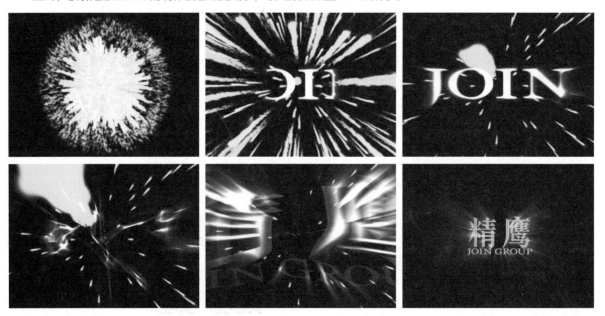

图15-68

第16章 Particular 粒子特效的应用

本章内容
- Trapcode Particular 插件简介
- 上升的气泡
- LOGO的华丽转换
- Particular插件案例赏析
- 花丛中的LOGO

本章内容主要利用Particular粒子特效插件来制作水中的气泡、各种花朵飞舞幻化成LOGO形状以及云雾形态的粒子沿自定义路径做运动的动画特效，通过这3个典型的粒子特效案例来讲解Particular插件的应用。在本章案例的学习过程中，重点学习了Particular插件的Emitter【发射器】相关参数，如发射器的类型、发射器的尺寸和粒子的发射速度等，以及Pre Run【预运行】的作用；还学习了Particle【粒子】参数项对粒子具体形态的调节作用，如粒子的类型、生命值、尺寸、颜色和透明度等；在Physics【物理学】参数项下，还了解了Air【空气】相关参数的作用。

16.1 Trapcode Particular 插件简介

Trapcode公司发布的三维粒子插件Particular，可以用来制作各种如烟、火和闪光等的自然效果。将其他层作为贴图，使用不同参数同样也可以产生各种各样的粒子效果和高科技风格的图形效果，它对于运动的图形设计是非常有用的，甚至凭借使用者高超的创意可以进行无止境的独特设计。

传统的粒子效果制作往往需要采用第三方软件来完成，这些三方软件费时费力、不能够与After Effects便捷的合作，而且After Effects 内置的粒子特效只是一个标准的粒子系统，因此在创作粒子特效上具有一定的局限性。Particular插件是一款强大的3D粒子系统插件，可以随意替换粒子形态，粒子之间可以产生相互作用，与After Effects的三维空间完全匹配，包括After Effects的灯光，景深设置等。实时的交互式预览，粒子碰撞反弹，其Aux System【辅助系统】可以使每个粒子继续发射粒子；强大的物理系统参数中可以自由设置粒子收到的重力影响，空气阻力，湍流等，因而可以制作出各种各样的自然效果，也可以产生有机和高科技的图形效果，将其他层作为贴图，可以进行无止境的设计。通过下面的作品截图，可以了解到Particular插件的常见应用，学习了该插件的各项功能之后，就能够自由发挥自己的想法，去创造更多绚丽的粒子动画效果，如图16-1所示。

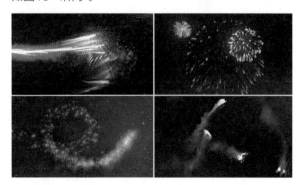

图16-1

16.2 Particular插件案例赏析

在栏目包装中经常用到粒子系统进行动态演示，传递栏目信息，塑造品牌形象。Particular插件的发射路径和形态的调节，其效果一点都不会逊色于独立的三维粒子软件。片中的商业广告就是时尚人物结合飞舞的金色粒子绘制了丰富多彩的视觉效果。影片通过4个粒子飞舞的场景展现其绚丽独特的艺术风格。

在制作上无疑还是利用的粒子发射器的路径跟随来渲染类似光线流动的效果，但是画面中虽然所有的粒子都沿一个路径运动，但是其中的粒子有的呈颗粒状、有的成线状，还有的类似镜头光斑，这是由于作者在同一个路径里跟随了数个不同形状和大小的粒子发射器，这样我们看到的最终效果就是多个粒子叠加起来的综合特效，如图16-2所示。

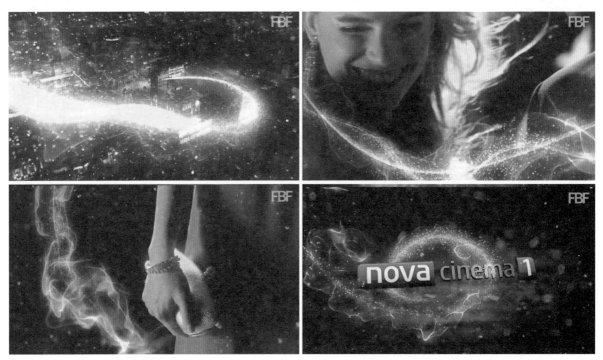

图16-2

除了栏目包装，Particular粒子特效插件也被广泛应用到影视后期制作流程当中，如2011年上映的美国3D动画电影《功夫熊猫2》当中，梦工厂动画公司的After Effects艺术家丹尼尔·桥本（Daniel Hashimoto）和他的制作团队就利用Trapcode系列的Particular和Form插件制作了影片当中绝大多数场景的粒子特效，如打斗时的灰尘和火花、下雪、灰烬、烟雾、卡通风格的火焰和影片结尾无数绚丽的烟火射向天空形成的壮观的场面等特效，如图16-3所示。

本案例是MBC Max（全天候播放好莱坞大片的广播频道）的频道ID，片中颜色绚丽的粒子跟随表演者的手势翩翩起舞，在几个不同视角的演绎后飞舞的粒子最终汇聚成LOGO。其中在不同的视角粒子展现出不同颜色的运动轨迹，合成时通过增加摄像机景深和运动模糊让粒子完全与人物融合在一起，全片给人一种神秘而不失华丽的视觉体验，如图16-4所示。

图16-3

图16-4

特效设计师们利用After Effects和Particular V2.0创作了该作品,主要利用Particular制作了绚丽的彩色云雾,给Particular的指定发射器,并使发射器的运动路径与人物动作匹配,制作多个层次的云雾形态,丰富了画面中云雾的细节,如图16-5所示。

本章内容通过3个案例,由浅入深地介绍了Particular插件的使用,在案例的制作过程中,可以逐步了解到Particular插件各项参数的含义,本章内容以最新版本的Particular V2.0为例,在Particular V2.0的基础上,插件的升级版本如Particular V2.1.0和Particular V 2.2.0增加了一些新特性,而且在功能上做了微调,只要安装了V2.0以上版本的系统都可以根据课程来完成案例的制作。本章要讲解的3个案例分别是上升的气泡、花丛中的LOGO以及LOGO的华丽转换的动画制作,它们的效果如图16-6所示。

图16-5

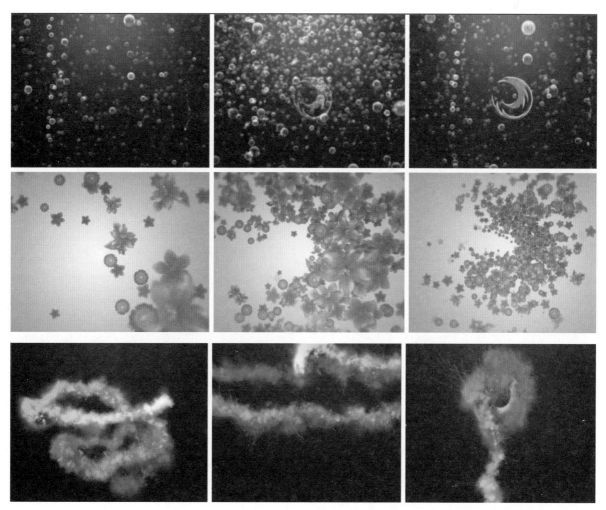

图16-6

第16章 Particular 粒子特效的应用 | 255

在开始讲解案例制作之前，下面先来了解一下Particular插件的基本参数面板。

Particular插件从之前的V1.5版本过渡到V2.0版本，其在界面上发生了比较大的变化，如去除了V1.5版本（包括V1.0版本）的特色动态预览面板和设置功能，如图16-7所示。

图16-7

在V2.0版本中，该插件增加了Shading【阴影】、World Transform【整体变换】和Rendering【渲染】参数项，同时将原先的Motion Blur【运动模糊】集成到Rendering【渲染】参数项之中，如图16-8所示。

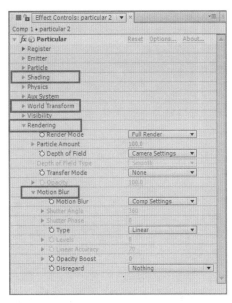

图16-8

利用Particular插件自带的预置功能，可以非常方便地调用预置的粒子特效，但有时会出现Particular插件特效控制面板中并未显示预置选项的情况，这是因为该选项被设置为隐藏了。如果需要将该选项显示的话，单击特效控制面板的右上角，单击选中Show Animation Presets【显示动画预置】，即可将预置选项添加至Particular插件的特效控制面板中。特效控制面板中出现预置选项后，预置内容里只有空白和保存预置两个选项，并未显示附带预置列表，如图16-9所示。

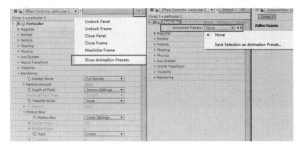

图16-9

让附带预置列表显示的方法为：重新开启After Effects软件或者单击Effects & Presets【特效和预设】面板右上方的按钮，在出现的菜单中选择Refresh List【刷新列表】，如图16-10所示。

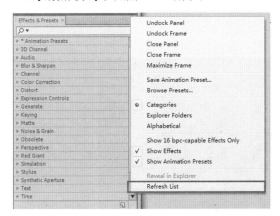

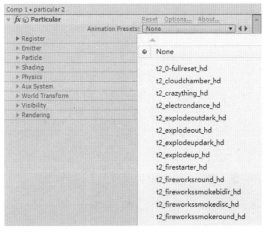

图16-10

利用插件的预置功能可以快速地制作一些绚丽的粒子特效，例如粒子光效、爆炸和火焰等，如图16-11所示。

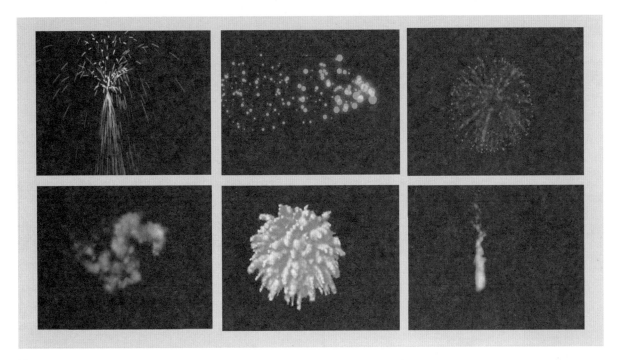

图16-11

16.3 上升的气泡

下面要制作的是具有远近虚实关系的气泡，这些气泡除了背景气泡和前景气泡外，还有左右两侧独立成股的上升气泡，最后一组快速上升的前景小气泡会带出显示LOGO，其效果如图16-12所示。

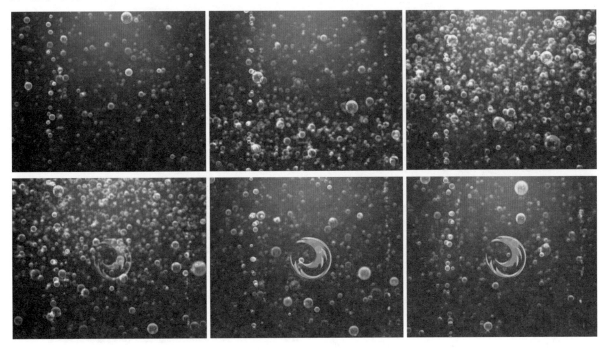

图16-12

第16章 Particular 粒子特效的应用 | 257

16.3.1 制作背景气泡动画

这里首先制作背景气泡。

STEP 01 新建一个合成窗口，设置分辨率为720x576，Frame Rate【帧速率】为25帧/s，Duration【持续时间】为150帧（即6s）。这里还需要设置Pixel Aspect Ratio【像素纵横比】为Square Pixels【方形像素】，如图16-13所示。

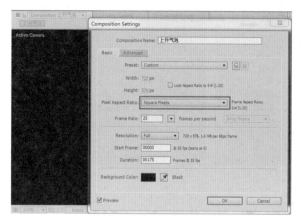

图16-13

STEP 02 新建一个固态层，将其命名为背景，并给其添加Ramp【渐变】特效；设置Ramp Shape【渐变形状】为Radial Ramp【放射状渐变】；调整渐变的颜色以及渐变开始点、结束点的位置，设置Start of Ramp【渐变开始】为351.0、-117.0，End of Ramp【渐变结束】为369.0、595.2；将Start Color【开始色】设置为画面中亮度区域的颜色，RGB数值设为（172,129,108）；将End Color【结束色】设置为渐变的暗部区域的颜色，RGB数值设为（56,7,7），如图16-14所示。

图16-14

STEP 03 新建一个固态层，并将其命名为背景气泡，给其添加Particular插件特效。导入"水泡.jpg"图片素材，并把它添加至该合成组的时间线上，关闭"水泡.jpg"图层的显示开关，只是将该层作为发射粒子的替换贴图，如图16-15所示。

图16-15

STEP 04 展开Particle【粒子】的参数项，了解一下它的属性。该参数项主要用来控制发射出来的粒子的形态。其中Life[sec]【生命值】是以s为单位来控制粒子的生命周期；Particle Type【粒子类型】可以用来设置每个粒子的具体形态；具体的形态类型有：Sphere【球体】、Glow Sphere【发光球体】、Star【星光】、Cloudlet【云朵】、Streaklet【条纹】、Sprite【子画面】、Sprite Colorize【子画面着色】、Sprite Fill【子画面填充】、Textured Polygon【材质式多边形】、Textured Polygon Colorize【材质式多边形着色】和Textured Polygon Fill【材质式多边形填充】，如图16-16所示。

图16-16

下面是对各种粒子形态类型的简单介绍。

- Sphere【球体】、Glow Sphere【发光球体】和Star【星光】是3个最基本的粒子形态，利用它们可以制作出发光的粒子动画，如图16-17所示。

图16-17

- Streaklet【条纹】常见的用法是制作光线；Cloudlet【云朵】可以用来制作烟雾、气流和云海等效果，如图16-18所示。

图16-18

- Textured Polygon【材质式多边形】与Sprite【子画面】的区别在于：选择Textured Polygon【材质式多边形】替换后的每个粒子可以作为三维空间中的一个平面，并且可以在X、Y、Z 3个轴上旋转；而选择Sprite【子画面】替换后的单个粒子始终是正面朝向摄像机的，而且单个粒子只能在一个平面上旋转。在Sprite【子画面】的选项下，从单个粒子的Rotation【旋转】属性中可以看到Rotate X【X轴旋转】和Rotate Y【Y轴旋转】是呈现灰色不可调状态的，如图16-19所示。

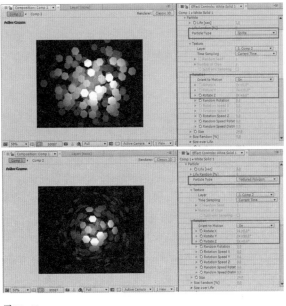

图16-19

- Sprite【子画面】、Sprite Colorize【子画面着色】和Sprite Fill【子画面填充】的区别在于：使用Sprite【子画面】类型，产生的粒子采用的是指定图层的色彩和纹理；设置为Sprite Colorize【子画面着色】类型时，粒子采用的是指定图层的纹理，但是颜色可以改变；设置为Sprite Fill【子画面填充】类型时，粒子会被替换为指定图层画面的粒子，并填充为全新的颜色，但会忽略指定图层画面的纹理。Textured Polygon【材质式多边形】的3种模式也是同样的原理，如图16-20所示。

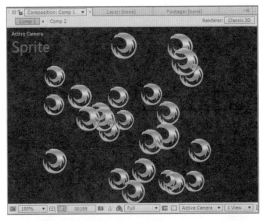

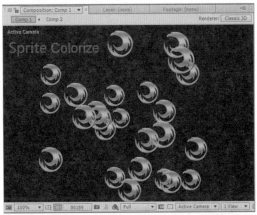

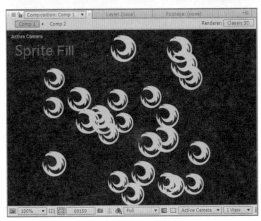

图16-20

在Particle【粒子】参数选项的Layer【图层】中，可以指定一个图层作为粒子的替换贴图，如果选择一个动态画面的图层作为粒子的贴图，则需要了解Time Sampling【时间采样】里的各个选项，如图16-21所示。

图16-21

- Current Time【当前时间】是当前时间每一帧发射出来的粒子所对应指定图层的画面，并且粒子只在当前帧显示，已发射出来的粒子在下一帧直接消失。
- Start at Birth-Play Once【出生时开始演示一遍】，该项指的是从头开始播放一次指定图层的粒子。
- Start at Birth-Loop【出生时开始循环演示】，该项指的是循环播放指定图层的粒子。
- Start at Birth-Stretch【出生时开始伸展演示】指的是延伸播放，可用来匹配粒子的生命周期。
- Random-Still Frame【随机—静帧】指的是随机抓取指定图层中的其中一帧来作为粒子。
- Random-Play Once【随机—演示一遍】，该项指的是随机抓取指定图层中的其中一帧来作为播放起始点，然后按照正常的速度播放指定图层所替换的粒子。
- Random-Loop【随机—循环】，该项指的是随机抓取指定图层中的其中一帧来作为播放起始点，然后循环播放指定图层。
- Split Clip-Play Once【分段—演示一遍】指的是随机抽取指定图层中的一个Clip【片段】来作为粒子，并且只播放一次。
- Split Clip-Loop【分段—循环演示】指的是随机抽取指定图层中的一个Clip【片段】来作为粒子，并进行循环播放。
- Split Clip-Stretch【分段—伸展演示】指的是随机抽取指定图层中的一个Clip【片段】，并进行时间延伸，以此来匹配粒子的生命周期。
- Current Frame-Freeze【当前帧—冻结】指的是粒子形态对应到指定图层的每一帧，每次发射出来的粒子在经过自己的生命周期后便会消失。

STEP 05 将每个粒子的形态设置成水泡。将Particle Type【粒子类型】设置为Sprite【子画面】，在Texture【材质】中指定Layer【图层】为"水泡.jpg"图层，此时拖动时间线指针就会发现粒子已经变成气泡形状了。设置Life [sec]【生命】值为17.7。接着调整气泡的大小并使气泡的尺寸产生一个随机值，设置Size【大小】值为50.0，Size Random[%]【大小随机】为39.0。再调整粒子的透明度，将Opacity【不透明度】设置为50.0，Opacity Random[%]【不透明度随机】设置为80.0，如图16-22所示。

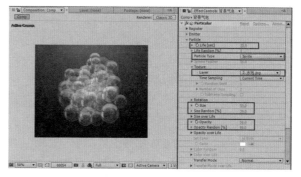

图16-22

STEP 06 完成粒子的形态设置后，需要对粒子的发射器做一个调整，这里需要制作一个在空间中上升的气泡群体。展开Emitter【发射器】参数项，熟悉一下各个参数项的作用。

Emitter【发射器】用于产生粒子，展开该参数项，可以看到 Particles/sec【粒子数量/s】，这个参数用于控制每秒钟所产生的粒子数量；Emitter Type【发射类型】用于设置粒子的发射类型，粒子的发射类型有Point【点】、Box【盒子】、Sphere【球体】、Grid【网格】、Light(s)【灯光】、Layer【图层】和Layer Grid【图层网格】7种类型。其中Point【点】类型是以点的形状向外发射粒子；Box【盒子】则是以立方体形状向外发射粒子；Sphere【球体】则是在一个三维球体的空间内发射粒子；Grid【网格】则按照网格的节点来发射粒子；Light(s)【灯光】可以让粒子从After Effects的灯光中发射出粒子，如图16-23所示。

注意：如果需要利用Light（s）【灯光】选项，则必须将灯光图层重命名为Emitter，场景中其他不需要发射粒子的灯光则不需重命名。

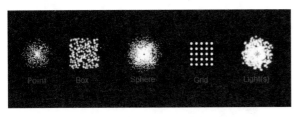

图16-23

最后两种的粒子发射类型可以指定一个图层来作为粒子发射器的形状，单击选择Layer【图层】后会自动激活Layer Emitter【发射图层】参数，在其参数项中，可以指定图层来作为发射器。这里指定一个LOGO层来作为发射器，得到的效果如图16-24所示。

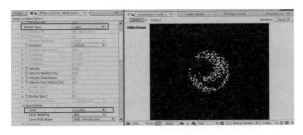

图16-24

Position XY【XY轴位置】和 Position Z【Z轴位置】用于设定粒子的位置；Direction【方向】用于控制粒子的运动方向；Direction Spread【方向伸展】用于控制粒子束的发散程度；X Rotation【X轴旋转】、Y Rotation【Y轴旋转】和Z Rotation【Z轴旋转】用于控制粒子发射器的方向；Velocity【速度】用于设定新产生粒子的初始速度；Velocity Random【速度随机】用于为粒子设定随机的初始速度；Velocity Distribution【速度分布】可以在发射器状态内控制粒子初始速度的快慢；Velocity From【继承速度】可以使粒子继承粒子发射器的速度；Emitter Size X【X轴发射器大小】、Emitter Size Y【Y轴发射器大小】和Emitter Size Z【Z轴发射器大小】用于设定粒子发射器的大小。

STEP 07 调节气泡的相关发射参数。将粒子发射的数量设置为280每s，Emitter Type【发射类型】设置为Box【盒子】；将Direction【方向】设置为Directional【定向】，该选项可以控制粒子往一个特定的方向发射；将X Rotation【X轴旋转】设置为0×-89.0°，这样粒子就被设置为向上运动了。最后调整粒子发射器的尺寸，分别将Emitter Size X【X轴发射器大小】、Emitter Size Y【Y轴发射器大小】以及Emitter Size Z【Z轴发射器大小】的参数设置为22246、6806和178，如图16-25所示。

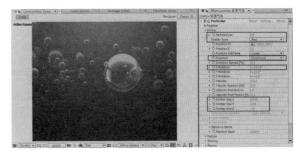

图16-25

STEP 08 这里不需要显示气泡从发射器发射出来的瞬间，因此设置成从时间线的第一帧开始就可以看到场景中不断地升起气泡。将发射器的位置调整到场景的下方，设置Position XY【XY轴位置】数值为352,5754；再将Position Z【Z轴位置】设置为4620。此时进行预览，发现要播放到最后几帧才看到气泡升起，这是因为这段时间内产生的气泡的上升速度比较慢，在整个合成组的持续时间内未能进入画面中来，如图16-26所示。

图16-26

STEP 09 加快气泡的上升速度。调整Velocity【速率】为500，移动时间线指针，发现要到最后一帧才能看到气泡出现。继续在Emitter【发射器】参数项下面展开Emission Extras【发射附加条件】参数，将Pre Run【预运行】设置为60，该参数可以使粒子在时间线的第一帧之前就开始进行运算，这样在第一帧的画面就得到了满屏的上升气泡效果，如图16-27所示。

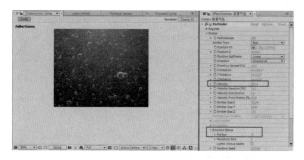

图16-27

STEP 10 给背景气泡图层添加曲线特效，如图16-28所示。

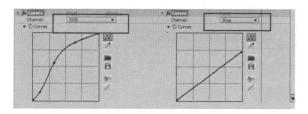

图16-28

16.3.2 添加其他气泡丰富场景

在完成了背景气泡的制作后，画面的整体感已经出现了，下面继续给气泡动画添加细节，在场景的左右两侧制作单独上升的一串气泡，再制作一组前景气泡以丰富场景。

STEP 01 新建一台摄像机，设置其Position【位置】属性数值为360.0，288.0，-853.3；在Orientation【方向】参数上添加表达式wiggle(0.2,2)，使画面有轻微的抖动效果。制作画面左侧的气泡,复制背景气泡图层，将其重命名为左气泡1，给该层添加Particular插件特效，如图16-29所示。

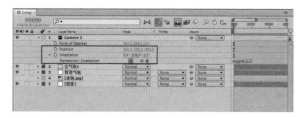

图16-29

STEP 02 调整左气泡1层的粒子的发射位置，制作一股上升中的气泡。将Emitter Type【发射类型】改为Point【点】；粒子的数量不需很多，这里将Particles/sec【粒子数量/秒】改为15；将Position XY【XY轴位

置】和Position Z【Z轴位置】分别设置为0.0，838.0和580.0；调整Direction Spread[%]【方向伸展】为2.0，使发射方向缩短，形成一股上升的气泡；再将Velocity【速度】值调整为700，如图16-30所示。

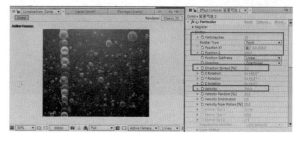

图16-30

STEP 03 调整单个气泡的具体形态。设置Life [sec]【生命】值为17.7；设置Size【大小】值为18；设置Opacity【不透明度】为60；设置Opacity Random[%]【不透明度随机性】为50，如图16-31所示。

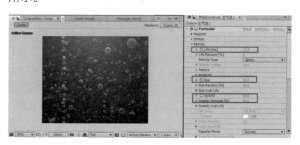

图16-31

STEP 04 此时的气泡是笔直上升的，其效果过于呆板，因此要给上升的粒子添加外力作用，使气泡的效果显得自然。先了解一下Physics【物理学】选项下的各个参数。Physics【物理学】用于控制粒子产生后的物理运动属性，当其数值为正数时，粒子受重力影响而坠落；其数值为负数时，则粒子向上漂浮。Physics Model【物理学模式】分为Air【空气】和Bounce【反弹】2种类型，这两者不能同时激活，仅当选中其中一项时，才可以对下面对应的参数进行调节，如图16-32所示。

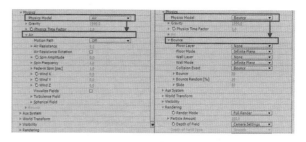

图16-32

Gravity【重力】是粒子的重力系数；Physics Time Factor【物理学时间因素】可以控制粒子在整个生命周期内的运动情况，可以使粒子加速或减速，也可以使粒子冻结或分化等。

下面来了解一下Air【空气】选项下各参数的含义，这种模式用于模拟粒子通过空气时的运动属性。

- Air Resistance【空气阻力】，该参数用来给粒子设置空气阻力。
- Spin Amplitude【旋转幅度】、Spin Frequency【旋转频率】和Fade-in Spin[sec]【旋转渐现进入】，这3个参数用来控制粒子的旋转属性、旋转频率以及过渡效果。
- Wind【风向】，该参数用来模拟风场，使粒子朝着风向进行运动。
- Visualize Field【可见场】，该参数用于设置场是否可见。
- Turbulence Field【扰乱场】，该参数用于设置粒子系统中的干扰，它以一种特殊的方式赋予每个粒子一个随机的运动速度。
- Affect Size【影响大小】，该参数用于设置粒子的位置与大小的属性。
- Affect Position【影响位置】，该参数用于决定粒子的位置属性。
- Fade-in Time[sec]【时间渐现】和Fade-in Curve【曲线渐现】，这两个参数用于设置粒子受干扰后的过渡效果。
- Scale【缩放】，该参数用于设置影响粒子的不规则图形的放大倍数。
- Complexity【复杂程度】，该参数用于设置产生影响粒子的不规则图形的叠加层次，它的值越大，其细部特征越明显。
- Octave Multiplier【倍频倍增】，该参数用于设置干扰场对前一时刻干扰场的影响程度（即影响系数），它的值越大，干扰场对粒子的影响越大，粒子属性的变化越明显。
- Octave Scale【倍频比例】，该参数用于设置干扰场叠加在前一时刻干扰场的放大倍数。
- Evolution Speed【演变速度】，该参数用于设置干扰场的变化速度。
- Move with Wind【随风移动】，该参数用于给干扰场添加一个风的效果。
- Spherical Field【球形场】，该参数可设置一个球形干扰场，这种场可以排斥或吸引粒子。

它区别于力场的是，当场消失时，受它影响而产生的效果也会马上消失。

- Strength【强度】，当该参数为正值时，形成一个排斥粒子的场；当其为负值时，则形成一个吸引粒子的场，如图16-33所示。

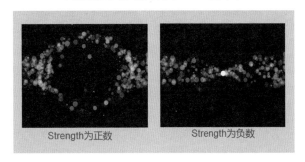

图16-33

- Position XY & Z【XY&Z轴位置】，该参数用于设置场的位置属性。
- Radius【半径】，该参数用于设置场的大小。
- Feather【羽化】，该参数用于设置场边缘的羽化程度。

下面继续介绍Physics Model【物理学模式】的另一种类型：Bounce【反弹】。这种模式可以模拟粒子的碰撞属性，经常用于制作粒子撞击地面或者墙面之后弹起的效果，如很多碎片或者小球坠落后与地面发生碰撞，或者花粉、雪花之类飘落到地面或者其他物体表面的效果，如图16-34所示。

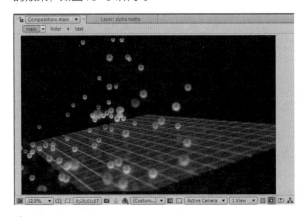

图16-34

相比Air【空气】参数项，Bounce【反弹】参数项就更加易于理解了。下面来了解一下Bounce【反弹】选项下各参数的含义。

- Floor Layer【地面图层】，该选项用于设置一个地板（层），但要求是一个3D层，而不能是文字层。如果要让粒子与文字发生碰撞，可以将文字进行合成以后打开3D图层开关。

- Floor Mode【地面模式】，该参数可设置任意大小的平面来作为碰撞区域。
- Wall Layer【墙体图层】，该选项用于设置一个墙体，但要求是一个3D层，并不能是文字层。
- Wall Mode【墙体模式】，该参数可设置任意大小的平面来作为碰撞区域。
- Collision Event【碰撞事件】，该参数用于控制粒子碰撞的方式，它共有4种类型的碰撞方式，分别是反弹、跌落、黏附和消失。
- Bounce【反弹】，该参数用于控制粒子发生碰撞后的弹跳强度。
- Bounce Random [%]【反弹随机性】，该参数用于设置粒子弹跳强度的随机程度。
- Slide【滑动】，该参数用于控制粒子的摩擦系数。它的值越小，粒子在碰撞后的滑行距离越短；它的值越大，则滑行的距离越长。

STEP 05 对Physics【物理学】的参数选项进行调整，让气泡的效果更加自然。将Physics Model【物理学模式】设为Air【空气】，展开Air【空气】参数项中的Turbulence Field【扰乱场】，将Affect Position【影响位置】的参数值设置为99，Scale【缩放】的参数值设置为5，此时气泡在上升过程中产生了旋转扭曲的效果，可以通过打开左气泡1图层的独显开关来进行观察，如图16-35所示。

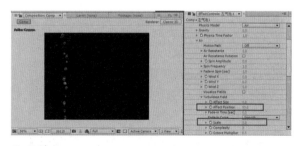

图16-35

STEP 06 将左气泡1图层复制一层，得到左气泡2图层；关闭左气泡1图层的独显开关，只显示左气泡2图层，并调整其参数，使其处于场景左侧的偏远位置。将每秒发射粒子的数量调整为10；将Position XY【XY轴位置】设置为-349.9,1626.3，Position Z【Z轴位置】设置为2560；设置Direction Spread[%]【方向伸展】数值为1，缩小气泡在上升过程中的扩展程度，如图16-36所示。

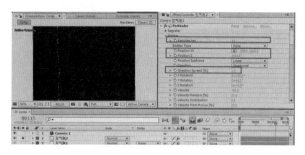

图16-36

STEP 07 对Particle【粒子】参数项和Physics【物理学】参数项做一些调整。展开Particle【粒子】参数项，将Size【大小】值修改为20，Opacity【不透明度】数值设置为40。然后继续展开Physics【物理学】参数项，在Air【空气】选项中再次展开Turbulence Field【扰乱场】，设置Affect Position【影响位置】数值为176，如图16-37所示。

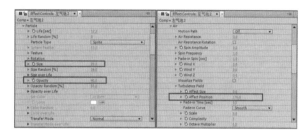

图16-37

STEP 08 将左气泡2图层复制一层，将复制出的图层重命名为右气泡。将发射器的位置调整至右侧，在Emitter【发射器】参数中将Particles/sec【粒子数量/s】数值改为20；将Position XY【XY轴位置】数值设置为1477.1，1626.3，如图16-38所示。

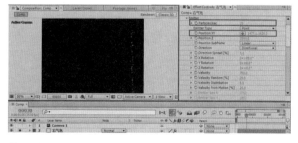

图16-38

STEP 09 添加一层前景气泡，使画面更加生动。将背景气泡图层复制一层，将复制出的图层重命名为前景气泡。展开Emitter【发射器】参数，设置Particles/sec【粒子数量/秒】数值为100；将Position XY【XY轴位置】参数设置为0.0、1053.58，Position Z【Z轴位置】设置为580.0；再将Velocity【速度】设置为

700。分别设置Emitter Size X、Y、Z【X、Y、Z轴发射器大小】的参数为2752、1802、85。接着调整粒子的具体形态，展开Particle【粒子】参数项，设置Life[sec]【生命值】为17.7，Size【大小】值为30，Size Random[%]【大小随机性】为39，Opacity【不透明度】为62.0，Opacity Random[%]【不透明度随机性】为29，如图16-39所示。

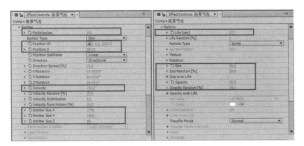

图16-39

STEP 10 将前景气泡图层复制一层，得到前景气泡2图层，将Particles/sec【粒子数量/s】的数值调整为10，得到的效果如图16-40所示。

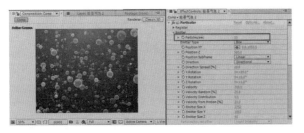

图16-40

16.3.3 制作LOGO显示动画

完成了场景的铺垫设置以后，接下来要制作的是一组主体气泡上升后消失的场景，再引出定版LOGO的动画。

STEP 01 绘制一个复杂的LOGO路径。首先在当前合成窗口中新建一个固态层，将其命名为LOGO。将一个LOGO 的AI路径用Illustrator矢量绘图软件打开，复制该LOGO的路径，然后把它粘贴到After Effects的LOGO图层上，这样一个复杂的Mask【遮罩】路径就在After Effects中轻松设置好了。按照图中效果调节LOGO的大小。给LOGO图层添加Bevel Alpha【斜角Alpha】特效，设置Edge Thickness【边缘厚度】为19.00，Light Angle【照明角度】为0×+48.0°，Light Intensity【照明强度】为0.26；再次添加Curves【曲线】特效，通过曲线来调整LOGO的显示色彩，如

图16-41所示。

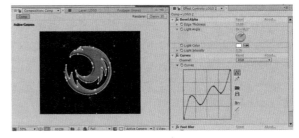

图16-41

STEP 02 将LOGO图层的起始点设置为第80帧，打开该层的3D图层开关，设置Position【位置】数值为364.0、178.5、998.0；在第80帧、第87帧和第131帧位置处，分别设置Y Rotation【Y轴旋转】数值为0×+90.0°、0×+25.0°和0×+0.0°。给LOGO制作淡出动画，分别设置Opacity【不透明度】在第80帧和94帧的数值为0%和80%，如图16-42所示。

图16-42

STEP 03 给LOGO图层添加Fast Blur【快速模糊】特效。分别将Blurriness【模糊量】参数在第80帧、第87帧和第131帧位置时的数值设置为37.0、9.0和0。将LOGO图层复制一层，得到LOGO 2图层，删除LOGO 2图层中Opacity【不透明度】的关键帧动画，并将Opacity【不透明度】数值设置为13。将LOGO图层和LOGO 2图层置于前景气泡图层的下方，设置LOGO 2图层的叠加模式为Add【添加】，Track Matte【跟踪蒙版】为Alpha Matte "前景气泡"，如图16-43所示。

图16-43

STEP 04 在LOGO显示之前添加一段快速上升的气泡效果动画。将背景气泡图层复制一层，并将其重命名为上升气泡，将上升气泡图层移至时间线的最上端。在时间线窗口中拖动上升气泡图层，使其起始点对齐到第37帧位置；分别设置Particles/sec在第45帧和第67帧位置

时的数值为12440和0。将Position XY【XY轴位置】设置为352.1,4722.2,Velocity【速度】为3680；将Emitter Size Z【Z轴发射器大小】设置为0，最后再将Emission Extras【发射附加条件】下Pre Run【预运行】设置为0，拖动时间线指针可以看到一组气泡快速地通过画面。单击选中上升气泡图层，打开单独显示开关，观察其效果，如图16-44所示。

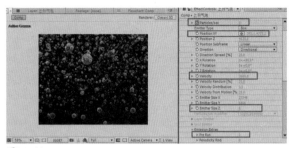

图16-44

16.3.4 统一画面色调，调整细节

至此，画面中所有元素的制作已经完成了，最后要对画面进行整体调整，开启景深，并添加暗角效果。

STEP 01 新建一个调节层，将其命名为整体色调，将该层置于时间线最顶层，给其添加Curves【曲线】特效和Tritone【三色调】特效，再对各个参数进行具体设置，如图16-45所示。

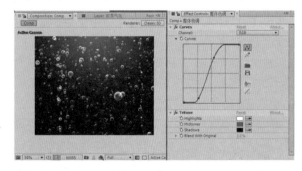

图16-45

STEP 02 新建一个固态层，将其命名为暗角。将Opacity【不透明度】设置为30%，在该层绘制圆形遮罩，将叠加方式改为Subtract【减】。设置遮罩的Mask Feather【遮罩羽化】数值为151.0，151.0 pixels，将该层的叠加方式改为Soft Light【柔光】，再给其添加Curves【曲线】特效，如图16-46所示。

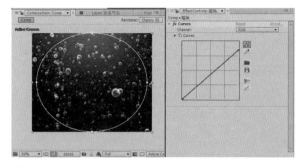

图16-46

STEP 03 展开摄像机的参数，将Depth of Field【景深】设置为On【开启】，开启后场景便产生了前后虚实关系。进一步调节摄像机参数，将画面的焦点对准主体内容，设置Zoom【缩放】值为853.3 pixels，Focus Distance【焦距】值为1777.8，Aperture【孔径】数值为141.7，如图16-47所示。

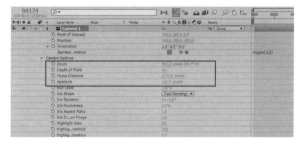

图16-47

STEP 04 至此，上升气泡动画的制作便完成了。预览一下最终效果，如图16-48所示。

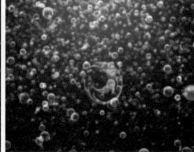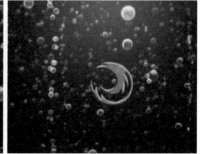

图16-48

16.4 花丛中的LOGO

本节内容将要制作一个浪漫温馨的LOGO效果,这是一个由飞舞的花朵汇聚成LOGO形状的动画,通过利用Particular插件来制作飞舞的花朵,并且可以给花丛设定多种花朵样式;同时这些粒子发射出来后会慢慢汇聚成一个LOGO的形状,最终的效果如图16-49所示。

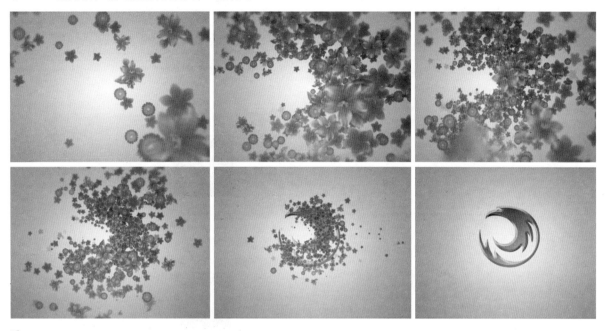

图16-49

16.4.1 制作花朵形状粒子飞舞的动画

花朵动画主要分为两个部分来制作,第一部分要制作的是花朵状粒子飞舞的动画;第二部分要制作的是从LOGO图层发射出粒子的动画,最后对画面进行综合的处理。

下面进行第一部分的制作。

STEP 01 新建一个合成组,将其命名为Main,设置时长为10s,分辨率为720x576。在设置面板中将Presets【预设】设置为PAL D1/DV,将Duration【持续时间】设定为00250,单击"OK"按钮,这样帧速率为25帧每s的合成窗口便新建完成了。在该合成组中新建一个固态层,将其命名为背景,给其添加Ramp【渐变】特效,设定Start of Ramp【渐变开始】为354.4、291.2,End of Ramp【渐变结束】为3.9、570.8;在Ramp Shape【渐变形状】选项中选择Radial Ramp【放射状渐变】;在Start Color【开始色】选项中设置画面的亮度区域颜色为白色;在End Color【结束色】选项中设定渐变的暗部区域颜色为灰白色,如图16-50所示。

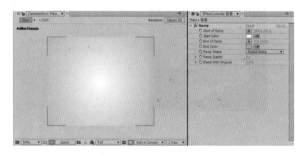

图16-50

STEP 02 新建一个固态层,将其命名为粒子花,给其添加Particular插件特效。这里需要制作一段花朵素材来作为粒子类型的指定图层,新建一个合成组,设置分辨率为200x200;将Pixel Aspect Ratio【像素纵横比】设置为Square Pixels【方形像素】;将Duration【持续时间】设置为4帧,如图16-51所示。

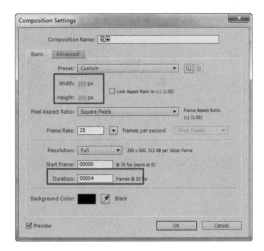

图16-51

STEP 03 导入"花朵.psd"文件,将psd素材的4个图层导入花朵合成窗口中,设置每个图层只保持一帧时间并使它们相互错开,如图16-52所示。

图16-52

STEP 04 对这4个素材的颜色进行调整,使这4种花朵的色彩趋于统一。单击选中"图层1/花朵.psd"图层,给其添加Levels【色阶】特效,调整参数让花朵从淡粉色变成枚红色,如图16-53所示。

图16-53

STEP 05 将"图层5副本/花朵.psd"图层复制一层,在复制出来的图层上添加一个圆形遮罩,圈出花蕊部分;设置羽化值为105.0,105.0 pixels,并在下面一层添加Tritone【三色调】特效,如图16-54所示。

STEP 06 选中"图层2/花朵.psd"图层,给其添加Levels【色阶】特效,调整参数,效果如图16-55所示。

STEP 07 将"图层4副本3/花朵.psd"图层复制一层,在复制出来的图层上添加一个圆形遮罩,圈出花蕊

部分;设置羽化值为140.0,140.0 pixels,并在下面一层添加Tritone【三色调】特效,如图16-56所示。

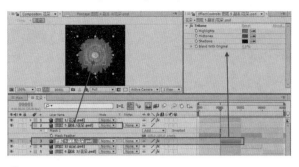

图16-54

图16-55

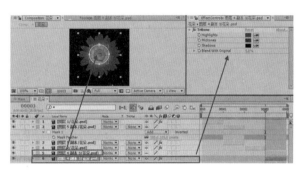

图16-56

STEP 08 切换到Main合成窗口,将花朵合成组添加到Main合成窗口中,关闭花朵层的显示开关,如图16-57所示。

图16-57

STEP 09 单击选中粒子花图层,展开Particle【粒子】属性面板,在Life Random[%]【生命随机性】设置为24;在Particle Type【粒子类型】中选择Sprite【子画面】;展开Texture【材质】,将Layer【图层】指定为花朵图层。在Time Sampling【时间采样】中选择Random-Still Frame【随机—静帧】;展开Rotation

【旋转】参数项，将Rotation Z【Z轴旋转】设置为 0×+128.0°，Random Rotation【旋转随机性】设置为92.0。将Size【大小】值设置为22.0，Size Random[%]【大小随机性】设置为6.0。Size over Life【死亡后大小】参数项可以形象化地控制粒子在整个生命周期内的大小，这里将生命周期开始和结束时的粒子大小都设置为很小；最后将Opacity Random[%]【不透明度随机性】设置为24.0，如图16-58所示。

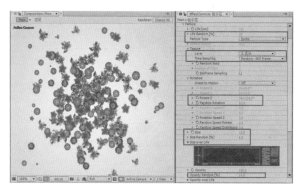

图16-58

16.4.2 制作粒子花朵收缩淡化成 LOGO的动画

花朵形状的粒子制作完成以后，接下来调整飞舞的动画，使粒子汇聚成LOGO的形状。设置粒子发射器类型为Layer【图层】，指定LOGO层为发射器图层，在起始帧位置将粒子动画设置为已经扩散开的状态，再让粒子逐步收缩，就能达到所需要的效果。将Layer【图层】指定为文字层或者LOGO图层就可以制作出粒子汇聚成文字或者LOGO的动画效果。如果指定的是一段动态素材，则可以使发射器在整个动画过程中不断地发射出粒子，如图16-59所示。

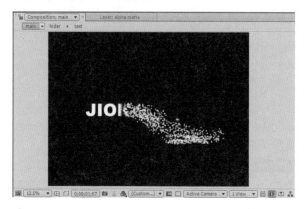

图16-59

图16-59（续）

STEP 01 制作一个LOGO合成组，将其作为Layer【图层】发射器类型的指定图层。新建一个合成组，设置分辨率为1280x720，Pixel Aspect Ratio【像素纵横比】为Square Pixels【方形像素】，Frame Rate【帧速率】为30，Duration【持续时间】为600帧。新建一个固态层，在Illustrator中复制LOGO的路径，将路径粘贴到固态层，如图16-60所示。

图16-60

STEP 02 将LOGO合成组添加进Main合成窗口，并关闭其显示开关。在Emitter【发射器】参数项中，设置Emitter Type【发射类型】为Layer【图层】；继续展开Layer Emitter【发射图层】参数项，将Layer【图层】指定为LOGO合成组图层，Layer Sampling【图层采样】设置为Current Time【当前时间】，如图16-61所示。

图16-61

注意：这一步操作完成后，会在时间线上自动添加一个隐藏且已被锁定的Layer Emit[LOGO]灯光图层，该层是Particular插件用来跟踪和计算指定图层的，不可以将其调整或删除，否则将不能对指定图层进行识别。

STEP 03 为了使粒子的运动达到所期望的效果，需要进一步调节各项参数。首先对Emitter【发射器】中的参数进行调节，分别设置Particles/sec【粒子数量/s】在起始帧、第103帧以及138帧位置时的数值为1500、1000和0，如图16-62所示。

图16-62

STEP 04 将Direction【方向】设置为Directional【定向】，同时调整Direction Spread[%]【方向伸展】为3.0。分别设置Y Rotation【Y轴旋转】在第103帧和第178帧位置时的数值为0×+0.0°和0×-174.0°；分别设置Velocity【速度】在第103帧和第143帧位置时的数值为-200.0、-3621.5；设置Velocity Random[%]【运动随机性】为99.0；分别设置Emitter Size Z【Z轴发射器大小】在第48帧和第103帧位置时的数值为2000和50。最后再展开Emission Extra【发射附加条件】参数项，设置Pre Run【预运行】为50，将Random Seed【种子随机性】改为100100，如图16-63所示。

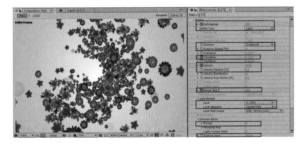

图16-63

STEP 05 Shading【阴影】参数可以控制粒子是否接受灯光照射并产生投影，展开该参数项后，可以调节光照衰减、环境、反射以及阴影的具体参数，如颜色、不透明度等等。激活Shading【阴影】参数项里面的Shadowlet for Main【主体阴影】，这样粒子便会产生阴影，粒子的空间关系也会更加明显，如图16-64所示。

STEP 06 花朵飞舞动画的部分已经大致完成了，下面来调整最后定版的花朵消失动画。分别设置Particle【粒子】参数项当中Life [sec]【生命】在第103帧和143帧位置时的数值为8.0和0，这样粒子会逐步消失。但当播放至最后一帧时，花朵仍未来得及消失，这里可以通过调整Physics【物理学】参数项中的Physics Time Factor【物理学时间因素】来使粒子动画加速播放，这样在时间结束时花朵粒子也会消失掉。分别在第103帧和最后一帧位置设置Physics Time Factor【物理学时间因素】的数值为1.0和2.0，如图16-65所示。

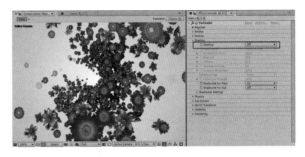

图16-64

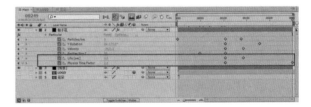

图16-65

STEP 07 在粒子消失动画的后半部分，添加最终要显示出来的LOGO。进入LOGO合成组，将带有LOGO遮罩路径的图层复制并粘贴至Main合成窗口，调整LOGO的大小。给LOGO添加Ramp【渐变】特效，设置Start of Ramp【渐变开始】为186.3，32.32；End of Ramp【渐变结束】为562.0，422.5。在Ramp Shape【渐变形状】中选择Line Ramp【线性渐变】，设置Start Color【开始色】的RGB数值为80、62、70；设置End Color【结束色】的RGB数值为166、148、156。继续添加Bevel Alpha【斜角Alpha】特效，设置Edge Thickness【边缘厚度】值为17.80，Light Angle【照明角度】为0×-45.0°，Light Intensity【照明强度】数值为0.47。再次添加Curves【曲线】特效，通过曲线来调整LOGO的光影效果，如图16-66所示。

STEP 08 给LOGO制作淡入效果。分别设置LOGO固态层的Opacity【不透明度】在第143帧和第179帧位置时的数值为0%和100%，将LOGO固态层置于粒子花图层的下方，如图16-67所示。

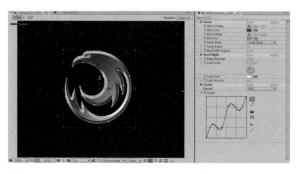

图16-66

图16-67

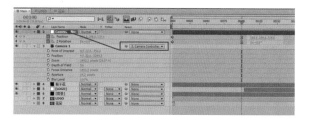

图16-68

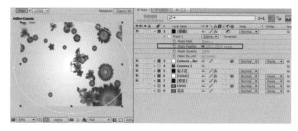

图16-69

16.4.3 制作摄像机动画，调整整体画面

花丛中出现LOGO的动画已经初步完成了，但是当前固定镜头的画面感显得过于平淡，缺乏动感。此时需要给场景添加一台摄像机；然后可以继续给画面进行一些整体的调整，使主体更加突出。下面给动画的画面添加暗角效果。

STEP 01 新建一台摄像机和一个Null空白对象层，将空白对象层重命名为Camera Controller，并打开该图层的3D开关。将摄像机作为空白对象层的子物体，在起始帧的位置设置空白对象层的Position【位置】的数值为360.0，288.0，3003.6；在第100帧位置设置数值为360.0，288.0，318.6。分别设置空白对象层在起始帧和第100帧位置时的Z Rotation【Z轴旋转】数值为0×+60.0°和0×+0.0°。设置摄像机的Point of Interest【目标兴趣点】为4.0,22.0，-756.0，将Position【位置】设置为4.0,22.0，-2249.3。开启景深，将Depth of Field【景深】设置为On，设置Zoom【缩放】和Focus Distance【焦距】的数值都为1493.3，如图16-68所示。

STEP 02 新建一个调节层，将其命名为模糊，在该层上绘制圆形遮罩，将叠加方式改为Subtract【减】，将Mask Feather【遮罩羽化】设置为200.0，200.0 pixels。给该层添加Box Blur【盒状模糊】特效，设置Blur Radial【模糊半径】数值为6.0，勾选Repeat Edge Pixels【重复边缘像素】选项，如图16-69所示。

STEP 03 继续新建一个调节层，将其命名为发光，给该层添加Shine【光线】特效，设置Source Point【原始坐标】数值为365.1,294.4，Ray Length【光线长度】为2.1。展开Shimmer【微光】参数项，分别设置Amount【数量】和Detail【细节】的参数为43.0和27.4；将Boost Light【亮度提升】设置为3.0。展开Colorize【着色】参数项，设置Colorize【着色】类型为One Color【单色】，Base On【基于】设置为Luminance【亮度】；将Color【颜色】设置为淡紫色，RGB数值设置为255、128、255；再将Transfer Mode【转变模式】设置为Soft Light【柔光】，如图16-70所示。

图16-70

STEP 04 新建一个固态层，将其命名为圆紫光，给该层添加Generate【生成】中的Circle【圆】特效。调整该层中心点的位置，设置Center【中心】的数值为351.4，524.3；将Radius【半径】值改为120.0，设置Feather【羽化】当中的Feather Outer Edge【羽化外侧边】的羽化半径为385.0；将颜色设置为RGB数值为226、169、221的淡紫色；设置该固态层的叠放方式为

Linear Dodge【线性减淡】，如图16-71所示。

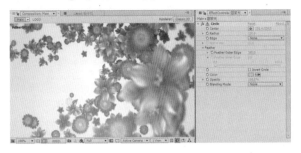

图16-71

STEP 05 再新建一个固态层，将其命名为暗角，给该层添加圆形遮罩，将叠加方式改为Subtract【减】，

并设置Mask Feather【遮罩羽化】的羽化值为318.0,318.0 pixels，如图16-72所示。

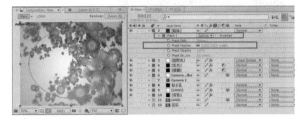

图16-72

至此，花丛中的LOGO已经制作完成，最终效果如图16-73所示。

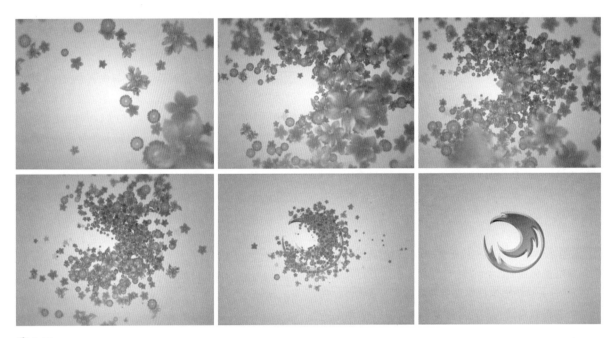

图16-73

16.5 LOGO的华丽转换

本节内容将要介绍粒子的另外一种表现形式——烟雾，讲解Particular插件特效中灯光发射器的应用和Cloudlet【云朵】的粒子形态；介绍如何设置粒子生命周期内的颜色变化、粒子阴影的相关参数；以及讲解如何利用Aux System【辅助系统】中的Continually【继续】发射类型来发射次级粒子。本节案例要制作的是一段炫彩烟雾流动转换为LOGO的动画，动画的最终效果如图16-74所示。

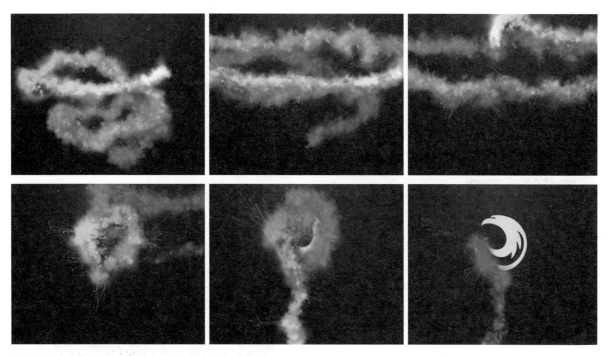

图16-74

16.5.1 绘制粒子运动路径

案例中流动的烟雾粒子，色彩层次感特别强，同时又具备丰富的细节，使整个动画过程显得特别生动，而且粒子运动的路径非常优美自然。动画的制作思路是，首先给灯光设置一个运动路径动画，再设置粒子的发射类型为从灯光发射，然后调整粒子的具体形态如粒子的类型、颜色、生命周期和尺寸等，制作出丰富多层的粒子烟雾，最后烟雾粒子向下俯冲，转换出LOGO定版。

STEP 01 新建一个合成，设置分辨率大小为720x576，Pixel Aspect Ratio【像素纵横比】为Square Pixels【方形像素】，Frame Rate【帧速率】为25，Duration【持续时间】为00250（即10s时长）。新建一个固态层，将其命名为背景，如图16-75所示。

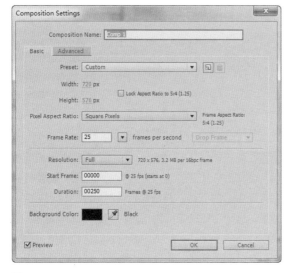
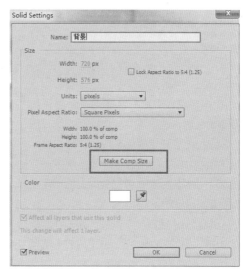

图16-75

STEP 02 给背景图层添加Ramp【渐变】特效，设置Start of Ramp【渐变开始】为360.0，16.0；End of Ramp【渐变结束】为360.0，566.0。在Ramp Shape【渐变形状】中选择Radial Ramp【放射状渐变】，设置Start Color【开始色】为RGB数值为17,21,65的深蓝色；设置End Color【结束色】为黑色，如图16-76所示。

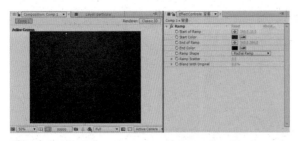

图16-76

STEP 03 制作粒子的运动路径。新建一个固态层，将其命名为路径，将分辨率调整为10x10。这里需要利用After Effects当中的Motion Sketch【动态草图】来绘制粒子的运动路径。在菜单栏Window【窗口】下勾选Motion Sketch【运动草图】选项，即可打开运动草图面板。

注意： Motion Sketch【运动草图】可以捕捉到用户手动绘制的运动路径，并在图层的Position【位置】自动记录关键帧，从而制作出一些复杂且自然的路径动画。运动草图面板上的参数不多，其中的Capture speed at【采集速度】是指：用户可指定一个百分比，该百分比用于确定记录的速度与绘制路径的速度在回放时的关系。当参数大于100%时，记录的运动速度比绘制时的速度慢；参数小于100%时，记录的运动速度比绘制时的速度快；参数等于100%时，回放时记录的速度就是绘制时的速度。

举例说明，在当前这段10s的合成组中，当采集速度的数值等于500%时，选中需要制作动画的路径图层，单击Start Capture【开始采集】以后，按住鼠标左键开始在视图中绘制路径。用2s的时间绘制完成，松开鼠标后，结束了路径的绘制；但回放时，图层需要10s才缓慢地播放完路径运动。

STEP 04 勾选Wireframe【线框图】选项，表示在绘制路径时显示层的边框。勾选Background【背景】选项可以显示出合成窗口中的内容，作为绘制路径时的参考，该选项只显示合成图像窗口中开始绘制时的第一帧，如图16-77所示。

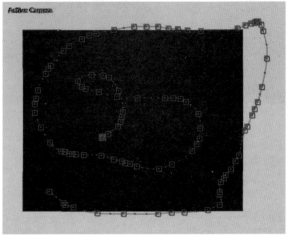

图16-77

STEP 05 运动路径只能在时间线上标示的工作区域内进行绘制，当超出工作区域时，系统自动结束路径的绘制，这里将工作区域的结束点设置为180帧。对绘制不满意的话，可以再次单击Start Capture【开始采集】重新进行绘制，如图16-78所示。

图16-78

STEP 06 熟悉了Motion Sketch【运动草图】面板的参数后，继续进行动画的制作。选中路径图层，调整其位置到画面中心的低端，开始重新绘制运动路径到第180帧结束，运动路径的走向为：先从下至上螺旋上升，到达顶端后再向下运动；走到中心位置时，逆时针绕行一小圈再继续向下移动，直至移出画面。这里调整工作区域的结束点为最后一帧，如图16-79所示。

16.5.2 制作流动的烟雾粒子

粒子的运动轨迹已经制作完成，接下来制作沿着这条路径运动的粒子。为了使烟雾粒子的形态更加丰富，需要制作3层烟雾粒子叠加在一起，下面先制作第一层粒子。

STEP 01 新建一个固态层，将分辨率设置为合成窗口的大小，并将该层命名为Particular。新建一个摄像机，再新建一个Light【照明】图层，将照明图层设置为Point【点光源】，并将照明图层命名为Emitter；将路径图层的Position【位置】的关键帧复制并粘贴到Emitter图层的Position【位置】，如图16-81所示。

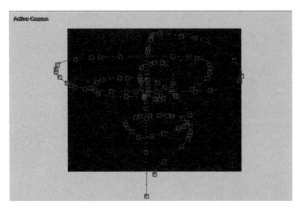

图16-79

STEP 07 路径绘制完成后，通过平滑器对该路径进行优化。在菜单栏Window【窗口】中，选择Smoother【平滑器】命令；打开Smoother【平滑器】面板，选中需要调节的路径图层的关键帧，设置好Tolerance【宽容度】，单击Apply【应用】按钮，完成操作。该操作可以适当减少运动路径上的关键帧，使运动路径更加平滑，如图16-80所示。

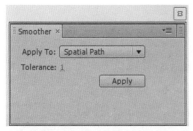

图16-81

注意： 这里的灯光图层一定要命名为Emitter，这样后面设置Particular特效的粒子发射类型为灯光时，发射器才能识别到场景中的灯光。

STEP 02 选中Particular图层，给其添加Particular插件特效。展开Emitter【发射器】参数项，将Emitter Type【发射类型】改为Light(s)【灯光】，拖动时间线指针可以看到粒子跟随着灯光路径发射了。如果场景中有多个运动的灯光，并且都是命名为 Emitter的

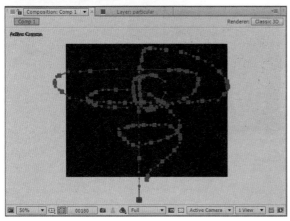

图16-80

第16章 Particular 粒子特效的应用 | 275

话，将会看到多个灯光在运动路径中发射出粒子。调整Velocity【速度】的数值为20，如图16-82所示。

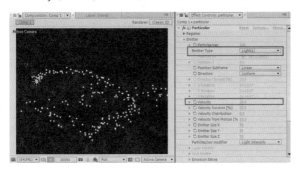

图16-82

STEP 03 调整粒子的形态，使其呈烟雾状。展开Particle【粒子】参数项，将Particle Type【粒子类型】设置为Cloudlet【云朵】，Cloudlet Feather【云朵羽化】设置为100。将Size【大小】值设置为9，Size Random [%]【大小随机性】设置为58；分别设置Opacity【不透明度】和Opacity Random【不透明度随机性】为52和100；设置Set Color【设置颜色】为Over Life【死亡时】，选择该项后，便激活了Color Over Life【死亡后颜色】选项。这里通过绘制渐变色彩，使粒子的颜色随着生命周期而进行变化。展开Color Over Life【死亡后颜色】选项，选择右侧第三个预置渐变，并双击最后一个颜色桶，将原本的深蓝色改为RGB数值为44,44,221的蓝色，如图16-83所示。

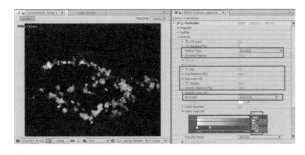

图16-83

STEP 04 此时可以看到烟雾粒子在出生时是白色的，越接近生命周期的尾声，粒子的颜色越来越蓝，如图16-84所示。

STEP 05 展开Shading【阴影】参数项，将Shadowlet for Main【主体阴影】和Shadowlet for Aux【补充阴影】都设置为On；继续展开Shadowlet Setting【阴影设置】，分别将Color Strength【颜色强度】、Adjust Size【校正大小】和Adjust Distance【校正距离】3个参数设置为61、152、275。设置了阴影效果后，烟雾

的明暗层次关系增强了，如图16-85所示。

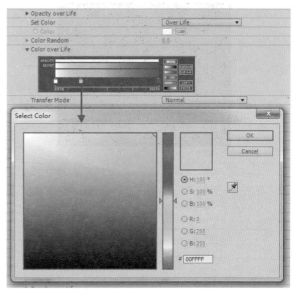

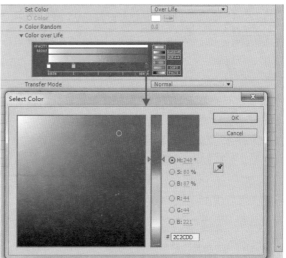

图16-84

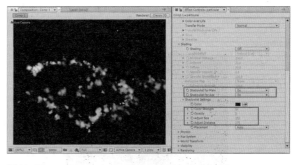

图16-85

STEP 06 展开Physics【物理学】参数项，给粒子添加一点空气阻力。继续展开Air【空气】参数，设置Air Resistance【空气阻力】数值为1；展开其中的

Turbulence Field【扰乱场】,设置After Position【影响位置】为100。对比调整Physics【物理学】参数前后的效果,如图16-86所示。

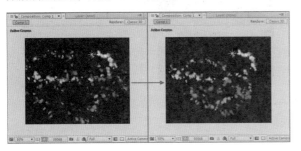

图16-86

STEP 07 给烟雾粒子增加一些细节效果。这里接触到Particular插件的另一个特色功能——Aux System【辅助系统】,它可以使已经发射出来的粒子作为发射器,继续发射粒子。辅助系统的发射类型分为两大类:At Bounce Event【在反弹事件】和Continually【继续】。

At Bounce Event【在反弹事件】是指主体粒子与地面或者墙面产生碰撞后,主粒子在碰撞处发射出粒子。这种类型最常见的应用为主体粒子模拟下雨特效的雨滴,雨滴撞击地面后会溅起水花,那么这个水花效果就可以通过开启At Bounce Event【在反弹事件】来模拟,如图16-87所示。

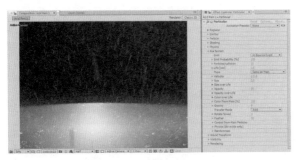

图16-87

Continually【继续】则可以在发射开始时使每个主体粒子作为发射器,不断地发射粒子。这种发射类型可用于制作粒子拖尾、烟火等效果,如图16-88所示。

这里主要利用Continually【继续】发射类型来为烟雾粒子增加细节。

STEP 08 设置Emit【发射】为Continually【继续】;将Particles/sec【粒子数量/秒】设置为142,Type【类型】改为Sphere【球体】,Size【大小】设置为2.0;设置Opacity【不透明度】为12,Color over Life【死亡后颜色】的参数和主体粒子一样,可以通过渐变来设置次级粒子生命周期的色彩变化。这里将Color From Main [%]【继承主体颜色】设置为100,让次级粒子的颜色完全继承主粒子的颜色。

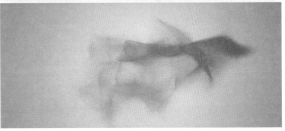

图16-88

STEP 09 展开Control From Main Particles【控制继承主体粒子】参数项,将Inherit Velocity【继承速度】设置为50,Stop Emit [% of Life]【停止发射[%的生命]】设置为90,即在主体粒子生命周期进行到90%的时候停止发射次级粒子,如图16-89所示。

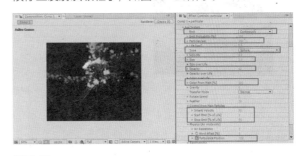

图16-89

STEP 10 在Aux System【辅助系统】中也有物理学系统,它可以控制空气阻力、风力和扰乱场等对次级粒子的影响。展开Physics (Air mode only)【物理学(仅空气模式)】参数项,分别设置Turbulence Position【扰乱位置】在第44帧、第143帧和第159帧位置时的数值为100、450和700,如图16-90所示。

图16-90

第16章 Particular 粒子特效的应用 | 277

完成了第一层烟雾粒子的设置，对于Particular插件的相关参数已经有了进一步的了解，下面制作第二层以及第三层粒子的操作就容易多了。

STEP 11 新建一个固态层，将其命名为Particular 2，把它置于Particular图层的下方。为了避免调节时对之前的粒子图层产生干扰，将该层单独显示，并给其添加Particular插件特效，如图16-91所示。

图16-91

STEP 12 将第二层粒子设置成高浓度的烟雾。展开Emitter【发射器】参数项，设置Particles/sec【粒子数量/秒】为4000；将Emitter Type【发射类型】改为Light(s)【灯光】。调整粒子的运动速度，将Velocity【速度】调整为20.0，如图16-92所示。

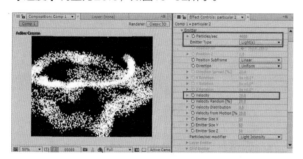

图16-92

STEP 13 展开Particle【粒子】参数项，将Particle Type【粒子类型】设置为Cloudlet【云朵】，Cloudlet Feather【云朵羽化】设置为100。将Size【大小】设置为7，Size Random [%]【大小随机性】设置为100。分别设置Opacity【不透明度】和Opacity Random【不透明度随机性】为21和100；设置Opacity over Life【死亡后不透明度】，使粒子随着生命周期的结束逐渐淡化消失，如图16-93所示。

STEP 14 将Set Color【设置颜色】设置为Over Life【死亡时】，调节Color over Life【死亡后颜色】中的渐变色彩，设置左侧的颜色为RGB数值为0,255,255的淡蓝色；双击最右侧的颜色桶，将颜色设置成RGB数值为44,44,221的蓝紫色，如图16-94所示。

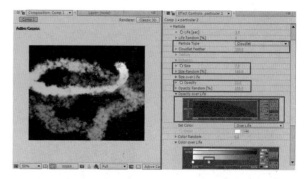

图16-93

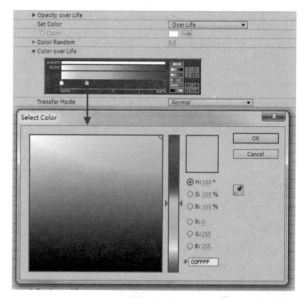

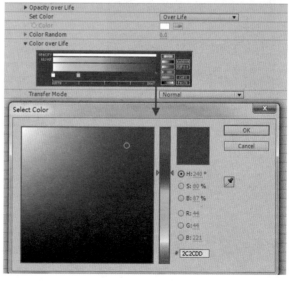

图16-94

STEP 15 展开Shading【阴影】参数项，将Shadowlet for Main【主体阴影】和Shadowlet for Aux【补充阴影】都设置为On；继续展开Shadowlet Setting【阴

影设置】，分别将Adjust Size【校正大小】和Adjust Distance【校正距离】两个参数设置为143和275，如图16-95所示。

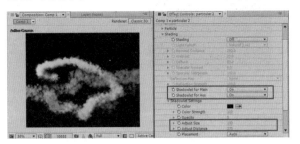

图16-95

STEP 16 展开Physics【物理学】参数项，给粒子添加一点空气阻力。继续展开Air【空气】参数，设置Air Resistance【空气阻力】数值为1；展开其中的Turbulence Field【扰乱场】，设置After Position【影响位置】为100，如图16-96所示。

图16-96

STEP 17 添加第三层烟雾粒子。将Particle 2图层复制一层得到Particle 3图层，并在时间线窗口将Particle 3图层置于Particle 2图层之下。在第二层粒子的基础上，将第三层烟雾粒子调节得更加虚化；以Particle 3图层作为衬底，可以得到更加丰富的边缘效果。对比Particle 2图层和Particle 3图层烟雾粒子的形态，如图16-97所示。

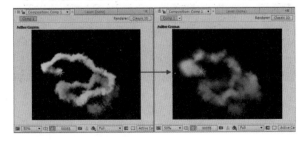

图16-97

STEP 18 展开Particle 3图层Particular特效中的Emitter【发射器】参数项，将Particles/sec【粒子数量/秒】设置为200。展开Particle【粒子】参数项，将Size【大小】值调整为21，如图16-98所示。

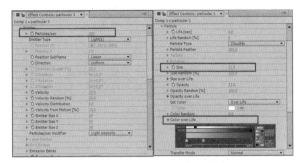

图16-98

STEP 19 展开Color over Life【死亡后颜色】参数，双击最左侧颜色桶，修改颜色为RGB数值为131，201，255的淡蓝色；双击中间颜色桶，修改颜色为RGB数值为24，182，255的蓝色；最后修改右侧颜色为RGB数值49，49，197的深蓝色。最后形成了3层粒子的效果，如图16-99所示。

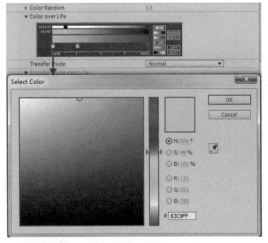

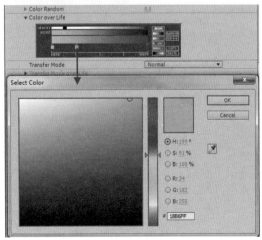

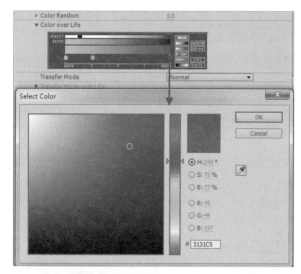

图16-100

STEP 02 为LOGO设置关键帧动画，分别将Fast Blur【快速模糊】的Brightness【模糊量】在第178帧和第201帧位置时的数值设置为87.0和0.0。分别设置LOGO图层在第162帧、第178帧、第201帧和第240帧位置时Rotation【旋转】的数值为0×+188.0°、0×+130.0°、0×+48.0°和0×+22.0°。最后为LOGO制作淡出效果，分别设置在第162帧、第178帧位置时Opacity【不透明度】的数值为0和100，如图16-101所示。

图16-101

至此，LOGO的华丽转换动画已经制作完成，最终的动画效果如图16-102所示。

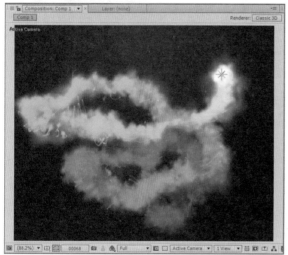

图16-99

16.5.3 制作定版LOGO动画

在绘制烟雾粒子的运动路径时，LOGO的出现时间已经预先设置好了，下面添加定版的LOGO，并设置LOGO的动画。

STEP 01 将LOGO图片文件导入该项目，添加LOGO图片至合成窗口，并在时间线窗口将LOGO图层置于烟雾粒子图层的下方。给LOGO图层添加Brightness & Contrast【亮度&对比度】特效，分别设置Brightness【亮度】和Contrast【对比度】的数值为100.0和-100.0。继续给LOGO图层添加Fast Blur【快速模糊】特效，如图16-100所示。

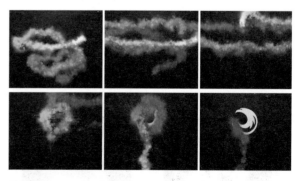

图16-102

通过3个案例的学习，对Particular插件的主要参数及其所产生的作用都有了进一步的了解。但在案例中，没有涉及World Transform【整体变换】、Visibility【可见性】和Rendering【渲染】这3项参数的调整，下面是对这几个参数名词的简单解释以及对其作用的介绍。

- World Transform【整体变换】用于控制粒子空间状态的变化。Visibility【可见性】用于控制粒子的可见区域，在制作烟雾之类的效果时，可以用来设置远处粒子的淡出效果。Far Vanish【远处消失】可用于设置远处消失的位置；Far Start Fade【远处开始淡退】用于设置远处开始淡出的位置；Near Start Fade【近处开始消退】用于设置近处开始淡出的位置；Near Vanish【近处消失】用于设置近处消失的位置；Near &Far Curves【近处远处曲线】用于设置远处和近处的线性选项，其中线性选项包括Linear【线性】和Smooth【平滑】，如图16-103所示。

 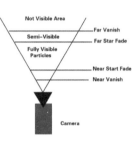

图16-103

- Z Buffer【Z 缓存】可以利用3D软件渲染出来的Z 通道来控制粒子的视野范围；Z Buffer【Z 缓存】中的图片或者序列可通过画面上的黑白关系来影响场景中的视野聚焦范围。

如果要在场景中合成粒子特效如下雨、下雪等，可以在Particular插件特效中载入对应的Z Buffer【Z 缓存】图层，使粒子的视野范围与场景匹配起来。Z at Black【Z 变黑】用于设定远景程度，在Z Buffer【Z 缓存】图层中，黑色越深的部分为远景；Z at White【Z 变白】用于设定近景程度，在Z Buffer【Z 缓存】图层中，白色越深的地方为近景。

- Obscuration Layer【阴暗来源图层】与Also Obscure with【昏暗隐藏方式】可用于设置粒子与图层的遮挡关系，这两个参数只能指定3D图层，而不能直接指定文字图层。如果需要让粒子与文字图层产生遮挡关系，文字图层需要预先合成并打开3D图层开关，如图16-104所示。

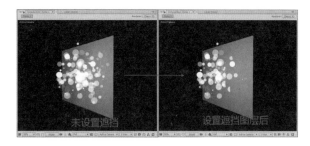

图16-104

在最后一项Rendering【渲染】设置中，Render Mode【渲染模式】可以设置为Full Render【全部渲染】和Motion Preview【运动预演】两种类型。如果场景中的粒子特效制作得特别复杂，并且已经完成形态调节，则计算机进行粒子特效运算时会变得特别慢。此时如果只预览粒子的运动形式，可以选择Motion Preview【运动预览】来进行快速预览。Motion Preview【运动预览】可以将粒子的形态简化，当需要观察最终效果时，可以切换至Full Render【全部渲染】模式，如图16-105所示。

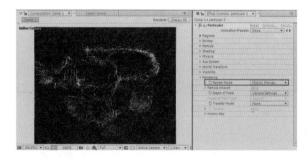

图16-105

- Depth of Field【景深】默认为使用Camera Setting【摄像机设置】，当场景中的摄像机开启景深时，粒子也会有景深效果；场景中的摄像机关闭了景深效果后，粒子也就不产生景深效果了。如果场景中的其他物体需要有景深效果，而粒子不需要有景深效果时，可以将该选项设置为Off【关闭】，使粒子不参与合成窗口中摄像机的景深设置。
- Motion Blur【运动模糊】用于控制粒子的运动模糊效果，其默认设置为Comp Settings【摄像机设置】，需要打开应用了Particular特效的图层的运动模糊开关和时间线窗口的运动模糊总开关，粒子才会产生运动模糊效果，如图16-106所示。

图16-106

此时需要对运动模糊的程度进行调节。在合成窗口的设置面板中将运动模糊的开关设置为On【打开】，激活下面的参数:Shutter Angle【快门角度】、Shutter Phase【快门相位】、Levels【级别】和Linear Accuracy【线性精确度】，其中运动模糊的级别设置得越高，模糊效果越好，但渲染时间也会大大增加。将运动模糊的开关设置为Off【关闭】，则粒子不会产生运动模糊效果，如图16-107所示。

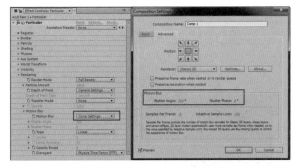

图16-107

在制作下雨效果时，打开运动模糊开关才会得到比较真实的效果，打开运动模糊开关前后的效果如图16-108所示。

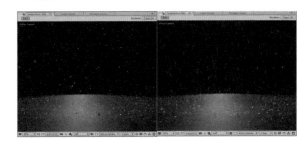

图16-108

- Motion Blur【运动模糊】参数项中的Disregard【忽视】有4种模式：Nothing【无】、Physics Time Factor (PTF)【物理学时间因素（PTF）】、Camera Motion【摄像机运动】和Camera Motion & PTF【摄像机运动&PTF】。

实际操作时，并不是场景中所有的运动物体都需要添加运动模糊效果的，Disregard【忽视】参数就是用来设置那些不需要添加运动模糊效果的情况的。

- Nothing【无】表示不需要排除任何运动物体。
- Physics Time Factor (PTF)【物理学时间因素（PTF）】表示排除使用了Physics Time Factor【物理学时间因素】参数的情况。如在模拟爆炸效果的动画中，使用Physics Time Factor【物理学时间因素】来冻结粒子特效，而在粒子被冻结的过程中，不需要有运动模糊的效果，此时就可以使用该参数来排除这一时段的运动模糊情况。
- Camera Motion【摄像机运动】的使用前提是在摄像机快门速度非常高的状态下。如果摄像机是运动的，那么在粒子的运动过程中就会造成非常强烈的运动模糊，该选项就是用来排除这种情况的发生。
- Camera Motion & PTF【摄像机运动&PTF】表示既不排除Camera Motion【摄像机运动】的运动模糊情况，也不排除PTF的运动模糊情况。

至此，我们已经对Particular插件有了比较全面的了解。发挥想象，再结合使用Particular插件就可以制作出更多精彩的粒子动画效果。

第17章 Element 3D高级特效应用

本章内容
- Element 3D优秀案例赏析
- 三维LOGO的材质解析
- 酷炫定版LOGO制作
- Element 3D插件介绍
- 三维粒子特效

本章内容主要介绍强大的第三方插件Element 3D的基本功能，其中重点对插件的使用方法和操作技巧进行了讲解，并通过制作酷炫三维 LOGO的案例来全面解析Element 3D插件的创作技法。

Element 3D插件由Video Copilot公司研发和升级，是一款革命性的三维插件。它支持3D对象在After Effects中直接完成渲染，使特效师从繁杂的3D制作流程中解放出来。该插件通过导入或创建3D模型来建立粒子阵列，该插件还可以控制3D粒子的材质、灯光以及运动等。它通过Open GL显卡加速渲染，所以渲染速度比一般的3D软件要快捷很多。更重要的是，它可以直接在After Effects里面就可以控制3D粒子，可以直接使用After Effects中的灯光、摄像机、景深和运动模糊等功能，使之在After Effects中就可以完成3D场景的建设和渲染，插件强大的渲染引擎不仅能轻松在After Effects中制作出效果出众的三维动画，还能同步各大主流三维软件进行数据对接。无论是从操作上还是易用性上来说，Element 3D插件都远超其他同类型的三维插件，是一款快速提高工作效率的高级插件，如图17-1所示。

图17-1

17.1 Element 3D优秀案例赏析

本案例的特效短片由KNIFE工作室独立完成，片子分为若干个场景，分别特写了几个机械部件的镜头：开始一扇沉重的钢铁大门打开，随着镜头不断往深处推进而特写一些机械部件的运动，最后在尽头冲破一堵墙画面的同时闪现出金属质感的LOGO。从风格上来判断，该片属于神秘炫酷的科技短片，影片的质感和细节上处理得非常好，再加上绚丽的光效和粉尘颗粒，整个场景有如实拍般逼真，如图17-2所示。

从后期解说中可以了解到该片机械组件的制作是由C4D完成建模的，动画和材质完全由Element 3D制作，最后回到After Effects合成、调色加上光效和烟雾颗粒来完成最终的效果。由于Element 3D强大的对外接口使其可以任意导入其他三维软件制作的模型，材质匹配上只需要将不同的模型贴上不同颜色在Element 3D中就能自动识别为多个物体最后分别贴上相应的材质。动画上Element 3D也内置了强大的动画引擎来完成各种复杂的运动，并且在操作上十分便捷。在完成材质和动画后合成上加入了大量的实拍元素，使镜头的真实感显著提高。无论从流程还是技术角度来看，本片都算得上是Element 3D制作影视级别特效短片的先驱之一，如图17-3所示。

本案例是名为《A Campus, A Heart, A Star》的一段超自然科幻题材的音乐微电影，MV中多个精彩的特效镜头令人赞不绝口，片子描述一个校园乐队在各个场景的演奏中不断展现超乎自然的能力，有的在街区让地面破碎让汽车飘起、有的在大楼顶端音乐让整个城市的灯光随着闪动及有的飞翔在天空和大型喷气式客机相遇等。整个MV画面动感炫酷，节奏感强烈，超自然的特效的融入让整个MV犹如大片一般气势恢宏，如图17-4所示。

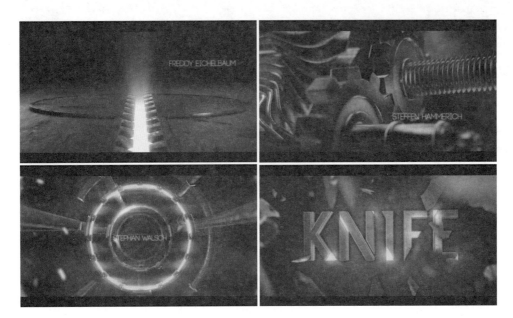

图17-2

图17-3

图17-4

　　下图是其中一段特效镜头的前后期解说图，很显然这个乐队成员是分开在绿屏中拍摄的，最后再After Effects中拼合在一起。片中的都市群楼效果出自Element 3D的城市模型包Metropolitan City Pack，后期制作时再通过镜头跟踪技术让实拍的人物素材和模型场景最终融合在一起，如图17-5所示。

图17-5

在下面的后期合成过程图中，可以很清楚地看到人物和悬浮在空中的汽车都是后期合成上去的，其中人物为实拍素材，汽车的材质、渲染包括动画则由Element 3D制作完成，画面中汽车表面完美反射周围的景物是通过在Element 3D中导入一张360度的全景图作为环境贴图来完成的。这样无论汽车放在哪个位置，摄像机都能正确的看到反射结果。镜头的后半段在汽车飘起后，伴随着地面的碎裂和爆炸这些特效，并加入实拍的二维爆破和尘土素材，再配合跟踪好的虚拟摄像机来完成的合成画面。各个合成元素都在3D空间中对位后配合虚焦和统一调色来完成最终的合成制作，如图17-6所示。

图17-6

本章内容开篇将详细介绍Element 3D插件的发展历史和基本功能，再通过对插件的模型、材质、动画和渲染等各方面做深入浅出的详解，以此来解析插件的使用方法和创作技巧，最后再综合制作一个酷炫的三维LOGO动画来进一步加深对插件的认识，从而全面掌握Element 3D插件的创作技巧。炫酷的三维LOGO动画的演变过程如图17-7所示。

图17-7

17.2 Element 3D插件介绍

Element 3D是由Video Copilot机构研发和升级的一款插件，它支持3D对象在After Effects中直接完成渲染，使用户从繁杂的3D制作流程中解放出来。这款插件强大的渲染引擎不仅能轻松地在After Effects中制作出效果出众的三维动画，还能与各大主流三维软件同步，进行数据对接，至今被业界称为After Effects最强大的插件，如图17-8所示。

图17-8

17.2.1 Element 3D插件及其附属产品介绍

Element 3D是Video Copilot机构出品的一款强大的After Effects三维插件。这款插件不仅拥有自己的UI操作面板，它还支持3D对象在After Effects中直接进行合成。该插件采用OpenGL程序接口，支持显卡直接参与OpenGL程序运算而不再依赖CPU，从而最大限度地释放系统空间，如图17-9所示。

图17-9

Element 3D是After Effects中为数不多的完全支持3D渲染特性的插件之一。该插件具有Real Time Rendering【实时渲染】的特性，即在制作3D效果的过程中可以直接在屏幕上看到渲染的效果，而且CG运算的效率也得以大幅提升。另外，传统的After Effects完成3D动画合成需要进行各种繁琐的操作，如摄像机同步、光影匹配等等；而Element 3D插件可以让用户直接在After Effects里完成所有的三维合成操作，不需要考虑摄像机和光影迁移的问题，如图17-10所示。

图17-10

Element 3D插件支持3D元素与After Effects中的内置灯光和摄像机进行匹配，同时也支持3D元素的景深和运动模糊设置，将该插件与After Effects内置的Camera Tracker【摄像机追踪】功能配合起来使用，可以完成各种复杂的3D后期合成特效，并且极大程度地提高了用户在制作复杂三维合成时的工作效率，如图17-11所示。

图17-11

在官方销售插件的同时也推出了各种附带的产品如Pro Shaders【专业着色器】，如图17-12所示。

图17-12

除此之外，还有各种涵盖设计、运动、音乐、武器、水果和液体等方面的专业模型集合包，如图17-13所示。

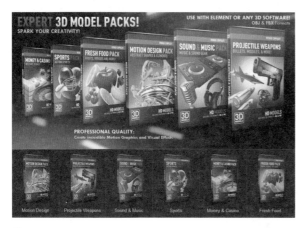

图17-13

模型包里的每个模型都分为OBJ和FBX两种格式，而且这些集合包里的所有高质量模型都可以在主流三维软件里打开使用，如图17-14所示。

图17-14

至此，Element 3D插件以及其附属产品就已经介绍完毕。

17.2.2 Element 3D插件的特性介绍

本节内容将逐一对Element 3D插件的各项特性进行详解。

1. 内置的OpenGL渲染引擎支持3D模型的导入，Element 3D插件中内置的Open GL渲染引擎支持通用OBJ模型和Cinema 4D专用的C4D工程文件的导入，而且支持UV材质贴图。在最新版本V1.6中甚至支持OBJ序列【模型序列帧】的导入，可以让用户在After Effects中直接完成三维动画合成的制作，如图17-15所示。

图17-15

2. 粒子系统

粒子系统是一个基于特有粒子数组的系统，它支持各类3D粒子形态：圆形、环形、平面、盒状、3D网格、OBJ顶点和After Effects内建Alpha层的映射，在最新的版本中还支持粒子的自定义排序，如图17-16所示。

图17-16

3. 材质系统

Element 3D插件自带的材质系统拥有非常专业的可调性和扩展性，它不仅囊括了大多数三维材质的通道参数如漫反射、高光、环境光、反射与折射（非光线跟踪着色）、凹凸面映射和光照等更多的选项，而且在最新版本中还集成了辉光渲染引擎，让发光和高光对象自动产生辉光。操作时将其拖入到对象上即可应用，测试材质时不需要进行渲染便可直接在合成窗口中看到合成的效果，如图17-17所示。

图17-17

4. 动画系统

动画系统可以给三维物体设置两种不同的形态或属性。打开插件的动画引擎开关，系统便能自动计算出三维物体的运动过渡情况，用户只需要设置两个简单的关键帧便可制作出复杂多变的动画，而且动画引擎的高度可调性基本可以满足用户的各种需求，如图17-18所示。

5. 多通道渲染特性

Element 3D插件独有的高级OpenGL渲染特性不仅能使其支持输出各种不同通道的图像信息，这些信息包括景深效果、运动模糊、可直接在After Effects中内建灯光照明（不含投射阴影）的光照系统、环境反射（非光线跟踪着色）、磨砂底纹材质、RT环境遮蔽（SSAO、屏幕空间环境光遮蔽）、线框渲染、3D大气衰减和多程即时渲染（光影），而且可以对每个属性强度进行控制，同时也不会降低渲染的速度，如图17-19所示。

图17-19

图17-18

至此，Element 3D插件的基本介绍就先告一段落。对插件的各项功能和特性有了初步的了解后，下面就开始对插件的各大系统进行详细的讲解。

17.3 三维LOGO的材质制作

本节内容将通过介绍和讲解一个LOGO实例的制作来充分学习Element 3D插件系统的各项功能。

17.3.1 三维LOGO的制作

下面将介绍一个三维LOGO的制作。

STEP 01 打开软件，新建一个Composition【合成】窗口，将其命名为LOGO材质制作，设置时长为300帧（即10s）。为了充分展示材质细节，将分辨率设置成1920x1080【全高清】，同时将Pixel Aspect Ratio【像素纵横比】设为Square Pixels【方形像素】，如图17-20所示。

图17-20

在工程窗口创建几个文件夹，根据项目类别重命名文件夹，这样可以方便整理自己的工程，从而提高制作动画的效率，如图17-21所示。

图17-21

STEP 02 把LOGO文件导入合成窗口中。由于素材是AI矢量图形，所以一定要勾选选项打开矢量图层开关。这样无论是将LOGO放大或是缩小，LOGO都不会出现锯齿，调整LOGO的大小让其与合成的分辨率大小相匹配，如图17-22所示。

图17-22

STEP 03 由于本插件只支持路径图形和文字层的导入，所以这里要将导入的LOGO形状转换成路径图形，这步操作可利用After Effects内置的Auto-trace【边缘自动追踪】功能来完成。选中LOGO图层，在菜单的Layer【图层】列表下选择Auto-trace【边缘自动追踪】，如图17-23所示。

图17-23

勾选面板中的Preview【预览】，实时观察合成窗口中的路径。单击"OK"按钮，在时间窗口自动新建一层带有LOGO路径的固态层，如图17-24所示。

图17-24

STEP 04 新建一个固态层，将其命名为Element，将其设置为与合成窗口相同的大小。在Effect【特效】菜单下的Video Copilot【视频素材】分类中选择Element特效并将该特效添加到固态层中。添加完成后，在插件参数面板打开Custom Layers【自定义图层】一栏并把刚才自动创建的路径图层导入，如图17-25所示。

注意：这里不仅支持路径图层导入也支持文字层的导入，在开始进入Element设置前可以关闭LOGO和路径层的显示开关以加快运算速度。

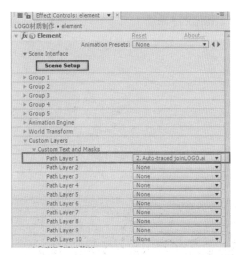

图17-25

STEP 05 此时可以看到合成窗口里什么也没有，那是因为还没有到Element插件面板对相关参数进行设置。单击插件参数Scene Interface【场景界面】下的Scene Setup【场景创建】按钮，打开Element参数面板，如图17-26所示。

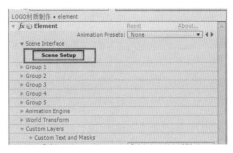

图17-26

单击该按钮后会弹出一个完整的Element UI用户界面，它可用于设置三维物体的各项属性如包括模型、材质和环境等，如图17-27所示。

图17-27

第17章 Element 3D高级特效应用 | 289

17.3.2 UI面板介绍

由于LOGO制作过程中所涉及的知识点较多，下面先对UI面板中的内容进行介绍说明。

STEP 01 打开UI面板后会发现预览窗口中仍然什么都没有，那是因为这里还没有创建三维物体。单击UI面板上的Extrude【挤压】按钮，可以看到LOGO出现在预览窗口里了，如图17-28所示。

图17-28

STEP 02 如果要预览不同角度的三维视图，可以进行如下操作：如果要旋转视角，只需将鼠标移到预览窗口，按住左键不放并拖动鼠标即可；如果要移动视角，只需按住鼠标中键并拖动鼠标就可以将视角平移；如果要缩放视角，只需滑动鼠标滚轮即可，也可通过按住Shift键来进行微量缩放；如果要旋转环境图层，只要按住鼠标右键并进行拖动就可以在不移动物体的情况下旋转环境图层。

STEP 03 接下来进入材质参数的学习。单击物体的材质球，可以发现参数面板已经切换到材质部分，如图17-29所示。

图17-29

通过调节以上参数可以制作出不同的倒角效果。在本案例中，简单调节参数后所制作出的挤压和倒角效果如图17-30所示。

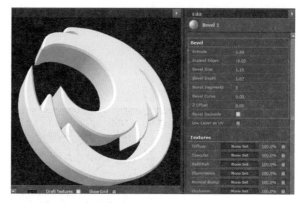

图17-30

注意： 这里要勾选Bevel Backside【双面倒角】选项，否则LOGO背面不会生成倒角效果。

STEP 04 设置完LOGO外形后就可以进入LOGO材质部分的制作。从面板中可以看到Element 3D插件的材质贴图设置选项，它分成若干个通道来控制最终的材质效果，该面板的详细说明如图17-31所示。

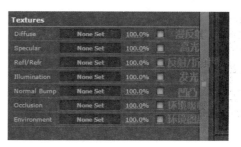

图17-31

面板中的每个通道都可以自定义贴图和设置输出量。单击通道中的None Set【未设置】，此时会弹出一个新的面板。单击面板中的Load Texture【载入材质】，可以将计算机上的图片导入面板的通道中；左边的参数项用于控制载入图像的各项属性如透明度、伽马值、对比度和饱和度等，如图17-32所示。

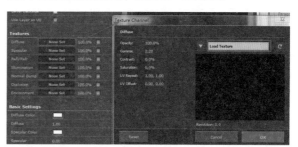

图17-32

STEP 05 了解完材质的各项通道后，回到预览面板下方的材质面板，该面板中有20个预设的基本材质，如图17-33所示。

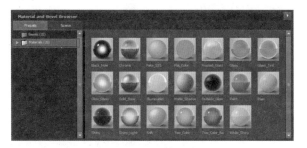

图17-33

这些材质都是用插件自身的材质系统预先调节好的，它们都没有带通道贴图。如果用户有安装Pro shaders【专业着色器】，则可以在材质文件夹下找到专业着色器的分类，如图17-34所示。

图17-34

STEP 06 材质的使用非常简单，只需选择所需的材质球，将其拖到模型上即可。预设文件夹中不仅包含了材质预设，还包含了许多倒角预设，并且这些倒角预设同时也带有材质，如图17-35所示。

图17-35

随机载入几个预设，可以看到效果非常不错，如图17-36所示。

图17-36

STEP 07 材质和倒角的预设就先介绍到这里，下面回到参数面板继续学习材质的基本设置。在Texture【材质贴图】的下面是Basic Setting【基础设置】栏，该栏的各项说明如图17-37所示。

图17-37

材质的颜色、高光都能在基础设置里直接进行调节，而且基础设置下面还有反射/折射、发光等其他通道的参数面板，参数面板的各项说明如图17-38所示。

图17-38

17.3.3 材质参数的说明

下面再举例详细地对几个重要的材质参数进行说明。

STEP 01 Reflection【反射】面板下有个Fresnel【菲涅尔】参数，通过调节菲涅尔数值可以让软件模拟出更加真实的折射/反射效果，为了更清楚地展示这个参数的作用，这里用两组不同的参数来进行对比。重新选择一个清晰的环境图层，如图17-39所示。

STEP 02 通过以上步骤选择一个新的环境图层，设置反射强度为200%，其他参数保持不变，如图17-40所示。

STEP 03 此时可以看到LOGO表面已经基本完成反射的效果，下面通过调节Fresnel【菲涅尔】值来对比LOGO表面变化前后的效果，如图17-41所示。

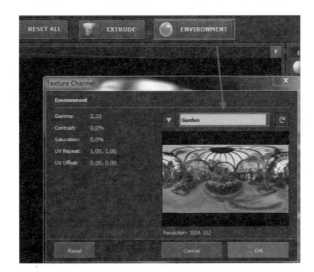

图17-39

图17-40

图17-41

通过对比,可以清楚地发现:增大Fresnel【菲涅尔】值会减弱正对摄像机面的反射效果,这是一种较为真实的反射模拟,用户可以根据具体的项目需求来自行调节。

STEP 04 Refraction【折射】面板下的Distortion【折射率】参数可用于调节折射物体的折射率。每个看上去透明的物体都有自己的折射率,如水的折射率是1.33;普通玻璃是1.5左右;钻石一般超过2.0,这里通过设置一组不同的参数来对不同的折射效果进行对比。

STEP 05 在模型面板中新建一个球体,打开环境图层的显示开关,如图17-42所示。

图17-42

STEP 06 回到参数面板,设置球体的折射强度为100%,如图17-43所示。

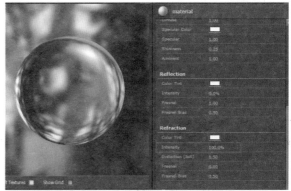

图17-43

STEP 07 此时可以看到球体已经变成透明的玻璃球了,在不改变其他参数的前提下,设置3组不同的折射率,得到的3种不同折射效果如图17-44所示。

图17-44

STEP 08 Illumination【自发光】参数可以结合辉光引擎在物体表面自动产生辉光。在LOGO材质的设置面板,将自发光设成50%,其他参数值保持不变,如图17-45所示。

图17-45

STEP 09 此时可以发现LOGO整体变明亮了，但还没有出现辉光，这是因为辉光的开关设置在软件特效面板中。单击"OK"按钮回到After Effects界面，新建一台摄像机，将其调节到合适的角度以便于观察；在特效面板中的Render Settings【渲染设置】栏下找到Glow【辉光】，并勾选Enable Glow【启用辉光】选项打开辉光的开关，此时LOGO周围就会产生逼真的辉光效果，如图17-46所示。

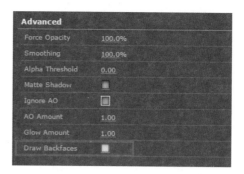

图17-48

STEP 12 将LOGO的定位点移到底部，具体操作如图17-49所示。

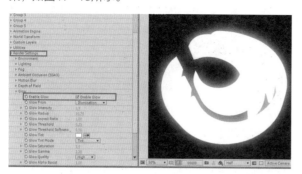

图17-46

注意：如果对默认的辉光效果不满意，可以通过调节列表下的一系列参数来细微地改变辉光的渲染方式、大小、颜色和品质等等。

STEP 10 Advanced【高级设置】下的Matte shadow【阴影蒙版】参数开启后，模型就不再进行渲染，而是让其本身作为其他物体投射到自身的阴影来进行渲染。在模型面板中新建一个平面，然后将平面移动到第二组，如图17-47所示。

图17-49

STEP 13 选择平面材质并打开Matte Shadow【阴影蒙版】，此时会发现平面消失了。单击"OK"按钮回到After Effects界面，在Render Settings【渲染设置】栏下打开Ambient Occlusion【环境阴影】选项，如图17-50所示。

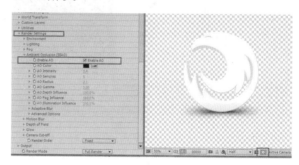

图17-50

注意：虽然平面自身不再被渲染，但是它可以作为LOGO在其上面的阴影蒙版显示出来。

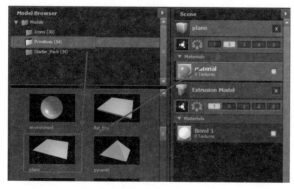

图17-47

STEP 11 打开平面物体的双面渲染开关，否则当摄像机转到另一面平面时就不再进行渲染了，如图17-48所示。

材质参数就介绍到这里，在下面的章节中将介绍Element 3D插件的一项重要功能——三维粒子特效。

17.4 三维粒子特效

本节内容中重点讲解Element 3D插件的核心功能——三维粒子特效。Element 3D插件的粒子系统不仅可以将任意三维物体以粒子的形式进行渲染，同时还支持各类的3D粒子形态如圆形、环形、平面、盒状、3D网格、OBJ顶点和After Effects内建Alpha层的映射。下面将用几个有代表性的案例来详解如何使用该插件的粒子系统来制作出丰富的特效。

17.4.1 插件的粒子系统的应用

下面将讲解如何利用插件的粒子系统来制作出让发射器发射出发光灯泡的动画。

STEP 01 重新创建一个Composition【合成】窗口，将其命名为粒子系统，设置时长为300帧（即10s）。为了充分地展示粒子的细节，将分辨率设置成1920x1080【全高清】；再新建一个固态层，将其命名为Element，如图17-51所示。

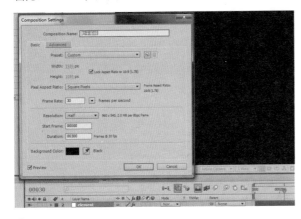

图17-51

STEP 02 为了方便观察，简单地创建一个颜色背景层。新建一个固态层，给其添加Ramp【渐变】特效，如图17-52所示。

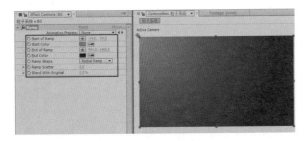

图17-52

STEP 03 回到刚才创建的Element层，在特效面板中单击Scene Setup【场景创建】进入插件的UI面板，用一个小灯泡来作为基础粒子。在模型窗口找到发光的灯泡，单击选择后将其添加到场景中，如图17-53所示。

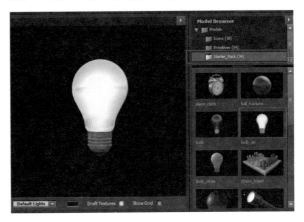

图17-53

注意： 这个自带的模型文件夹里的模型是已经带材质的，所以在默认情况下，不需要再调整其他的参数设置。

STEP 04 单击"OK"按钮回到After Effects界面，此时可以看到一个灯泡已经出现在合成窗口中了。在Element的特效面板中展开Group 1【组1】，可以看到里面有3个参数分类，如图17-54所示。

图17-54

STEP 05 从上图的Group 1【组1】展开的面板中可看到有3个参数分类，它们分别是：Particle Replicator【粒子发射器】、Particle Look【粒子外形】和Group Utilities【组实用工具】。其中Particle Replicator【粒子发射器】是用于控制所有粒子的外形和动画的调节选项；Particle Look【粒子外形】用于控制单个粒子的各种属性如大小、旋转、颜色等；Group Utilities【组实用工具】用于批量复制整个组的属性并将该属性应用到其他组，这样就不需要对属性进行反复设置了。在新版本中还添加了可创建组粒子的控制层，将整组粒子链接到一个新建的空白层，这样只要移动空白层就能同时控制整组粒子的运动，操作起来非常方便。

STEP 06 为了方便观察，可以在场景中先创建一台摄像机。展开Particle Replicator【粒子发射器】，此时会发现展开后出现了很多参数，其中第一个Particle Count【粒子数】就是用于设置所需要的粒子数量，这里将粒子数量值设置为50，如图17-55所示。

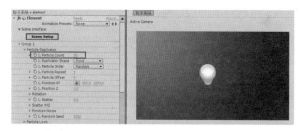

图17-55

STEP 07 拉近摄像机后发现窗口中只有一个粒子，那是因为还没有设置发射器的形状，默认的发射类型是以Point【点】形式发射。但所有的粒子都重合在一个粒子上，所以看不出变化，实际上插件已经输出了50个粒子，这里可以通过调节Scatter【分散】参数来将粒子扩散开来观察，如图17-56所示。

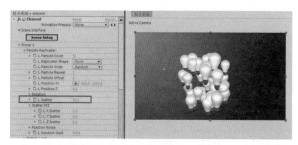

图17-56

此时可以看到窗口中的粒子已经大部分分散开了。对于Scatter【分散】这个参数，可以在下面的Scatter XYZ【XYZ轴分散】参数中单独设置粒子沿X、Y、Z轴的分散情况。

17.4.2 发射器形状的介绍

回到Replicator Shape【发射器形状】参数面板，会发现除了点发射以外，还有其他的各种发射器形状可以选择，如图17-57所示。

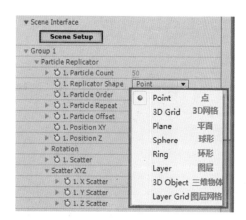

图17-57

下面将逐一详解各种发射器形状的使用和技巧。

STEP 01 3D Grid【3D网格】，这种发射器形状通过设置X、Y、Z轴方向上的粒子列数来将粒子排列成最终的形状。单击展开3D Grid【3D网格】参数项，分别将Grid X【X轴网格】、Grid Y【Y轴网格】和Grid Z【Z轴网格】的数值设置成5、5、5，再适当调节 Scale Shape【形状缩放】来控制粒子的间隙。回到合成窗口中，可见一个由灯泡组成的立方体出现了，如图17-58所示。

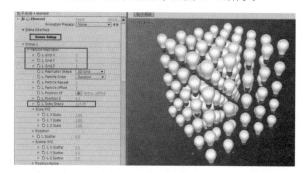

图17-58

STEP 02 Plane【平面】，这个发射器形状和3D网格类似，它可以使粒子平铺在若干个平面上，如图17-59所示。

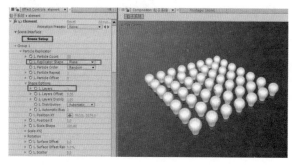

图17-59

STEP 03 Sphere【球形】，选择该发射器形状后可以看到粒子沿球面排列，通过对Layers【层数】的设置可以生成多个不同半径的球面，如图17-60所示。

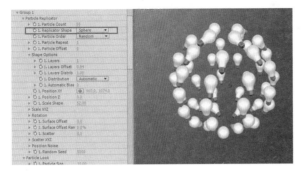

图17-60

如果想要改变粒子的朝向，可以在Particle Look【粒子外形】参数中对粒子的大小、颜色和透明度等进行调节。这里把粒子的朝向设置为朝向球面的法线方向，如图17-61所示。

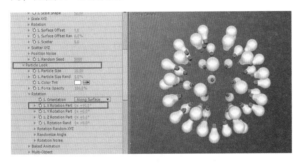

图17-61

STEP 04 Ring【环形】，这种发射器形状就是把粒子按照环形来进行排列，如图17-62所示。

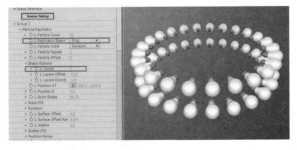

图17-62

Layer【图层】，这个发射器形状要求用户将一个自定义的图层来作为发射源发射粒子。这里举个简单的例子来说明。将上一节的LOGO图层导入合成里，将它预合成；关闭该图层的显示开关。回到特效面板中，在Shape Options【形状选项】下将预合成的LOGO导入Custom Layer【自定义图层】里，如图17-63所示。

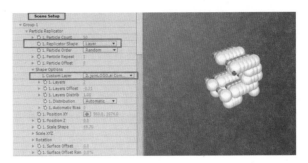

图17-63

可是窗口中出现的并不是所想要的效果，此时就要自行调整粒子的大小、数量和排列间隙等参数。通过对各种参数的调节，基本上已经制作出了想要的效果，此时，一个由粒子组成的LOGO便制作完成了，如图17-64所示。

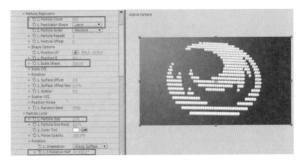

图17-64

3D Object【三维物体】，这个发射器形状是以一个三维模型作为发射源来生成粒子群的。这里同样用一个简单的实例来讲解如何操作。单击插件的Scene Setup【场景创建】进入Element的UI界面，在模型面板中选择可乐罐的模型，如图17-65所示。

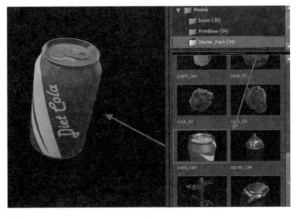

图17-65

将可乐罐模型添加到场景中后，设置这个模型为粒子的发射模型，但不对其进行渲染，如图17-66所示。

图17-66

设置好后单击"OK"按钮回到After Effects界面,将Replicator Shape【发射器形状】设置成3D Object【三维物体】。此时如果发现窗口的粒子不够多的话,可以将3D Object Percent【三维物体百分比】的值设置为100%,这样模型的所有定点都会渲染出粒子。在合成窗口中,此时可以看到一个由灯泡组成的可乐罐就完成了,如图17-67所示。

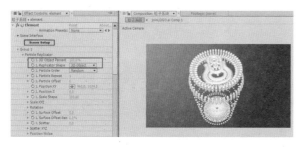

图17-67

最后一个要介绍的发射器形状是Layer Gird【图层网格】,它和之前讲解过的Layer【图层】发射器形状十分相似,都是根据一个二维图层的形状来渲染粒子,不同的是Layer Gird【图层网格】是通过在Grid X【X轴网格】和Grid Y【Y轴网格】中输入粒子数来设置粒子的数量,如图17-68所示。

图17-68

至此,每一种发射器形状的操作和用法已经介绍完毕了,用户可以根据实际需要来选择性地进行制作。

17.4.3 制作发光的粒子LOGO

下面将利用在这节中所学的粒子排列知识结合插件的动画系统来制作一个炫酷粒子组合成LOGO的动画。

STEP 01 以灯泡作为基础粒子,单击Scene Setup【场景创建】进入Element图层的UI界面,在面板中选择两种灯泡(一个是未发光的,一个是发光的),并且分别将它们设置为Group1【组1】和Group2【组2】,如图17-69所示。

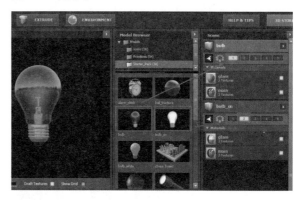

图17-69

STEP 02 单击"OK"按钮回到After Effects界面,对各项参数进行调节。为了避免两组粒子相互干扰,先让它们单独显示,再分别进行操作。在Element 图层的参数面板中找到Animation Engine【动画引擎】,勾选Enable,这样默认情况下就只会显示组1的粒子,如图17-70所示。

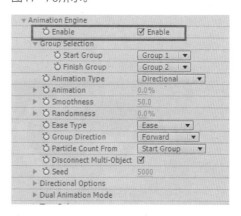

图17-70

STEP 03 回到Group 1【组1】参数面板,选择Plane【平面】作为发射器形状,设置粒子数量为300个,通过调节摄像机来设置视角,自行调节粒子的大小和间隙,如图17-71所示。

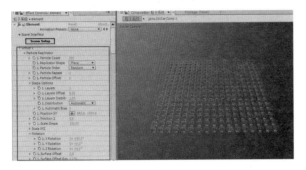

图17-71

此时可以看到一个矩形的粒子平面已经制作完成了，下面开始制作另一个粒子组。

STEP 04 关闭组1的粒子，将组2的粒子显示出来。回到Animation Engine【动画引擎】，设置Animation【动画】的数值为100%，这样组2的粒子就显示出来了。将组2的发射器形状设置为Layer【图层】，将logo图层作为二维图层的发射源，设置如图17-72所示。

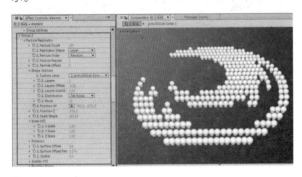

图17-72

STEP 05 让打开的灯泡发出真实的辉光。在参数面板中找到Render Settings【渲染设置】下的Glow【辉光】并打开其显示开关，如图17-73所示。

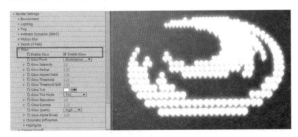

图17-73

STEP 06 这样两组粒子的形态和特性就设置好了。下面要制作一个线性渐变的粒子LOGO动画。把时间线指针拖到起始帧位置，设置Animation Engine【动画引擎】下Animation【动画】的百分比值为0%，同时创建一个关键帧，再把时间线指针移到30帧位置，创建一个动画百分比值为100%的关键帧，如图17-74所示。

图17-74

STEP 07 打开合成的动态模糊开关并拖动时间线指针，预览LOGO的效果，如图17-75所示。

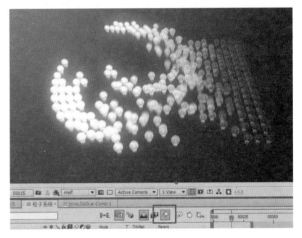

图17-75

STEP 08 通过两组简单的设置，再结合插件的动画引擎的使用，就能轻松简单地制作出一个由平面排列的灯泡渐变成发光的粒子LOGO的动画，效果如图17-76所示。

图17-76

17.5 炫酷定版LOGO的制作

通过以上几个章节的学习，我们已经对Element 3D插件的各项基本功能有了一定程度的了解。下面就将所学的知识综合起来制作一个炫酷定版LOGO的动画。这个动画的制作步骤涉及LOGO模型的制作、LOGO高级材质的制作和动画的制作等。

17.5.1 LOGO模型的制作

STEP 01 新建一个Composition【合成】窗口，将其命名为炫酷定版LOGO，设置时长为300帧（即10s）；将分辨率设置为1920x1080【全高清】。再新建一个固态层，将其命名为Element，如图17-77所示。

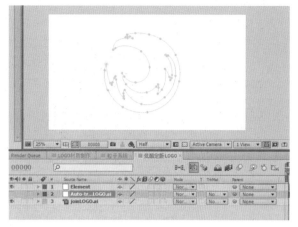

图17-78

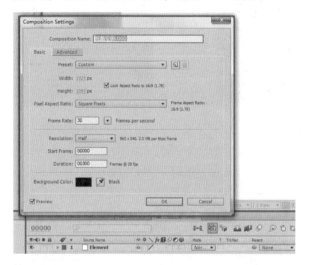

图17-77

STEP 02 给Element固态层添加特效。在进入插件的UI界面进行设置前，需要把LOGO的图像文件导入插件中，由于插件只支持矢量图像的导入，所以要先将LOGO拖入合成中，将其转成路径文件，如图17-78所示。

STEP 03 将路径层导入插件的Custom Layers【自定义图层】下的Custom Text and Masks【自定义文字和路径】中，如图17-79所示。

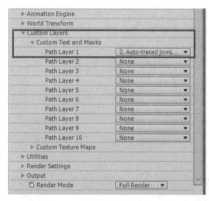

图17-79

STEP 04 将LOGO层和路径层隐藏起来，单击Scene Setup【场景创建】进入Element图层的UI界面进行设置。单击预览窗口中的Extrude【挤压】按钮，这样插件就会根据之前导入的路径自动挤出一个立面的形状，如图17-80所示。

图17-80

STEP 05 默认情况下的挤出效果比较单调，下面就为模型添加一些细节效果，具体设置如图17-81所示。

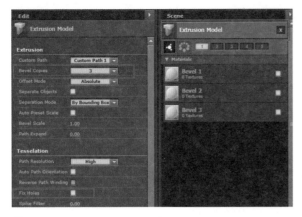

图17-81

Extrusion Model【挤压模型】下的Bevel Copies【倒角复制数】可用于复制多份模型，逐个进行设置后，最后组成一个特有的模型。下面将讲解具体的操作过程。

Fix Holes【修补漏洞】这个参数用于修复模型生成倒角时会出现的破洞情况。

17.5.2 LOGO高级材质的制作

STEP 01 将Bevel Copies【倒角复制数】设置为3，此时可以看到模型的下方出现了3个材质球。单击Bevel 1【倒角1】进入第一个倒角的形状和材质的设置面板，如图17-82所示。

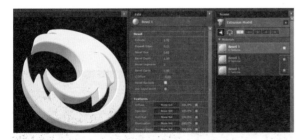

图17-82

STEP 02 为了方便进行调节，可以先关闭另外两个倒角的显示开关。从漫反射、反射、折射和自发光等各方面对模型的参数进行调节，模型效果的细节设置如图17-83所示。

图17-83

STEP 03 下面将进行第二个倒角模型的材质调节。打开倒角2的显示开关，模型的相关设置如图17-84所示。

图17-84

设置倒角的材质，利用自定义贴图来制作一个高级材质。单击材质通道，此时会弹出一个选择框，如图17-85所示。

图17-85

STEP 04 此时可以从计算机上选择文件或者从合成的图像中进行选择，也可以直接选择图像并将其拖入到None Set【无设定】的框框里。这里选择从计算机上导入文件，如图17-86所示。

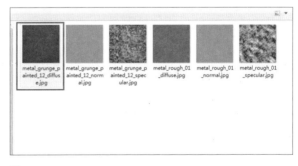

图17-86

在工程文件夹中选择漫反射的贴图【diffuse】，双击载入贴图。此时可以看到贴图已经显示在模型的表面上了，如图17-87所示。

STEP 05 用同样的方法继续载入另外两个通道的贴图，设置好各项参数。此时，可以看到自定义贴图的效果已经完全体现在倒角材质上了，如图17-88所示。

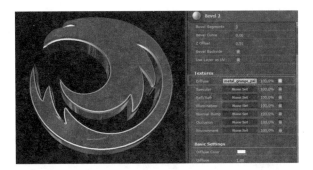

图17-87

图17-88

STEP 06 使LOGO产生暖色的效果。选择其他的环境贴图，改变LOGO整体的反射颜色，如图17-89所示。

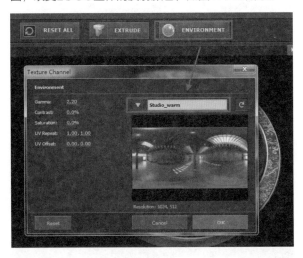

图17-89

STEP 07 打开最后一个倒角的显示开关，对模型的细节和材质进行设置，在预览窗口中单击鼠标左键，把视角调到模型后面，倒角的相关参数设置如图17-90所示。

图17-90

给倒角3设置自定义的材质贴图，如图17-91所示。

图17-91

进行细节的调整后，LOGO模型和材质的制作就完成了，接下来回到After Effects界面，对LOGO的动画部分进行调节。

STEP 08 单击"OK"按钮回到After Effects界面，此时可以看到LOGO已经出现在合成窗口里了。只是质感看上去还没有达到所想要的效果，那是因为在合成中还没有添加灯光，如图17-92所示。

图17-92

STEP 09 在合成窗口中添加一盏Ambient【环境光】，将其命名为环境光；将亮度设置为50%。再设置两盏目标光源，将兴趣点移到LOGO上，如图17-93所示。

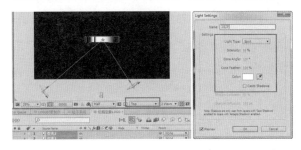

图17-93

注意： 这步操作在顶视图中完成较为便捷。

STEP 10 添加完3盏灯后，为了方便观察到LOGO的各个视角，新建一个广角摄像机，如图17-94所示。

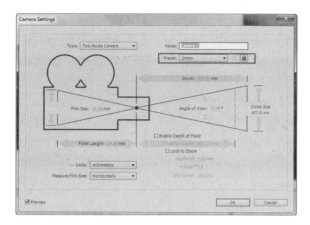

图17-94

STEP 11 简单地给LOGO添加一个渐变背景，如图17-95所示。

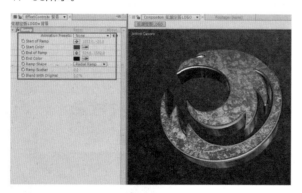

图17-95

17.5.3 LOGO动画的制作

下面来进行LOGO分镜特写的制作。

STEP 01 设置两个简单的旋转关键帧让LOGO缓慢地自转，将时间间隔设置为125帧，如图17-96所示。

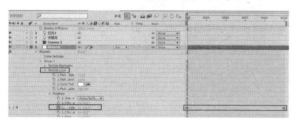

图17-96

STEP 02 将摄像机拉近，放大LOGO，选择一个合适的角度给LOGO制作一个2s左右的微距特写动画，如图17-97所示。

STEP 03 如果视角过近，可能会导致贴图变模糊，达不到特写的要求，此时需要对贴图的平铺参数进行调节。重新进入Element图层的UI界面，在Extrusion Model【挤压模型】下找到UV Repeat【UV平铺】并将其参数值设置为2.00，2.00，这样就可以将贴图的细节增加一倍，如图17-98所示。

图17-97

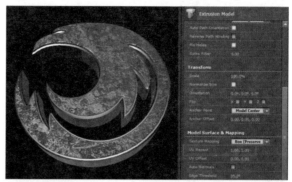

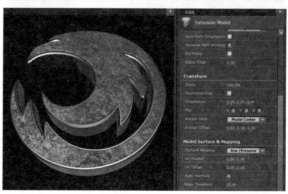

图17-98

STEP 04 单击"OK"按钮，回到After Effects界面，此时可以看到镜头前的贴图的清晰度已经比刚才高多了。下面开始调节特写镜头的动画，打开摄像机的Depth Of Field【景深】功能开关，具体的参数设置如图17-99所示。

STEP 05 设置第一个分镜特写的时间长度为60帧，分别在0帧和60帧位置创建一个关键帧，设置Focus Distance【焦距】的参数值为200.0 pixels，这样就制作出了由远到近的虚焦位移动画。制作一个灯光渐亮的动画来增加LOGO的细节，其中一盏灯的亮度变化设置如图17-100所示。

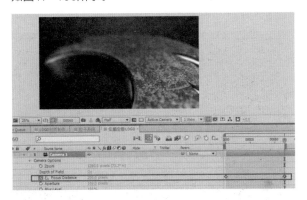

图17-99

图17-100

使用简单的表达式将另一盏灯的亮度链接到第一盏灯，如图17-101所示。

图17-101

STEP 06 这样就设置好了第0～125帧位置的灯光渐亮动画了。下面回到第一个分镜特写，把摄像机层的结束时间设置到60帧位置处，如图17-102所示。

图17-102

按小键盘上的"*"键将分镜结束标记添加到时间线上，预览第一个分镜特写的动画效果，如图17-103所示。

图17-103

STEP 07 下面进入第二个分镜特写的制作，它的制作方法和思路和分镜一类似，唯一要把握的就是寻找一个看上去比较合适的特写区域。按Ctrl+D键将摄像机1进行复制，将复制出来的摄像机命名为摄像机2；将摄像机2的起始帧移到摄像机1的结束帧位置，保持时长不变；重新选择特写区域，如图17-104所示。

图17-104

重新调整摄像机2的参数，预览分镜2的动画效果，如图17-105所示。

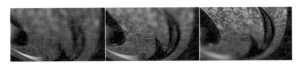

图17-105

STEP 08 接下来的一个分镜特写考虑使用平移镜头，将摄像机2进行复制，重新调整镜头的各项参数，制作一个短距离的平移动画，将运动时长设置为60帧，如图17-106所示。

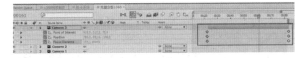

图17-106

为匹配镜头运动，适量地调节焦距关键帧的参数，分镜特写的最终效果如图17-107所示。

图17-107

STEP 09 完成了前3个分镜特写后，接下来要制作落版镜头。为了增强视觉冲击力，在分镜开始位置制作一个快速拉远镜头的摄像机动画，同时将LOGO翻转。对摄像机的相关参数设置关键帧，如图17-108所示。

图17-108

注意： 为了使运动末尾部分的镜头过渡得平滑一些，可以将摄像机末尾部分的关键帧设置为曲线关键帧。

第17章　Element 3D高级特效应用 | 303

STEP 10 给LOGO设置一个沿Y轴旋转180°的动画。在特效面板的Group 1【组1】下找到Particle Look【粒子外形】分类下的Rotation【旋转】，具体设置如图17-109所示。

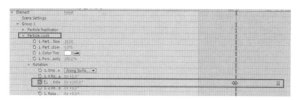

图17-109

STEP 11 这样就完成分镜前部分的摄像机动画了，打开Element层和合成的运动模糊开关进行效果预览，如图17-110所示。

图17-110

炫酷定版LOGO的预览效果如图17-111所示。

图17-111

17.5.4 3D文字的制作

LOGO的动画制作已经完成了，下面要在LOGO下方添加3D文字并制作一个简单的文字动画。

STEP 01 Element 3D插件恰好是制作3D文字的最好工具，它不仅支持文字层的直接导入，而且可以方便地利用插件自带的预设快速制作出质感美观的3D文字。官方宣传的3D文字效果图如图17-112所示。

图17-112

STEP 02 接下来要制作3D文字部分。新建一个TEXT【文字】层，导入"JOIN GROUP"作为文本的内容，如图17-113所示。

图17-113

用户可根据喜好自行调节文字及其大小。将创建好的文字层导入插件的自定义图层里，同时将文字本身隐藏起来，如图17-114所示。

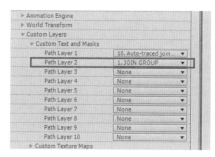

图17-114

STEP 03 导入文字后，单击Scene Setup【场景创建】进入插件的UI界面，对相关参数进行设置，如图17-115所示。

图17-115

注意： 由于Element 3D插件支持输出多组不同的模型，所以这里不需要像传统制作流程那样再新建一个Element层来生成3D文字。

STEP 04 单击面板上的Extrude【挤压】按钮，会发现窗口中的效果不是所想要的，这是因为默认的挤压对象是自定义图层1，而这里需要进行操作的文字层是自定义图层2。手动设置自定义图层2为挤压的文字层，选择Custom Path 2【自定义图层2】后，导入的文本内容就自动出现在预览窗口里了，如图17-116所示。

图17-116

下面对3D文字进行倒角和材质的设置。

STEP 01 在Extrusion Model【挤出模型】面板下将Bevel Copies【倒角复制数】设置为2，这样就会有两个倒角模型出现在模型面板中，如图17-117所示。

图17-117

STEP 02 关闭Bevel 2【倒角2】的显示开关，进入Bevel 1【倒角1】的设置面板，参数的设置如图17-118所示。

图17-118

STEP 03 选用插件自带的预设材质作为文字的材质，双击鼠标将材质载入到窗口中，再对材质的参数做细微的调整，如图17-119所示。
STEP 04 进入倒角2的设置面板，打开倒角2的显示开关，并调整倒角2的各项参数，具体设置如图17-120所示。

图17-119

图17-120

继续选用预设的黄金材质作为文字的材质，为了使文字材质与LOGO材质相匹配，适当降低金色的饱和度，效果与设置如图17-121所示。

图17-121

STEP 05 至此，3D文字的大致效果已经完成。把3D文字层移动到第二组；为了日后方便修改前面没有重命名的模型，此时要对模型进行命名，如图17-122所示。
STEP 06 单击"OK"按钮回到After Effects界面，此时会发现LOGO和文字重叠在一起了，如图17-123所示。

第17章 Element 3D高级特效应用 | 305

图17-122

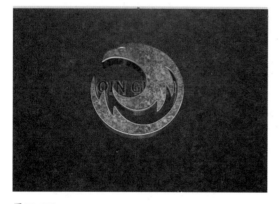

图17-123

那是因为默认情况下,所有组的模型都会被放在合成窗口的中心位置。进入Group 2【组2】的参数项,重新调整文字层的位置,在Group 2【组2】参数项下找到Position XY【XY轴位置】,对其参数值进行调整,如图17-124所示。

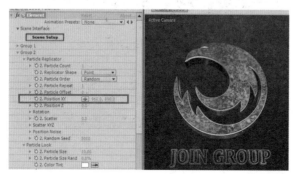

图17-124

STEP 07 LOGO和文字的定版已经制作完成,下面进入文字动画的制作阶段,该操作要在Element特效面板的Group2【组2】下进行调节,在Particle Look【粒子外形】下的Multi-Object【多物体】选项中勾选Enable Multi-Object【开启多物体】,此时会发现该项下面多出了一系列的参数,如图17-125所示。

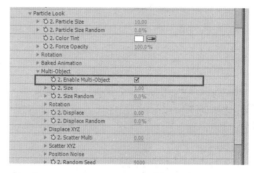

图17-125

Multi-Object【多物体】这个参数的功能是让模型组中的每个子模型可以单独地控制其属性。下面以案例中的文字为例来制作一个简单的动画。

STEP 01 首先把时间线指针移到最后一个分镜特写的起始帧(即183帧)位置,设置Multi-Object【多物体】下的Rotation Random Multi【多物体随机旋转】为150 同时创建一个关键帧;然后设置Displace XYZ【XYZ轴分离】下的X displace【X轴分离】为1,也创建一个关键帧,如图17-126所示。

图17-126

STEP 02 关闭摄像机4的显示开关。从预览效果上可以看到,调节这两个参数后,文字变得不那么整齐了,而是角度各异地分散开来,如图17-127所示。

图17-127

STEP 03 让凌乱分散的文字变回原先的整齐落版文字。在镜头停止后，给这两个参数创建关键帧，起始帧位置的数值设置如图17-128所示。

图17-128

STEP 04 通过预览分镜特写的动画将细节进行反复调节，最终效果如图17-129所示。

图17-129

STEP 05 至此，LOGO动画就基本完成了。下面给LOGO动画添加细节元素来提高整体的动画效果，给一些分镜添加高光反射或者镜头光晕效果。

STEP 06 新建一个固态层，将其命名为光晕，将其大小设置成与合成相同的大小，如图17-130所示。

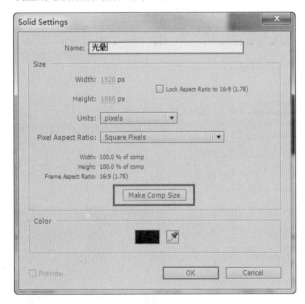

图17-130

给光晕层添加Optical flare特效。单击插件参数中的Option【选项】按钮，进入Optical flare的UI界面，如图17-131所示。

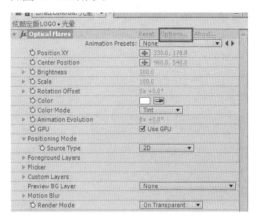

图17-131

STEP 07 在插件中简单制作一个光晕效果或者从预设包中选择一个合适的预设效果，将其拖入合成窗口中直接使用，如图17-132所示。

图17-132

完成后单击"OK"按钮回到After Effects界面，在插件参数面板的Render Mode【渲染模式】中选择On Transparent【透明】，如图17-133所示。

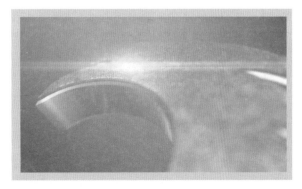

图17-133

STEP 08 此时可以看见光的颜色和场景不符，这里需要改变图层的混合模式为Add【添加】，然后通过插件参数上的Color【颜色】来将颜色设置成黄色；将光晕层的时间长度设置成与摄像机1相同的时长，并给Brightness【亮度】创建两个关键帧；同时移动光晕位置到合成的边缘，如图17-134所示。

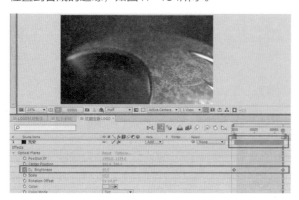

图17-134

STEP 09 复制光晕1得到光晕2，让光晕2与第二个分镜特写进行匹配；将光晕2的位置移动到合成的左上角并制作一个简单的位移动画，如图17-135所示。

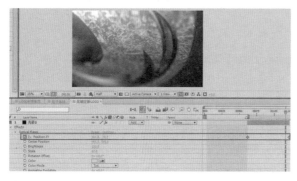

图17-135

STEP 10 再次复制光晕2，通过改变其位移和其他参数来给第三个分镜特写添加光晕效果，效果如图17-136所示。

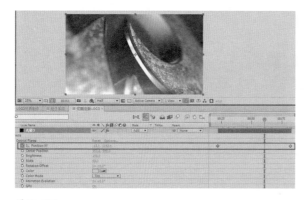

图17-136

STEP 11 在最后一个落版分镜里，将光晕效果添加到LOGO旋转时的一个高光区域，以此来模拟反射的光斑效果。复制光晕3，然后删除之前的位移关键帧；在合成的中心分别给Position XY【XY轴位置】和Brightness【亮度】创建两个关键帧，如图17-137所示。

图17-137

STEP 12 根据LOGO的运动情况分别给Position XY【XY轴位置】和Brightness【亮度】这两个参数添加合适的关键帧，最终效果如图17-138所示。

图17-138

STEP 13 至此，本节的炫酷定版LOGO的制作就完成了。通过这一章的学习可以掌握Element 3D插件的使用方法，更多的经验和技巧需要大家在实践中不断积累。同时，插件的不断升级可以给用户提供更加强大的特效功能。炫酷的定版LOGO效果如图17-139所示。

图17-139

勘误及致歉声明

由于工作疏忽，本书出现几处错误，现向本书作者及广大读者致歉，并更正如下。

1. 封底后勒口作者介绍
   原描述：莫立 Amo技术总监 经营传媒联合创始人
   更正为：莫立 Amo技术总监 精鹰传媒联合创始人

2. 封底精鹰微信号二维码
   原描述：精英微信号
   更正为：精鹰微信号

勘误及致歉声明

由于工作疏忽,本书出现几处错误,现向本书作者及广大读者致歉,并更正如下。

1. 封底后勒口作者介绍
   原描述:莫立 Amo技术总监 经营传媒联合创始人
   更正为:莫立 Amo技术总监 精鹰传媒联合创始人

2. 封底精鹰微信号二维码
   原描述:精英微信号
   更正为:精鹰微信号